电磁兼容设计与应用系列

物联产品电磁兼容分析与设计

杜佐兵　王海彦　编著

机 械 工 业 出 版 社

本书以物联产品电磁兼容（EMC）分析和设计为主线，站在工程师的角度，从工程实践着眼，结合产品的架构，进行风险评估分析，讲解产品外部到内部再到 PCB 的 EMC 问题。通过对物联产品的系统，比如对外壳（机壳）、产品电源线、内外部连接线电缆、电路模块单元的 EMC 进行分析与设计，最后到测试与整改技巧方面呈现具体的实践内容。

本书以实用为目的，将复杂的理论简单化，化繁为简、化简为易，从而简化了冗长的理论，可以作为在企业从事电子产品开发的部门主管、EMC 设计工程师、EMC 整改工程师、EMC 认证工程师、硬件开发工程师、PCB LAYOUT 工程师、结构设计工程师、测试工程师、品管工程师、系统工程师等研发人员进行 EMC 设计的参考资料。

图书在版编目（CIP）数据

物联产品电磁兼容分析与设计/杜佐兵，王海彦编著 . —北京：机械工业出版社，2021.6（2022.4重印）
（电磁兼容设计与应用系列）
ISBN 978 - 7 - 111 - 67803 - 8

Ⅰ.①物… Ⅱ.①杜… ②王… Ⅲ.①电磁兼容性－研究 Ⅳ.①TN03

中国版本图书馆 CIP 数据核字（2021）第 050840 号

机械工业出版社（北京市百万庄大街22号 邮政编码100037）
策划编辑：江婧婧 责任编辑：江婧婧 翟天睿
责任校对：樊钟英 封面设计：鞠 杨
责任印制：郜 敏
北京富资园科技发展有限公司印刷
2022 年 4 月第 1 版第 2 次印刷
169mm×239mm·20.25 印张·398 千字
1 901—2 900 册
标准书号：ISBN 978 - 7 - 111 - 67803 - 8
定价：99.00 元

电话服务　　　　　　网络服务
客服电话：010-88361066　机 工 官 网：www.cmpbook.com
　　　　　010-88379833　机 工 官 博：weibo.com/cmp1952
　　　　　010-68326294　金 书 网：www.golden-book.com
封底无防伪标均为盗版　机工教育服务网：www.cmpedu.com

前言

　　电子产品的电磁兼容（EMC）及可靠性问题是大多数产品的难题，很多研发人员对此也非常头疼，同时产品整改也会大幅增加测试成本、人力成本以及时间成本。所以，大多数企业研发人员希望可以在产品 EMC 设计时同步进行产品功能设计，在功能设计的同时完成 EMC 设计。有一本接地气的关于产品类的 EMC 设计参考书籍是目前行业电子工程师所亟需的。EMC 的分析设计实际上是和测试相关联的，EMC 的分析和设计需要建立在 EMC 测试的基础上。EMC 的三要素是关键因素，如干扰源、耦合路径、敏感源/设备。敏感源/设备如果是敏感电路或器件就可能会有 EMS 问题；敏感源/设备如果是接收天线，当干扰源存在等效发射天线时就可能会有 EMI 辐射发射问题。传导干扰测试是通过线路阻抗稳定网络（LISN）进行测试的，在 50Ω 阻抗的情况下，传导干扰的大小程度取决于流过 LISN 中这个电阻的电流，最简单的处理 EMI 传导问题的方法就是要降低流经这个电阻的电流，在实践的过程中，在电源端口传导干扰的问题在于流过电源端口的共模电流，分析其共模电流的路径和大小就变得非常重要。在产品可靠性的 EMS 方面重点描述了三种重要的环境与模拟测试，如 SURGE 雷电浪涌、EFT 快速脉冲群、ESD 静电放电。除了差模的雷电浪涌外，其他的测试都是一种典型的共模抗扰度的测试，干扰源是一种共模干扰，是相对于参考接地板的干扰。EMS 这些共模干扰源的参考点是参考接地板，按照信号要返回其源，这就意味着这种干扰所产生的电流最终要流回到参考接地板，这是分析 EMS 这类干扰问题的重点。因此对于 EMC 的问题，信号电流总是要返回其源头，同时由于研究的是电路中导体的特性（分布参数），所以对于传导干扰来说，当产品进行测试时，干扰电流不流过 LISN 中的采样电阻或者减小干扰电流流过 LISN 中的采样电阻就可以解决传导干扰的问题。对于辐射干扰，当在屏蔽暗室进行天线接收测试时，减小流过产品中等效发射天线模型（单偶极子天线模型和环天线模型）的电流，就有利于解决辐射发射的问题。同时，对于产品 EMS 抗扰度的测试来说，如果不让噪声干扰电流流过或减小流过产品中的关键电路及敏感电路，那么就能解决 EMS 的问题。这些对 EMC 设计有利的措施，就是产品 EMC 设计时所需要考虑的。对于实际应用中 EMC 的信号源与回路，先分析再设计实现性价比最优化原则，以获得最高性价比的设计。

　　本书共有 10 章。

第1章为工程师需要了解的EMC知识，通过对物联产品的EMC实验标准及要求进行分析，提供基本的处理思路和方法。

第2章为物联产品的框架结构和风险评估，重点分析产品结构、线缆布线、原理图、PCB设计与EMC的关系。

第3章通过物联产品系统级的EMC问题，提出了产品系统的电磁兼容分析和设计思路，同时给出了对应的实施措施。

第4章为产品外部干扰问题，主要阐述产品EMS的分析与设计，当干扰电压施加在产品的各个输入/输出信号端口时，干扰所形成的电流将流向产品中的各个部分，通过分析可知当这种共模干扰电流流向电路时，就会对电路产生干扰。通过理论与实践方法，以及合理的产品金属结构设计、电路和PCB设计，可以使施加的共模干扰电流不流向产品的内部电路，以及数字工作地或模拟工作地部分，而使其电流流向结构地（包括产品的接地点、金属外壳、产品金属板等），从而避免关键及敏感电路受到共模电流的干扰。

第5章为产品内部干扰问题，主要讲解产品内部的EMI发射问题，其主要分析产品中流动的共模电流，这种共模电流是产品中流动的EMI共模电流。当这种共模电流流过LISN时，就会有EMI传导发射的问题。当这种共模电流流向电缆或较长尺寸的电路导体时，就会有EMI辐射发射的问题。同时在电路板上还有很多等效的小型单偶极子天线和环天线，可以通过合理的电路设计和分析产品中的噪声信号源的耦合路径来降低EMI的风险。

第6章为产品PCB的问题，主要讲解PCB设计与EMC的关系，无论产品或设备产生电磁干扰发射（EMI问题）还是受到外界干扰（EMS问题）的影响，或者是电路之间产生的相互干扰，PCB设计都是核心点。其PCB中的器件布局、电路布线都会对产品的系统EMC性能产生影响。比如，电路板中的连接线电缆及位置将影响系统共模电流流经的方向，PCB的布线路径将影响电路环路面积的大小，这是PCB问题的关键。因此设计好PCB对于保证产品的EMC性能具有重要意义。接地不仅能解决安全问题，同样对EMC也相当重要，接地的关键点在于地走线、地回路及接地点的位置。有些EMC问题是不合理的接地设计造成的，因为地线电位是整个电路工作的基准电位，如果地线设计不当，则地阻抗带来的地电位差就会导致电路故障，也可能产生额外的EMI问题。接地设计的关键是要保证地电位稳定，降低地阻抗带来的地压降，消除干扰现象。PCB设计的核心就是减小 PCB 上的电路产生的电磁辐射发射和来自外部干扰的敏感性，同时减小 PCB 上各电路之间的相互影响。

　　第 7 章为产品金属结构的 EMC 设计，主要分析产品的金属结构、屏蔽与 EMC 的关系，对于大部分的产品或设备，屏蔽设计是有必要的。特别是随着产品的工作频率的提高，仅依靠电路板的设计已不能满足 EMC 标准的要求。合理的屏蔽设计能提高产品的 EMC 性能，但是不合理的屏蔽设计可能不仅达不到预期的效果，还会引入 EMC 问题。因此要处理好贯通导体、机箱上面的孔洞和缝隙的设计，合理地设计散热孔、出线孔、可动部件间的搭接，同时在孔缝尺寸、信号波长、传播方向、搭接阻抗之间进行协调。只有设计好的屏蔽导体才能达到屏蔽效果。

　　第 8 章和第 9 章重点分析产品中电源线的 EMC 问题，以及输入线电缆、连接线信号电缆、接口电路与 EMC 的关系。连接线电缆是引起辐射发射或引入外部干扰的最主要通道，由于线缆长度的原因，电缆不仅是发射天线，同时也是接收天线。良好的接口电路设计不但可以使内部电路的噪声得到很好的抑制，还可以使发射天线无驱动源，而且还能滤除连接线电缆从外部接收到的干扰信号。正确的连接线电缆及滤波的设计可以为电缆与接口电路提供一个良好的配合通道。

　　第 10 章为物联产品的 EMI 设计技巧，重点分析产品中两类强干扰噪声源，一类是开关电源系统的开关噪声源，另一类是高频的时钟信号源。根据这两类噪声源的噪声特性提出了分析和设计的方法，对出现的常见问题给出了测试整改的思路。

　　EMC 设计的目的是降低 EMC 测试风险，通过本书描述的 EMC 分析和设计方法对产品实施性价比最优化原则，让产品具有最低的 EMC 风险，即使通过测试与整改也能达到最高性价比的设计。由于作者从事工作及产品研究的限制，其 EMC 设计并不能包含各类电子、电气产品的 EMC 问题，同时也会因为作者知识结构的不全面性，导致出现一些描述不合理或不够准确，甚至错误的地方，还请广大读者提供宝贵意见和建议。

编者
2021 年 2 月

目录

第4章 产品外部干扰问题//42

第5章 产品内部干扰问题//91

第7章　产品金属结构的 EMC 设计//191

第8章　产品电源线的 EMC 问题//205

第**9**章　产品信号连接线电缆的 EMI 问题//242

第**10**章　物联产品的 EMI 设计技巧//253

第 ① 章

工程师需要了解的电磁兼容知识

IEC 标准对产品或设备进行传导和辐射发射的测量，并对产品产生传导与辐射发射的值进行限制的目的是满足无线电通信要求，不能对无线电通信产生干扰。由于物联产品或设备系统本身就存在无线电通信（WiFi、BLE）的发射功率，以及电磁灵敏度（Electro Magnetic Susceptibility，EMS）问题，因此产品正在向智能化、集成化、多功能化方向发展，在电磁兼容性能上也要有很高的要求（EMS 和 EMI 测试均有相关要求）。

如何选择适当的电磁兼容（Electro Magnetic Compatibility，EMC）设计方案，对产品设计的成败起到决定性作用。

1.1 物联产品的电磁兼容实验标准及要求

EMC 设计的目的是最大限度地降低产品或设备 EMC 测试的风险，对于产品的 EMC 测试都有相应的测试要求和标准。电磁兼容标准是进行 EMC 设计和测试的指导性文件。根据不同电磁兼容标准在电磁兼容测试中的不同地位，电磁兼容标准可分为四级：基础标准、通用标准、产品类标准、专用产品标准。

根据被测试设备使用环境的不同，被测试设备传导发射、辐射发射需要满足的限制值分为 A、B 两级，分别对应两类设备。B 级设备是指主要在生活环境中使用，可包括不在固定场所使用的设备。比如，靠内置电池供电的便携式设备；靠电信网络供电的电信终端设备；个人计算机以及相连的辅助设备。A 级设备是指除了 B 级以外的设备。

注意：生活环境是指有可能在离相关设备 10m 远的范围内使用广播和电视接收机的环境。

产品或设备在使用过程中会产生电磁干扰，电磁干扰的强度不能太大，即不能大于规定值，这个规定值就是限值。干扰限值的一般定义是对应的测试方法的最大电磁干扰允许值。这个限值是通过对大量测试数据进行汇总、分析、统计、评估后人为制定的干扰限定电平。

合理的限值对产品质量控制很重要，限值如果设定过于宽松，则会让大量的产品轻易通过检测要求，不利于产品质量控制，容易出现产品品质问题。如果限值设定过于严格，则会造成由于现阶段社会技术能力所限，大部分产品都不能通过检测要求，导致社会中产品的紧缺。同样，产品 EMS 也有规定等级，其等级往往取决于产品类型和使用环境要求。产品 EMS 只有满足其规定等级要求，才能符合 EMS 测试要求，合理的规定等级对产品质量控制同样重要。

表 1-1 给出了对于物联产品或设备需要满足的 EMS、EMI 项目试验要求及评判等级。

表 1-1 物联产品或设备的通用试验要求及评判等级

试验项目	试验要求	评判等级
浪涌（SURGE）	±1kV（差模）	B
	±2kV（共模）（开路电压 1.2/50μs，短路电流 8/20μs）	B
静电（ESD）	±6kV（接触放电）	A
	±8kV（空气放电）	A
电快速脉冲群（EFT/B）	±2kV（5/50ns，5kHz 或 100kHz）	A
传导敏感度（CS）	3Vrms（150kHz～80MHz，调幅波）	A
辐射敏感度（RS）	10V/m（80MHz～1GHz，调幅波）	A
电压暂降（DIPS）	0，40%，70%	C
传导发射（CE）	0.15～0.5MHz 准峰值：79dBμV 平均值：66dBμV	A 类设备
	0.5～30MHz 准峰值：73dBμV 平均值：60dBμV	
	0.15～0.45MHz 准峰值：66～56.9dBμV 平均值：56～46.9dBμV	B 类设备
	0.45～0.5MHz 准峰值：56.9～56dBμV 平均值：46.9～46dBμV	
	0.5～5MHz 准峰值：56dBμV 平均值：46dBμV	
	5～30MHz 准峰值：60dBμV 平均值：50dBμV	
辐射发射 RE	30～230MHz：40dBμV	A 类设备
	230MHz～1GHz：47dBμV（10m）	

评判等级：

A：干扰施加过程中，产品工作正常，性能不降低。

B：干扰施加过程中，产品性能暂时降低，干扰结束后，产品自行恢复正常。

C：干扰施加后，产品性能降低；干扰结束后，人工干预后，产品恢复正常。

表 1-1 给出了产品验收方面的相关测试实验及要求，对于产品电磁兼容方面主要有两大类的测试，电磁兼容 EMS 抗扰度的测试以及产品 EMI 对外干扰方面的标准限值要求。

1.1.1 物联产品实验测试分析

干扰通常分为持续干扰和瞬态干扰两类。如广播电台、手机信号、基站等属于持续干扰。由于开关切换，电机制动等造成电网的波动，此类干扰可称为瞬态干扰。

表1.1中瞬态干扰还包含浪涌（SURGE）、静电（ESD）、电快速脉冲群（EFT/B）、电压暂降、短时中断和电压变化 DIPS 等。持续干扰包含传导敏感度（CS）和辐射敏感度（RS）。

评判等级 A 所述的"性能不降低"，即干扰施加后，硬件无损坏，干扰施加过程中无死机、复位、数据掉帧或误码率较高等问题，就好比无干扰施加到产品一样。通常持续性的干扰的评判等级均采用此评判等级。瞬态干扰为偶然性发生，且引起的电网干扰时间不长，故暂时性能降低，也是评判等级 B。

1. EMS 试验项目及干扰实质分析

（1）浪涌（SURGE）　波形上升沿为 $1.2/50\mu s$，$8/20\mu s$，是一种脉冲宽度为几十 μs 的脉冲，是一种传导性干扰，因其脉冲携带较强能量，故需要对所有功能端口做相应程度的防护，否则会引起内部电路元器件的永久性硬损伤。干扰的实质是将浪涌信号叠加在被测产品中的正常信号上。由于频率较低，故该项目的测试问题分析也相对比较容易，不需要考虑太多的寄生参数问题。

（2）静电（ESD）　波形上升沿为 $0.7\sim1ns$，是一种脉冲宽度为几十 ns 的脉冲，因其峰值电压范围在数千至上万伏，故脉冲也具有一定的能量，需要在端口做防护。由于其上升沿很陡，故其携带的高频谐波很丰富，可到几百 MHz，所以静电在产品所有裸露的金属部件（包含端子、螺钉等）或孔缝（包含 LED 指示灯的开孔，各种散热和观察孔）进行接触放电，或分别对水平耦合板、垂直耦合板间接放电时，均会在放电点瞬时形成一个高频电场，通过空间对电路进行干扰，这种干扰是共模干扰。因此，静电设计时应注意端口保护和空间高频辐射场两方面的内容。ESD 抗扰度测试实质上包含了一个瞬态的共模 ESD 电流流过产品或内部电路，瞬态共模电流干扰正常工作电路的原理。

（3）电快速脉冲群（EFT/B）　波形上升沿为 5ns，波形为数个周期脉冲串的组合，能量很低。干扰的性质和静电一样是共模干扰，干扰路径既包括传导也包含辐射。这种共模抗扰度测试以共模电压的形式把干扰叠加到被测产品的各种电源端口和信号端口上，并以共模电流的形式注入被测产品的内部电路中，其产品中电流的路径与大小起着决定性的作用。共模电流在产品内部传输的过程中，会转化为差模干扰电压并干扰内部电路的正常工作电压。

（4）传导敏感度（CS）　共模干扰，干扰频段从 150kHz～80MHz。在进行项目试验时，其干扰信号源至产品的线缆长度与干扰频段（30MHz）对应的波长 λ 的 1/4 比拟，故在施加干扰电压的调制频率超过 30MHz 时，因趋肤效应，干扰信号主要以空间辐射方式出现（低于 30MHz 时，主要还是以传导方式干扰）。

（5）辐射敏感度（RS）　共模干扰，干扰频段从 80MHz～1GHz。其测试实质上是与辐射发射测试相反的一个测试过程。

在产品 PCB 中，信号源从源驱动出发，传输到负载端，再从负载端将信号回流到信号源形成信号源电流的闭环，如图1-1a所示，在电路PCB中每个信号源都会包含一个环路。当外界的电磁场穿过环路时，就会在这个环路中产生感应电压U。

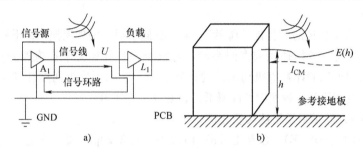

图1-1 环路和电缆在电磁场中的电压和电流

为了直观地了解可用简化的公式进行计算，单个回路对通过其磁场的感应电压可以用简化的式（1-1）、式（1-2）计算。

$$U = S\Delta B/\Delta t \tag{1-1}$$

$$\Delta B = \mu_0 \Delta H \tag{1-2}$$

式中，U为感应电压，单位为V；H为磁场强度，单位为A/m；B为磁感应强度，单位为T；μ_0为自由空间磁导率，$\mu_0 = 4\pi \cdot 10^{-7} H/m$；$S$为回路面积，单位为$m^2$。

当平面的电场波穿过环路时，其单个环路中产生的感应电压的计算公式如下：

$$U = (SEf)/48 \tag{1-3}$$

式中，U为感应电压，单位为V；S为回路面积，单位为m^2；E为电场强度，单位为V/m；f为电场的频率，单位为MHz。

对PCB的环路在电场中的影响进行分析，假如在一个PCB中设计有一个面积为$10cm^2$（长宽为100mm和10mm）的PCB布线回路，当该电路在电场强度为10V/m的电磁场中进行辐射抗扰度测试时，在100MHz与300MHz频率点上，该环路面积产生的感应电压U_1与U_2可以通过式（1-3）计算如下：

$$f_1 = 100MHz 时，U_1 = (SEf_1)/48 = 0.0010 \times 10 \times 100/48 \approx 21mV$$

$$f_2 = 300MHz 时，U_2 = (SEf_2)/48 = 0.0010 \times 10 \times 300/48 \approx 63mV$$

这是辐射抗扰度测试时，产品中的电路受干扰的其中一个原因，从实际应用到上面的计算结果可以发现这个干扰电压并不高。实际中按照这种测试原理产生的干扰现象也并不常见。理论和实际基本是一致的。

需注意：连接的线缆充当接收天线，干扰为电磁场的远场。

更常见的一种现象，即辐射发射测试实质中单极子天线和对称偶极子天线模型所对应的相反过程。产品或设备中的电缆或其他长尺寸导体都会成为接收磁场的天线，这些电缆或长尺寸导体端口都会感应出电压。同时，电缆或长尺寸导体上会感应出电流I_{CM}，如图1-1b所示。

假如，一个带有电缆长度为 L 的产品或设备放置在自由空间中，自由空间的电场强度为 E，电缆上感应出的共模电流 I 可用以下简化公式进行计算：

当 $L \leq \lambda/4$ 时，

$$I \approx (EL^2f)/120 \tag{1-4}$$

当 $L \leq \lambda/2$ 时，

$$I \approx 1250E/f \tag{1-5}$$

式中，I 为感应电流，单位为 mA；E 为自由空间的电场强度，单位为 V/m；f 为频率，单位为 MHz；L 为等效单偶极子天线的电缆长度；λ 为波长，单位为 m。

与辐射发射一样，当产品或设备中成为接收等效天线的电缆放置在离参考接地板 h 高度时，如图 1-1b 所示，其通过被地平面衰减后的等效场强度可以参考以下表达式：

当 $h \leq \lambda/10$ 时，

$$E(h) \approx (E \cdot 10h)/\lambda \tag{1-6}$$

当 $h > \lambda/10$ 时，

$$0 \leq E(h) \leq 2E \tag{1-7}$$

式中，h 为辐射发射等效天线的电缆放置在离参考接地平面 h 的高度，单位为 m；E 为自由空间中的电场强度，单位为 V/m；$E(h)$ 为被地平面衰减后的等效电场强度，单位为 V/m；λ 为波长，单位为 m。

这就意味着产品中的信号线、信号电缆越靠近机箱、金属背板或参考接地板，其所受的辐射影响就越小。

电缆上感应出的共模电流将会沿着电缆及电缆所在的端口注入产品中，包括产品内部电路中，这种共模电流干扰正常工作电路的原理与前面 EMS 试验项目及干扰电路的原理一样。其中实验测试的共模抗扰度的测试是产品的关键点。通过图 1-2 所示的电流路径，当共模干扰电流流过地阻抗时产生的压降 $U_{CM} \approx I_{CM}Z_1$。

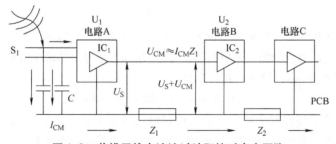

图 1-2 共模干扰电流流过地阻抗时产生压降

对于信号线电缆的单端传输信号，如图 1-2 所示，当有电磁场信号或外部干扰注入信号线和 GND 地线上的共模干扰信号进入电路时，在 IC$_1$（电路 A 单元）的信号端口处，由于 S$_1$ 与 GND 所对应的阻抗不一样，S$_1$ 阻抗较高，GND 阻抗较低，共模干扰信号会转化成差模信号，差模信号在 S_1 与 GND 之间。这样，干扰首先会对 IC_1 的输入端口产生干扰。由于滤波电容 C 的存在，会使 IC_1 的第一级输入受到保护，即在 IC_1 的输入信号端口和地之间的差模干扰被 C 滤除或旁路。如果没有 C 的存在，可能干扰就会直接影响 IC_1 的输入信号，因此基本所有的电路设计都会有电容滤波及旁路电路将干扰信号导入地回路中，这样大部分噪声信号会沿着 PCB 中的低阻抗地走线或地层从一端流向地的另一端，后一级的干扰将会在干扰电流流过地阻抗时产生。为了简化分析，先忽略电路中的串扰问题。如图 1-2 所示中，Z_1、Z_2 表示 PCB 图中两个集成电路之间的地阻抗，U_S 表示集成电路 IC_1 向集成电路 IC_2 传递的信号电压。

当共模干扰电流流过地阻抗 Z_1 时，在 Z_1 的两端就会产生电压降 U_{CM}，其 $U_{CM} = Z_1 I_{CM}$。该电压对于集成电路 IC_2 来说相当于在 IC_1 传递给它的电压信号 U_S 上又叠加了一个干扰信号 U_{CM}，此时 IC_2 实际上接收到的信号电压为 $U_S + U_{CM}$，这就会带来所说的干扰的问题。其干扰电压的大小与共模干扰的电流大小有关，还与地阻抗 Z_1 的大小有关。当干扰电流一定的情况下，干扰电压 U_{CM} 的大小由 Z_1 决定。也就是说，PCB 设计中的地走线阻抗或地平面阻抗与电路施加的瞬态抗干扰能力有直接关系。

在实际应用中，假如一个完整的地平面无过孔、无地分割，地的阻抗很小，大约为 4mΩ，考虑在高频 100MHz 时，即使有 100A 的瞬态电流流过这个 4mΩ 的阻抗，也只会产生大约 0.4V 的压降，这对大部分的数字逻辑电平来说是可以接受的。通常在 0.8V 以下是低电平的逻辑，大部分的 IC 控制芯片大于 0.8V 才会发生逻辑转换，有的会更高一些。这已经是具备相当高的抗干扰能力了。但是往往在设计时，由于各种原因没有完整的地平面，存在独立的细长走线或者地平面存在 1cm 的裂缝时，细长的走线或裂缝在 1mm 时存在接近 1nH 的电感，在进行 ±2kV（5/50ns）的电快速瞬变脉冲测试时其匹配电阻为 50Ω，其 5ns 的电流达到 40A，当裂缝及走线电感达到 10nH 时，计算其产生的压降为

$$V = L\mathrm{d}i/\mathrm{d}t \tag{1-8}$$

式中，V 为产生的瞬态电压降，单位为 V；L 为 PCB 电路中地走线等效电感，单位为 nH；i 为瞬态电流的峰峰值，单位为 A；t 为达到瞬态峰峰值的最小时间，单位为 ns。

将参考数据带入式（1-8）进行计算

$$V = L\mathrm{d}i/\mathrm{d}t = 10\mathrm{nH} \times 40\mathrm{A}/5\mathrm{ns} = 80\mathrm{V}$$

80V 的瞬态电压降对于所有的弱电控制电路来说都是非常危险的，都会造成系统的可靠性问题，因此 PCB 中的地阻抗对抗干扰能力是非常重要的。

后面的章节会基于这些理论进行详细的分析和设计。

2. EMI 试验项目及干扰实质分析

试验包含传导发射（CE）和辐射发射（RE）。

CE 的频段为 150kHz ~ 30MHz；RE 的频段为 30MHz ~ 1GHz。

CE 传导干扰测试的实质是利用 LISN 设备进行电源端口的测试，RE 测试实质上就是测试产品中两种等效天线所产生的辐射信号。一种等效天线是信号的环路，环路是产生的辐射等效天线，这种辐射产生的源头是环路中流动着的电流信号，这种电流信号通常为正常工作信号，它是一种差模信号，如时钟信号及其谐波。另一种等效天线是单偶极子天线，这些被等效成单偶极子天线的导体通常是产品中的电缆或其他尺寸较长的导体。这种辐射产品的源头是电缆或其他尺寸较长导体中流动着的共模电流信号。

对于通用的物联及智能产品，主要考察其内部电源（通常为开关电源）、晶振（包括有源晶振和无源晶振）等主要干扰源通过等效天线（连接线及走线）形成的传导和辐射，在设计时应注意对上述干扰源的处理。

1.1.2　电磁兼容设计方法

1. 电磁兼容设计的基本思路

出现 EMC 问题，必须有干扰源、耦合路径及敏感设备三要素，缺少任何一个环节，均不能构成 EMC 问题。

因此，针对 EMC 问题，其设计就是针对三要素中的一个或几个采取技术措施，限制或消除其影响，基本思路可分为"堵"和"疏"两类。

"堵"通过增加共模滤波器，采用光电耦合器等隔离或线缆套磁环等方式增加共模阻抗。

"疏"就是通过电容形成高频通路，将共模干扰引入阻抗更低的地（PE）或金属壳体等。好的 EMC 设计往往可以通过既"堵"又"疏"的方式，在成本增加不多的前提下，获得较好的 EMC 性能。

2. EMC 解决手段

屏蔽、接地和滤波是解决 EMC 的三种方法。

1.1.3　原理图方面的设计

在确定产品及设备需要满足的电磁兼容项目及试验等级后，在原理图设计时就有必要对相关试验项目进行设计，最大程度降低电磁兼容风险和节省项目开发的时间和成本。

1. 端口设计

产品及设备的端口通常包括电源端口及信号端口，在 EMC 测试项目中针对端口的试验包括浪涌（SURGE），静电放电（ESD），电快速脉冲群（EFT/B），传导敏感度（CS），传导发射（CE），电压暂降（DIPS）、短时中断和电压变化。

因此，在设计中应遵循先进行浪涌防护后再进行隔离、共模滤波的顺序进行。

2. 浪涌防护设计

浪涌分为差模浪涌和共模浪涌两种。如信号端口（也包含工作电源端口）的进线和回线间为差模浪涌，电路的进线和回线分别对地（接地端子/参考接地板）为共模浪涌。抑制浪涌最常用的器件就是浪涌抑制器件，如气体放电管、压敏电阻、TVS等，不同的端口根据其功能选用不同的组合方案进行浪涌的防护。

3. 共模滤波器的设计

通过在端口附近设计共模滤波器，对共模干扰进行衰减和旁路。

滤除共模干扰也可采取设计隔离元件等增大共模阻抗的方式或通过安规 Y 电容接地（如果端口设计有接地端子，则应满足相应安全要求）的方式来实现。

设计共模滤波器，首先要注意系统经常出现的共模干扰的频段，以便选择合适的电感、电容参数。若需要同时抑制低、中、高频的共模干扰，则可采用低频和高频共模滤波器串联混合的方式来解决。

目前的物联网及智能设备产品往往都会采用开关电源，由于开关电源是一个重要的对外干扰源，因此就需要在输入电源端口设计 EMI 滤波器。

另外，从 EMS 角度考虑，由于隔离变压器的输入输出间存在较大的分布电容，高频共模干扰可以毫无衰减地从输入耦合至输出，因此也需要在开关电源电子线路前端设计滤波器。

对于在电源输入端口的 EMI 滤波器的应用情况，根据通用的设计理论，推荐标准的输入滤波器的电路结构及参数。

常用的标准电路的结构如图 1-3 ~ 图 1-5 所示。

如图 1-3 所示，相关产品的应用对于 II 类器具或者 II 类结构是没有接地端子的，对于小功率供电的开关电源系统，推荐简单的 LC 单级滤波电路结构。

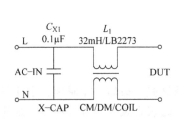

图 1-3　无接地端子一阶滤波器结构

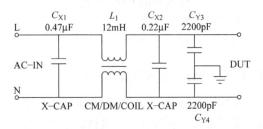

图 1-4　有接地端子的一阶滤波器结构

如图 1-4 所示，相关产品或设备的应用具有一个接地端子，当使用一阶 LC 滤波电路方式时，推荐图示的滤波器原理结构。

如图 1-5 所示，相关产品或设备的应用具有一个接地端子，当使用二阶 LC 的滤波电路方式时，推荐图示的滤波器原理结构。

在上述的滤波器结构使用中，通过影响频率范围可以优化滤波器参数的设计来达到实际的滤波效果。根据测试中的现象有对应的解决方法，见表 1-2。

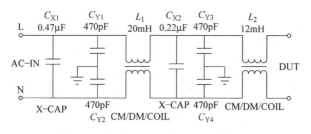

图 1-5 有接地端子的二阶滤波器结构

表 1-2 滤波器的器件参数匹配解决方法

频率/Hz	干扰现象	解决方法
9k ~ 1M	以差模为主	X 电容、差模电感
1M ~ 5M	差模共模混合	X 电容、差模电感、Y 电容、共模电感
5M ~ 30M	共模	Y 电容、共模电感

在表 1-2 中当无 PE 接地端子时，输入 EMI 滤波器就没有 Y 电容的设计。共模扼流圈也就是共模电感在绕制中会产生 1% 左右的漏感，可直接利用共模电感的漏感来进行差模滤波，若要加强差模滤波，则需要增加差模电感设计。

注意：上述所示滤波器原理结构在进行 PCB 布板时，应尽量摆放在靠近端口的位置，且 PCB 印制线走线应注意控制环路面积，让滤波器获得最大的插入损耗。从 EMS 角度考虑，滤波器中共模电感对系统的电快速瞬变脉冲群作用明显。最快速优化滤波器的方法还可以通过 EMI 传导发射的测试数据进行输入 EMI 滤波器的匹配设计。

其匹配设计的方法在第 8 章中有详细阐述。

4. 敏感电路及器件设计

在设计中需要注意对易接收电磁干扰的电磁敏感电路和器件的设计。尽量采用抗扰度高的器件，在满足功能的前提下，尽量降低晶振的频率，尽量选择上升沿较缓的器件。

电容、电感等非理想元器件的寄生参数在高频时将会大大影响其滤波效果，因此，对不同频段的干扰信号应选择不同的滤波设计参数。

（1）常见的瞬态干扰类型及频谱 如图 1-6 所示，进行产品试验测试时，外部典型的干扰源为电快速脉冲群 (EFT/B)、静电放电 (ESD)、雷电浪涌 (SURGE)，根据试验的测试标准的瞬态数据，为了分析方便，在图示中将时域中的模拟波形进行傅里叶变换到频域，得到瞬态干扰的频谱范围。

举例说明：电快速脉冲群 EFT/B 的瞬态干扰频率范围是从 6.4MHz 一直到 64MHz。EFT 的测试特点为传导性干扰，由于其脉冲上升沿陡，当干扰频谱到 64MHz 时，其干扰就仍然会从传导性干扰转化为辐射性干扰。同理静电放电 ESD 的波形上

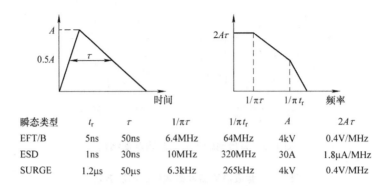

瞬态类型	t_r	τ	$1/\pi\tau$	$1/\pi t_r$	A	$2A\tau$
EFT/B	5ns	50ns	6.4MHz	64MHz	4kV	0.4V/MHz
ESD	1ns	30ns	10MHz	320MHz	30A	1.8μA/MHz
SURGE	1.2μs	50μs	6.3kHz	265kHz	4kV	0.4V/MHz

图1-6 常见瞬态干扰类型

升沿为 0.7~1ns，瞬态干扰频率范围从 10MHz 到 320MHz。其干扰频谱范围更宽，辐射干扰特性也更强。对于这两种高频干扰滤波选择电容器件滤波是常用的方法，其电容的频率特性需要关注。对于电容滤波频段的选择可参考表 1-3 的特性参数。

（2）高频电容的谐振频率 表 1-3 中，以 1μF 电容为例，插装（6.4mm 引线）的高频电容的谐振点为 2.5MHz，在谐振点其阻抗最小；表面贴装（0805 封装）的高频电容的谐振点为 5MHz，在谐振点其阻抗最小。

表 1-3 电容滤波器件的参数表

电容值	电容的谐振频率	
	插装（6.4mm 引线）	表面贴装（0805 封装）
10pF	800MHz	1.6GHz
100pF	250MHz	500MHz
1000pF	80MHz	160MHz
0.01μF	25MHz	50MHz
0.1μF	8MHz	16MHz
1μF	2.5MHz	5MHz

通过表 1-3 的参考数据可以看出，该类器件的引线过长时，其高频下寄生参数会降低自身的谐振频率，在进行高频滤波时建议尽量采用贴装器件。一个常用的做法是选择参数相差 100 倍的电容进行并联，以保证在其较宽的频段范围内始终保持电容特性。但在实际应用时，由于电容放置时电容引脚及走线与数字芯片的距离差异会带来不同的引线或走线电感，同时大的容量能起到储能滤波的作用。因此，对数字芯片做去耦设计，特别是携带丰富高次谐波的数字电源引脚，通常用大容量电容与 0.1μF 电容及 0.1μF 的多个同容值电容并联，有更好的效果。

注意：电容自谐振之前主要是电容起作用，其去耦效果较好；电容自谐振之后主要是电感起作用，其去耦效果较差。

对于数字芯片中因结构、传输路径等客观因素影响的关键信号均应做去耦设计，对信号去耦时应注意不要影响信号的正常传输。

参考设计经验：快速脉冲群 EFT 瞬态干扰敏感时推荐贴装器件电容 1000pF ～ 0.1μF 的范围；静电放电 ESD 瞬态干扰敏感时推荐贴装器件电容 100pF ～ 0.01μF 的范围。

（3）敏感电路的屏蔽设计　对于特别敏感的电路单元，在成本允许和进行结构设计时应充分考虑，针对辐射试验项目屏蔽材料选择铝或铜等金属，为保证足够的屏蔽效能应采用低的接地阻抗设计。

1.1.4　结构级、PCB 级设计

结构上需要考虑静电放电、射频电磁场辐射、辐射发射三项 EMC 试验项目，主要因结构限制，对 PCB 设计中常出现的一些问题进行分析。

1. 常见问题一

产品电路板自身结构紧凑，内部常由几块 PCB 构成，PCB 之间通过插针、互联排线等连接，进行 EMC 设计。

上面这些都是 EMC 最为薄弱的环节，当连线长度与干扰频率的波长可比拟时，既容易接收到外界的干扰，也容易将内部干扰带出产品，引起 EMI 超标。

设计时可从以下三方面分析解决：

1）对连接插件及端子中传递的信号进行滤波；

2）尽量缩短插针、互联排线的长度；

3）增加地针数目，最好采用"地 – 信号 1 – 地 – 信号 2 – 地 – 信号 3 – 地…"等定义方式，减少信号的回路面积，降低不同 PCB 之间的地阻抗。

2. 常见问题二

针对液晶显示屏、LED 指示灯、孔缝等如何进行静电（ESD）的防护。

在设计中建议对液晶显示屏采取透明材料绝缘处理，或增大与内部电路的放电距离。采用隔离的方法避免将干扰引入主 IC 控制器的内部电路。

PCB 布线时应注意：

1）滤波器设计时要让输入输出分开，避免耦合。

2）对关键芯片的敏感信号去耦时，去耦电容应紧靠其引脚，以减小回路面积。

3）敏感信号不能从晶振底部穿越，也不能靠近接口端子等。长距离信号传输时，应注意采用包地方式减小信号的回路面积。

4）尽量缩短关键信号的走线路径距离，多层板采用伴地设计时，注意增加地过孔的数目。注意不要让铺地平面存在地割裂情况，保证地平面的完整性，保证关键信号能镜像回流。

5）通过增加距离来降低相关信号通道间的空间耦合；通过正交来解决 PCB 顶层

和底层信号的相互影响。

3. 常见问题三

如何接地，如何单点接地，对于接地点位置的选择十分重要，设计时应保证接地点位于干扰信号注入端口且具有低的接地阻抗，通过电容可对共模干扰信号进行旁路及滤波。

当地不"干净"（地线上存在高频噪声电压）时，如图 1-2 所示的电路模型，共模干扰信号可能会从地形成共模电压 U_{CM}，信号 U_S 上又叠加了一个干扰信号 U_{CM}（信号电压为 $U_s + U_{CM}$）流入信号端造成系统工作异常，因此在进行结构设计和 PCB 设计时，常用的做法是输出端口与背板的接地连接（比如信息类设备），搭建低阻抗地平面设计。

注意：电路中如有一次侧与二次侧隔离电路的电容滤波设计，则必须留有一定的距离（出于安全考虑）。

1.1.5　提高物联产品及设备的 EMC 性能

在带有处理器的物联产品或设备时，提高抗干扰能力和电磁兼容性很关键。

以下的系统要特别注意抗电磁干扰及抗扰度测试的问题：

1）微控制器时钟频率特别高，总线周期特别快的系统。

2）系统含有大功率、大电流驱动电路，如产生火花的继电器，大电流开关等。

3）含微弱模拟信号电路以及高准确度 A – D 变换电路的系统。

1. 为增加系统的抗电磁干扰能力采取的措施

（1）选用频率低的微控制器　选用外时钟频率低的微控制器可以有效降低噪声和提高系统的抗干扰能力。同样频率的方波和正弦波，方波中的高频成分比正弦波多得多。虽然方波中高频成分的谐波幅度比基波小，但频率越高就越容易发射出去成为噪声源，微控制器产生的最有影响的高频噪声大约是时钟频率的 3 倍。

（2）减小信号传输中的畸变　微控制器主要采用高速 CMOS 技术工艺。信号输入端静态输入电流在 1mA 左右，输入电容在 10pF 左右，输入阻抗高，高速 CMOS 电路的输出端都有较好的带载能力，将一个门电路的输出端通过一段很长的线引到输入阻抗相当高的输入端时，反射问题就会严重，它会引起信号畸变，增加系统噪声。

当 T_{pd}（传输延迟时间）$> T_r$（源端信号上升沿时间）时，就成了一个传输线问题，需要考虑信号反射、阻抗匹配等问题。

信号在 PCB 上的延迟时间与引线的特性阻抗有关，即与印制电路板材料的介电常数有关。可以粗略地认为，信号在印制电路板引线的传输速度为光速的 1/3 ~ 1/2。微控制器构成的系统中常用逻辑电路元器件的 T_r（上升沿时间）为 3 ~ 18ns。

在 PCB 上，信号通过一个固定功率的电阻和一段 25cm 长的引线，线上延迟时间在 4 ~ 20ns。也就是说，信号在印刷电路上的引线越短越好，最长不宜超过 25cm。而且过孔数目也应尽量少，最好不多于两个。

当信号的上升时间小于信号延迟时间时，要考虑传输线的阻抗匹配，对于一块PCB上的集成块之间的信号传输，PCB越大，系统的速度就要越慢。

PCB设计的一个规则：信号在PCB上传输，其延迟时间不应大于所用器件的标称延迟时间。

（3）减小信号线间的交叉干扰。

（4）减小来自电源上的噪声　电源在向系统提供能源的同时，也将其噪声加到所供电的电源上。电路中微控制器的复位线、中断线，以及其他一些控制线最容易受外界噪声的干扰。电网上的强干扰通过电源进入电路，即使电池供电的系统，电池本身也有高频噪声。模拟电路中的模拟信号也经受不住来自电源的干扰。

（5）注意PCB与元器件的高频特性　在高频情况下，PCB上的引线、过孔、电阻、电容、接插件的分布电感与电容等不可忽略。电容的分布电感不可忽略，电感的分布电容不可忽略。电阻产生对高频信号的反射，引线的分布电容会起作用，当长度大于噪声频率相应波长的1/20时，就会产生天线效应，噪声通过引线向外辐射发射。

基本参数信息如下：

1）PCB的过孔大约引起0.6pF的电容。

2）一个集成电路本身的封装材料将引入2~6pF电容。

3）一个电路板上的接插件有520nH的分布电感。

4）一个双列直插的24引脚集成电路插座将引入4~18nH的分布电感。

注意：这些小的分布参数对于运行工作在较低频率下的微控制器系统是可以忽略的，而对于高速系统必须予以特别注意。

2. 元器件布置要合理分区

元器件在PCB上排列的位置要充分考虑抗电磁干扰问题，原则之一是各部件之间的引线要尽量短。在布局上，要把模拟信号部分、高速数字电路部分、噪声源部分（如继电器、大电流开关等）这三部分合理地分开，使相互间的信号耦合最小。

3. 处理好接地线

PCB上，电源线和地线最重要。解决电磁干扰，最主要的手段就是接地。对于双面板，地线布置特别讲究，通过采用单点接地法，电源和地从电源的两端接到PCB上，电源一个接点，地一个接点。PCB上，要有多个返回地线，这些都汇聚到电源的接点上，就是所谓单点接地。

所有模拟地、数字地、大功率器件地分开，是指布线分开，而最后都汇聚到这个接地点上来。与PCB以外的信号相连时，通常采用屏蔽电缆。对于高频和数字信号，屏蔽电缆两端都接地。低频模拟信号用的屏蔽电缆，一端接地为好。

对噪声和干扰非常敏感的电路或高频噪声特别严重的电路可以使用金属罩屏蔽

起来。

4. 用对去耦电容

好的高频去耦电容可以去除高至1GHz的高频成分。陶瓷片电容或多层陶瓷电容的高频特性较好。设计PCB时，每个集成电路的电源和地之间都要加一个去耦电容。

去耦电容有两个作用：一方面是集成电路的储能电容，提供和吸收该集成电路开门关门瞬间的充放电能；另一方面是旁路掉该器件的高频噪声。数字电路中典型的去耦电容为0.1μF，一般去耦电容有5nH分布电感，它的并行共振频率在7MHz左右，也就是说对于10MHz以下的噪声有较好的去耦作用，对40MHz以上的噪声几乎不起作用。1μF、10μF电容，并行共振频率在20MHz以上，去除高频噪声的效果要好一些。在电源进入PCB的地方使用一个1μF或10μF的去高频电容往往是有利的，即使是用电池供电的系统也需要这种电容。

每10片左右的集成电路要加一个储能电容，或称为充放电电容，电容大小可选10μF。去耦电容值的选取并不严格，可按经验方法 $C = 1/f$ 计算，即 10MHz 取 0.1μF，对微控制器构成的系统，取 0.01～0.1μF 都可以。

1.2 需要掌握的基本概念和工程实践方法

目前电子电路日益复杂，调试越来越难；市场竞争日益激烈，开发周期越来越短。电磁兼容标准强制实施，电子产品电磁兼容的重要性提高。为了通过电磁兼容的测试，为了达到电磁兼容设计目标，做产品设计开发时需要掌握基本理论、分析方法、问题解决能力等。

1.2.1 基本概念和理论

在进行EMC分析时，理论上将信号分为共模与差模信号。实际上在电路中的表现形式是差模电流与共模电流，将电路中的信号源电流进行模型简化，如图1-7所示，建立简化的差模电流和共模电流模型。

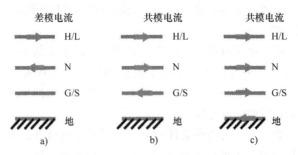

图1-7　差模电流与共模电流

如图1-7所示，对于干扰源或者是干扰电流，在导线上传输基本上以两种方式存在。

1）共模电流：是以相同的相位，往返于L、N线（或者是信号线）与地线之间的电流。

2）差模电流：是往返于L线与N线（或信号线与回流线）之间，并且是幅度相位相反的电流。

一对导线上如果流过差模电流，则这两条线上的电流大小相等，方向相反，而一般有用信号也都是差模电流，也就是图1-7a中，差模电流一进一出的方向。在图1-7b和c中，一对导线上如果流过共模电流，则这两根导线上的电流方向相同，在这两根导线之外通常还有第三导体，这个就是"地"。用地做返回路径回流，把前者称为差模，后者称为共模。

干扰源或者是干扰电流在导线上传输时，可以看到，在一对导线上既会以差模方式出现，也会以共模方式出现，但共模电流只有转变成为差模信号才能对有用信号构成干扰。

当电子电路板本身存在内部干扰或者对电子电路板进行外加信号测试时：

第一类差模干扰电压是线与线之间的干扰电压会干扰有用信号。

第二类共模干扰电压是各条线与地之间的干扰电压，这时候它会产生很强的辐射干扰或者是传导干扰是电磁干扰发射超标的主要原因之一。

因此，共模电流和差模电流是可以同时存在于一对导线中的。

分析产生共模电流的原因，主要有以下两个方面：

1）在电路中，某些关键节点（梯形波电压）、某些器件的地电位过高，与参考地之间就存在共模电压，连接导线后就会产生共模电流。

2）外界或者是电子电路中的器件工作产生电磁场（du/dt，di/dt），在导线上产生感应电压，从而产生共模电流。

在实际的运用中，电压电流的变化通过导线传输时有差模和共模两种形态，设备的电源线、信号线等的通信线、与其他设备或外围设备相互交换的通信线路，至少有两根导线，这两根导线作为往返电路传输电力或者信号。但在这两根导线之外通常还有第三种导体，即地走线或接地体。这时，干扰电压和电流分为两种：一种是两根导线分别作为来回电路传输；另一种是两根导线同时作为去路，而地作为返回路径。前者是差模路径，后者是共模路径。

1.2.2　实际应用中的几个实践及理论

通过表1-4中的几个方面进行描述，提供思路及方法。

表1-4　电磁兼容的实践及理论

实际问题	理论及方法
电磁兼容认证和测试验证方法（标准要求）	产品设计目的明确性
电磁干扰耦合和控制	减小电路之间的相互干扰
地线与电磁兼容的关系	地线是电磁干扰中的重要因素
电磁屏蔽和干扰滤波	控制电磁干扰的两个关键技术
电磁辐射的原理和控制	准确识别辐射源并控制辐射发射
电磁场对电路的影响	降低电路对电磁场的敏感性

通过表1-4中的内容，电磁兼容涉及的内容相对广泛，问题比较复杂，对上面的实际问题先做初步的分析。

1）清楚电磁兼容认证方面和测试验证方法的相关概念，知道产品需要做哪些认证，是怎样进行测试的。这时产品设计的目的就会比较明确。

2）知晓电磁干扰耦合和控制方面的理论，了解干扰源和敏感源之间发生干扰一定要通过某种途径发生耦合，如果掌握了这方面的情况，处理起来就会有方向性，比如减小电路之间的相互干扰。

3）掌握地线与电磁兼容之间的关系，地线与电磁兼容的确有很大的关系，它们之间的关系是怎样的？如何理解地线是电磁干扰中很重要的因素？后面的章节将进行详细阐述。

4）对于电磁屏蔽，干扰滤波方面的理论，包括接地技术是解决电磁兼容的三大方法和手段。因此，屏蔽和滤波是控制电磁干扰的两个关键技术。

5）掌握电磁辐射的基本原理和控制的方法比较重要，在物联产品的电磁兼容测试认证中，辐射发射是认证失败率比较高的一项。只有掌握一些原理理论和控制方法才能准确识别辐射源并且控制辐射发射。

6）掌握电磁场对电路的影响，并运用这些理论来增强电路设计对外部电磁场的敏感性，也就是提高产品的抗干扰性能。

注意：即使掌握了基本概念和理论，也并不代表能处理好实际产品中的电磁干扰问题。一些具体的问题还与环境因素及长期的工程和实践经验相关。

1.2.3　掌握工程实践方法

通过表1-5中的几个方面进行描述，提供设计及实施方法。

表1-5　电磁兼容的实践及方法

EMC 设计	EMC 实施方案
干扰滤波的实现方法	设计真正有效的 EMI 滤波器电路
电磁屏蔽的实现方法	得到真正有效的屏蔽设计
PCB 的电磁兼容设计	在源头上解决电磁兼容问题
信号电缆的 EMC 设计	消除最大的骚扰源及敏感源
EMC 问题分析和整改的方法	先分析再设计性价比最优方案

通过表 1-5 中电磁兼容涉及的内容对上面的 EMC 设计及方法先做初步的分析。

1）干扰滤波的实现方法。尽管了解滤波的基本原理，也并不代表就能做出一个好的滤波器电路，要构造一个真正有效的滤波器电路，需要有很多具体的理论和实践。

2）电磁屏蔽的实现方法。电磁屏蔽不是简单地用金属机箱、金属壳接地就能达到屏蔽的功效，如要获得一个真正有效的屏蔽机箱，需要很多工程设计理论和实践。

3）PCB 的电磁兼容设计。对于电子产品或设备而言，不管是干扰的 EMI 发射还是抗扰度 EMS 都是由 PCB 上面的电路决定的。简单来说，做好 PCB 的设计也可以说是在源头上解决了电磁兼容问题。

4）信号电缆的 EMC 设计。信号电缆是电磁干扰进设备和出设备的最关键部位，也可以说是干扰源和敏感源的一个大门。因此做好信号电缆的 EMC 设计就可以消除最大的干扰源和敏感源。

5）EMC 问题分析和整改的方法。对于再有经验的人也不能保证其所开发的产品能够一次通过电磁兼容测试。那么当测试失败的时候，就需要分析诊断问题出在什么地方？再进行整改。

总结：工程师要掌握电磁兼容的基本理论和工程实践。

1）基本概念、基本理论是电磁兼容设计的行动指导。

2）工程实践的方法是经验数据的具体应用，如果没有掌握这部分的工程实践，那么也难以处理电子产品中电磁兼容的问题。电磁兼容设计应用的难点是需要将两部分内容有机地融合起来，灵活应用。

第 1 章

第②章

物联产品的框架架构和风险评估

物联产品或智能设备（电子产品）中创新技术的架构，其系统可以包括：开关电源的供电系统、主平台架构、传感器系统、语音控制、显示技术、互联控制等。

如图 2-1 所示，在产品的内部架构中，系统的供电部分有 AC－DC、DC－DC、电源控制模块等，采用的这些开关电源系统是产品中强干扰噪声源，即 EMI 问题的重要来源；在电路中，高频时钟信号、主平台 CPU 或者主 IC 数字信号，数据存储器单元 DDR 数据缓存也是高频强干扰噪声源 EMI 的重要来源。

图 2-1 所示的传感器单元既容易受到来自产品内部的干扰，同时也容易受到来自产品外部的干扰，它是 EMS 问题的源头；在电路中的语音音频控制及显示控制系统中既有 EMI 的问题，同时也有 EMS 的问题。

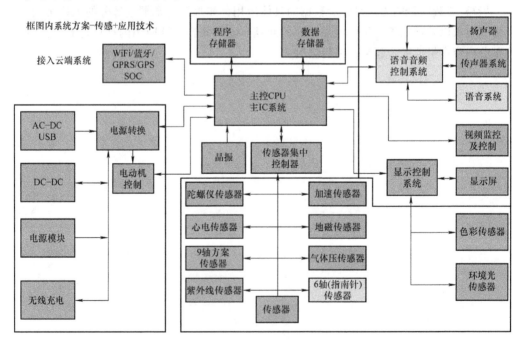

图 2-1　物联产品架构

2.1　产品架构 EMC 评估机理

对于物联产品电磁兼容的问题，通常进行评估的相关测试如下：

（1）辐射发射测试　测试电子、电气和机电设备及其组件的辐射发射，包括来自所有组件、电缆及连线上的辐射发射，用来鉴定其辐射是否符合标准的要求，防止在正常使用过程中影响同一环境中的其他设备。

（2）传导干扰测试　为了衡量设备从电源端口、信号端口向电网或信号网络传输的干扰。

（3）静电放电抗扰度测试　测试单个设备或系统的抗静电放电干扰能力，它模拟操作人员或物体在接触设备时的放电，以及人或物体对邻近物体的放电。

静电放电可能产生的后果：直接通过能量交换引起半导体器件的损坏；放电所引起的电场磁场变化，造成设备的误动作；放电的噪声电流导致器件的误动作。

（4）射频辐射电磁场的抗扰度测试　对设备的干扰往往是设备操作、维修和安全检查人员在使用移动电话时所产生的无线电台、电视发射台、移动无线电发射机和各种工业电磁辐射源，以及电焊机、晶闸管整流器、荧光灯工作时产生的寄生辐射，这些都会产生射频辐射干扰。测试的目的是建立一个共同的标准来评价电子设备的抗射频辐射电磁场干扰能力。

（5）电快速脉冲群的抗扰度测试　电路中机械开关对电感性负载的切换，通常会对同一电路中的其他电气和电子设备产生干扰。测试的机理是利用脉冲群产生的共模电流流过电路时，对电路分布电容能量的积累效应，当能量积累到一定程度时就可能引起电路（乃至设备）工作出错。通常测试设备一旦出错，就会连续不断出错，即使把脉冲电压稍稍降低，出错情况依然。测试时脉冲成群出现，脉冲重复频率较高，波形上升时间短暂，但能量较小，一般不会造成设备故障，使设备产生误动作的情况多见。

（6）浪涌抗扰度测试　雷击主要模拟间接雷电，如雷电击中户外电路，有大量电流流入户外电路或接地电阻，产生干扰电压，在电路上感应出电压和电流。雷电击中邻近物体产生电磁场，在电路上感应出电压和电流；雷电击中地面，地电流通过公共接地系统时所引入的干扰。切换瞬变是主电源系统切换时产生的干扰，以及同一电网大型开关跳动时产生的干扰。

（7）射频场感应的传导抗扰度测试　通常情况下设备引线的长度可能与干扰频率的几个波长相当，这些引线就可以通过传导方式对设备产生干扰，没有传导电缆的设备不需要做此项测试。在通常情况下，被干扰设备的尺寸要比频率较低的干扰波的波长小得多，相比之下，设备引线的长度可能达到干扰波的几个波长，这样，设备引线就变成被动天线，接受射频场的感应，变成传导干扰入侵设备内部，最终以射频电压电流形成的近场电磁场影响设备工作。

（8）电压瞬间跌落、短时中断和电压渐变抗扰度测试　电压瞬间跌落、短时中断是由电网、变电设施的故障或负荷突然出现大的变化所引起的。电压逐渐变化是由连接到电网中的负荷连续变化引起的。

EMS 关键测试与模型

EMS 的问题重点注意 PCB 设计的问题。

对输入、输出接口连接线电缆以及产品的机壳、机箱进行 EMS 模型测试，其关键测试为浪涌（SURGE）测试、电快速脉冲群（EFT/B）测试、静电（ESD）测试。大多的产品都有机壳、机箱，即使产品是塑料外壳，在连接器的位置也需要进行空气放电。大多的产品在没有进行 EMC 设计考虑时，产品会出现工作异常的现象，导致测试失败。EMS 的这种瞬态干扰测试也是检验产品可靠性的重要依据。

浪涌测试通常是从输入连接线注入的，由于其频谱较低，故表明它以传导性的干扰为主。电快速脉冲群测试也是通过输入、输出连接线方式注入的，但由于其频谱范围较宽，从几 MHz 到几十 MHz，故其干扰还会通过耦合的方式通过空间的传播路径影响电路。因此，电快速脉冲群测试既有传导性的干扰路径，还有空间的耦合路径。静电放电测试从理论上讲，当产品有金属外壳时其设计会相对容易（产品金属机构及接地路径设计）。由于静电放电测试时，其干扰频谱范围更宽，从几十 MHz 到几百 MHz，因此它既有传导性的干扰路径，还有空间的耦合路径。它对产品裸露的金属部分实施接触放电，对于其他部分，如塑料外壳或连接线电缆也会实施接触放电及空气放电的测试。

对于塑料外壳的产品或连接线缆的内部器件设计时需要注意，塑料结构件表面的缝隙到内部器件导体之间的空气距离是否足够是设计的关键。通常 1kV 瞬态电压的空气距离至少要 1mm，对于连接线电缆，其选择的连接器表面到 PCB 内部导体之间的距离在 6mm 以上，通过足够的距离来防止 ESD 击穿。任何空气空间的存在都可以使 ESD 在电子设备内部的金属导体或 PCB 电路产生 ESD 电弧。这时可以利用距离保护内部电路。

通过图 2-2 所示的三种典型的外部测试方法还可以检验产品的可靠性的，如果物联产品出现工作异常、复位、死机、器件等损坏，就可以通过这三种测试手段进行故障现象的模拟或故障重现。

如图 2-2 所示，瞬态干扰对产品或智能设备会产生威胁，出现产品功能及性能的问题。对于整个物联网电子产品及设备，由于有高频的数据通信系统，其 PCB 的设计多采用双面板及多层板的设计，其 PCB 的地设计是非常重要的。

1）PCB - 地阻抗与地走线问题（地平面的完整性）。

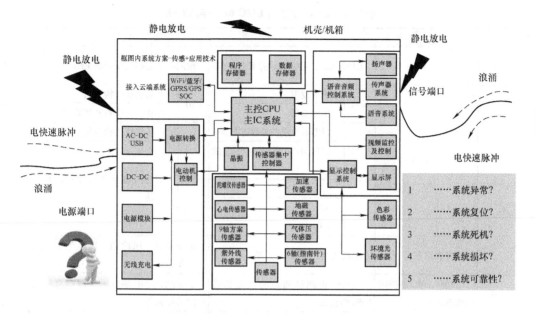

图 2-2　物联产品的常见 EMS 测试

2）PCB - 地回路问题（回路面积最小化）。

3）PCB - 接地点的位置问题（干扰源入口要就近接地）。

2.2　物联产品 EMC 风险分析和评估

　　EMC 风险评估建立在 EMC 设计方法的基础上，利用通用的风险评估手段，按风险评估的程序，可划分风险等级、建立产品设计理想模型（其中理想模型可以分为产品架构 EMC 设计理想模型和产品 PCB 设计理想模型）、确定风险要素，再根据产品实际设计的信息与理想模型中所有的风险要素进行比较，以识别产品 EMC 设计风险，最终通过较为成熟的风险评价技术，通过特定的算法获得产品的 EMC 风险等级，EMC 风险等级用来表明产品应对各种 EMC 现象的表现，可以认为它是一种产品 EMC 性能评定的新模式。

　　EMC 测试，一方面指利用能模拟各种实际应用中出现的干扰设备作为干扰源，将干扰信号以特定的方式注入产品中，观察产品的表现；另一方面是指当设备在正常工作时，测量产品对外产生的传导和辐射的值，以判断产品在实际应用时是否会对无线电接收设备产生干扰。EMC 测试是当前唯一通用的对产品进行合格评定的方法，它也是一种传统的产品 EMC 性能评定的模式。

　　为了更好地了解 EMC 风险评估的意义，表 2-1 对 EMC 风险评估和 EMC 测试做了如下比较。

表2-1　EMC 测试与 EMC 风险评估对比

编号	内容	EMC 测试		EMC 风险评估	
1	目的	预测产品实际应用时的 EMC 故障		预测产品实际应用时的 EMC 故障	
2	项目	EMI	辐射发射	EMI	产品机械架构分析
			传导发射		PCB 设计检查及风险评估
		EMS	EFT/B（或快速瞬态脉冲）	EMS	产品机械架构分析
			SURGE（或慢速瞬态脉冲）		原理图与 PCB 设计检查及风险评估
			CS		
			RS		
			ESD		
3	结果表达方式	测试数据、合格/不合格		测试数据、风险值、风险等级、发生概率	
4	对实际 EMC 事件的预测准确率	较准，但测试通过的产品仍有 EMC 事件发生		非常准，EMC 事件发生概率直接与风险等级相关	
5	与产品设计结合度	较弱，通过测试结果无法推断设计缺陷位置		紧密结合，评估结果即为设计缺陷，清晰表达设计缺陷位置，因此也可作为产品设计的指导和决策依据	
6	成本	极高，需要大量进口的设备		极低，只需要简单测试设备	
7	实施手段	专用仪器设备、电波暗室、屏蔽室等		采用目测、简单测试设备、AI 算法工具	
8	评价方式	黑盒评价		白盒评价	
9	起源	19 世纪 30 年代		2019 年	
10	参考标准	体系健全，国际标准、国家标准		体系初步建立，只有国家标准	
11	应用范围	应用广泛、国际通用		小范围应用、未实现国际化	
12	操作工程师要求	不高，只需简单设备操作培训		较高，需要对产品熟悉	
13	核心技术知识产权	欧洲为主，基本是欧洲的理念与知识产权		本国自主知识为主	
14	产业链	进口为主，具有成熟的产业链		全自主、产业链未形成	

　　从表2-1所示的优劣对比分析可以看出，EMC 风险评估与 EMC 测试一样，其目的都是为了判断产品在实际应用中是否会出现 EMC 事件，即预测产品实际应用时的 EMC 故障。作为电子电气产品或系统的评价方式，EMC 风险评估与 EMC 测试各有优缺点，只是方式不同。

　　EMC 风险评估技术应用的意义在于它是一种低成本的评价方法，产品设计者、管理者和鉴定者可以在不进行 EMC 测试的情况下，预知产品 EMC 事件发生的概率，并同时知晓产品设计的缺陷。

2.2.1　产品机械结构设计的 EMC 风险

假如产品电路板自身结构紧凑，内部常由几块 PCB 构成，PCB 之间通过插针、互联排线等连接，此时产品的系统越复杂，其对应的 EMC 问题就会越复杂。

如图 2-3 所示，产品系统的 PCB 跟机壳有连接关系时，产品机械架构 EMC 设计会带来怎样的 EMC 风险？如何应用机壳的接地设计更好地优化 EMC 问题？

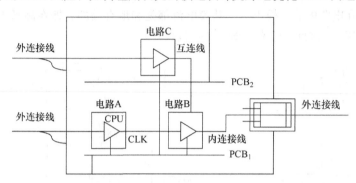

图2-3　物联产品的结构与电路模型

产品的 EMC 风险包括电磁敏感度（EMS）和电磁干扰（EMI）两部分，其中：对于 EMS 来说，其风险评估机理在于当产品的某个输入端口注入同样大小的高频共模电压或同样大小的共模电流时，不同的产品设计方案会有不同大小的共模电流流过 PCB 相应的电路结构。

机械架构设计中影响这种共模电流大小的因素即为产品机械架构 EMS 风险要素。对于 EMI，可以看成当产品正常工作时，由于产品内部的信号传递，导致内部的有用信号或噪声无意中以共模电流的方式传导到产品中，成为等效天线的导体，形成辐射发射。

如果这种无意中产生的共模电流在传导干扰测试时传导到测量设备线性阻抗稳定网络（LISN）中，就会产生传导干扰测试问题，产品机械架构设计的改变就会改变这种电流的传递路径与大小，较好的产品机械架构设计可以使得这种共模电流最小化，即风险最小，反之则大。机械架构设计中影响 EMI 电流大小的因素即为产品机械架构 EMI 风险要素。从机械架构设计上看，如果产品的设计导致有较大的外部干扰电流流过核心功能电路，比如图 2-3 中的电路 A、B、C，那么将意味着该产品的架构设计具有较大的 EMC 抗干扰风险。同样，如果产品的设计导致有较大的 EMI 电流流过等效天线或 LISN，那么将意味着该产品的架构设计具有较大的 EMI 风险。

机械架构 EMC 风险评估将发现机械架构设计的缺陷和不足，提供 EMC 风险应对措施，进而指导机械架构设计或评价产品现有的机械架构设计的方案。

产品机械架构或者 PCB 电路中的电流与地形成的共模电流是 EMC 设计的关键，

产品即使没有机械结构的接地设计，电路板及 PCB 电子电路的寄生电容仍然与参考接地平面形成共模电流。

　　如图 2-4 所示，产品的 EMC 风险是明显和地有关的。图 2-4a 所示回路中的电流 I_{DM} 是差模电流形成路径，在电路中对应的是差模噪声。图 2-4b 所示回路中的电流 I_{CM} 是共模电流形成路径，在电路中对应的共模噪声。图 2-4c 所示为差分信号电路中的差模电流与共模电流，有时这两种电流会同时存在。图 2-4d 所示为连接线电缆或者单端信号在电路中的共模电流，共模电流都是和地有关的，即在高频下的地噪声电压或地电压 V。因此，带来了 EMC 的问题。

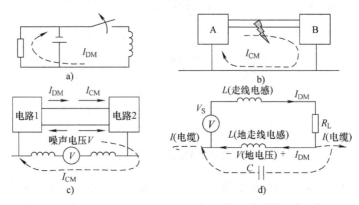

图 2-4　EMC 风险评估电路中差、共模电流

　　EMC 问题中，差模噪声对应环天线的磁场特性，共模噪声对应棒天线（单偶极子天线）的电场特性。

　　差模噪声有时也叫正态模式噪声。它是由噪声源和噪声返回线之间施加的电压差异（相反极性）产生的，正常的电路工作在本质上都是差动性的。

　　1）差模噪声只需要两根导线或一根导线和接地。

　　2）差模噪声电流在输入馈电或电网输入相线与零线间，以相反方向流动。

　　3）输入电压纹波和输出电压纹波是差模噪声中常见的实例。

　　4）差模噪声会以所有的馈电形式出现，包括双线和三线馈电。

　　共模噪声总是在两个输入馈电（比如 L 与 N）中施加在电路与接地（底座、基板和测试设备等）之间的电压，以相同的方向流动。

　　1）其路径可能是最难确定的，因为它几乎涉及所有连接地的设备。

　　2）在电路中需要接地或具有隔离接地的三线系统。

　　3）共模噪声问题是电磁兼容风险评估的关键。

　　实际上，噪声干扰源并不一定连接在两根导线之间。由于噪声源有多种形态，因此也会是两根导线与地之间的噪声电压，其结果是流过两根导线的干扰电压和电流幅值不同。在图 2-4 中如果两线之间有噪声干扰电压的驱动，则两根导线上会有幅度相同但方向相反的电流（差模电流）。但同时如果在两根导线与地之间有噪声干扰电压，则两根导线就会流过幅度和方向都相同的电流，这些电流（共模电流）合在一起通过地线进行路径回流。一根导线上的差模干扰电流与共模干扰同向就会相加；另一根导线上的差模噪声与共模噪声反向就会相减。因此流经两根导线的电流具有不同的幅度。

在实际的电路中，共模的干扰与差模的干扰是不断地相互转换的，两根导线终端与地线之间存在着阻抗（在高频下，这个阻抗应该考虑分布参数的影响）。这两条电路的阻抗一旦不平衡，在终端就会出现共模与差模的相互转化。因此通过导线信号传递的模式在终端形成反射时，其中一部分就会相互转化。通常在布局布线时，两根导线之间的间隔较小，导线与地线导体之间的间隔较大，考虑从导线辐射出来的干扰，与差模电流产生的辐射相比，共模电流产生的辐射强度更大一些。

注意：在电路设计中，都会很注重功能的设计。在无意识形态下在实现产品功能的同时实际带来众多"天线"，使得产品在运行过程中对外辐射或接收，因此就带来了电磁兼容的问题。

PCB 设计与产品金属壳体之间的关系如何处理？根据前述可看出 EMC 机械结构的风险评估包括两部分内容：

1）产品机械结构的 EMC 风险问题。

2）产品 PCB 设计的 EMC 风险问题。

按照测试标准，其 EMC 风险问题可以分为 EMS 风险和 EMI 风险两部分。

假如一个物联产品为金属结构，在进行 EMS 项目中的 EFT 测试时有三种不同的处理方式，从而会产生不同的结果。

（1）PCB 的工作地与产品金属壳体无任何连接 如图 2-5 所示，在 PCB 的工作地与产品金属壳体无任何连接的情况下，当干扰从电缆注入时，干扰电流会经过 PCB、PCB 与产品金属壳体的寄生电容、金属壳体、金属壳体的接地线传递到参考接地板回到干扰信号源。这种架构设计存在潜在的 EMC 风险。

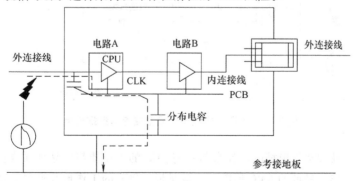

图 2-5 PCB 工作地与产品金属壳体无连接

（2）PCB 的工作地与产品金属壳体在 PCB 连接器位置就近连接 如图 2-6 所示，在 PCB 的工作地与产品金属壳体在 PCB 连接器就近连接的情况下，当干扰从电缆注入时，干扰电流流过 PCB 与金属壳体互连导体，在没有进入 PCB 之前直接进入金属壳体，再由金属壳体传递到参考接地板，回到干扰信号源。PCB 中几乎无干扰电流流过。这种架构设计就不会存在潜在的 EMC 风险。

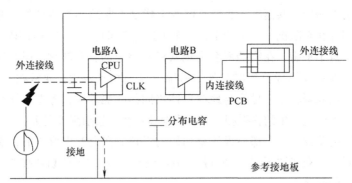

图 2-6 PCB 工作地与产品金属壳体近端接地

（3）PCB 的工作地与产品金属壳体在 PCB 远离端口连接器处连接 如图 2-7 所示，在 PCB 的工作地与产品金属壳体在 PCB 远离端口连接器处连接的情况下，当干扰从电缆注入时，干扰电流会流经整个 PCB 板，再从 PCB 与金属壳体互连导体进入金属壳体，接着由金属壳体传递到参考接地板，PCB 中会流过较大的干扰电流，而且干扰电流可能比 PCB 与金属壳体不连接时的更大。这种架构设计就会存在更大潜在的 EMC 风险。

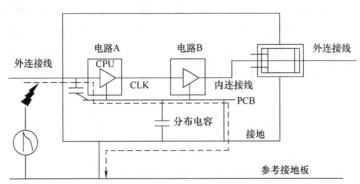

图 2-7 PCB 工作地与产品金属壳体远端接地

通过上面几种架构模型的对比分析：将 PCB 的工作地与产品金属壳体在靠近端口连接器处互连有最低的 EMC 风险。也就是说，PCB 的工作地与产品金属壳体之间并非只有是否连接的问题，连接在哪里更为重要。对产品的 PCB 进行接地设计时，最佳方案为 PCB 的工作地与产品金属壳体直接相连但是位置必须靠近电缆端口处,即 PCB 连接器的附近位置。

注意:有些产品的 PCB 工作地无法与产品金属壳体直接互连(如非安全工作电压电路、隔离电路等),这时可采用电容实现 PCB 的工作地与产品金属壳体之间的高频相连。同时,被测产品若有上升沿时间大于 μs 级的浪涌或频率低于 1MHz 的共模干扰测试要求,则电容两端还需要并联瞬态抑制保护器件。如压敏电阻、TVS 管等。

结论:

1) PCB 的工作地与壳体的连接对产品 EMC 性能有重要影响,不连接则为不可控。

2) 工作地与壳体的连接关键在于位置的选择,而位置应该在连接器附近,远离连接器的连接将意味着风险增加。

3) 工作地与壳体直接连接是最佳方案,假设产品允许这种连接方式。

2.2.2　产品信号电缆的分布

无论是产品本身产生的 EMI 共模电流还是外部干扰注入的干扰共模电流,都与产品的架构有紧密的关系。

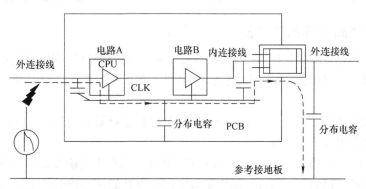

图 2-8　连接线信号电缆在 PCB 两侧

(1)信号电缆分布在 PCB 两侧　如图 2-8 所示,在产品 PCB 中,有信号电缆进行输入输出连接,当信号连接器与信号电缆分别位于电路板的两侧时,共模电流(箭头线所示)将流过整个电路板,整个电路板中的电路都会受到共模电流的影响。

(2)信号电缆集中在 PCB 同侧　如图 2-9 所示,在产品 PCB 中,当两个连接器与信号电缆位于电路板的同一侧时,共模电流的大小并没有改变,信号电缆对地的阻抗未发生变化,而共模电流的路径发生了改变。即共模电流从信号线 1 进入电路板后,又很快地通过信号线 2 对参考接地板的寄生电容流入参考接地板,使得电路板上的大部分电路受到保护。

可见将输入输出端口连接器集中放置在电路板的一侧,可以降低 EMC 的风险,

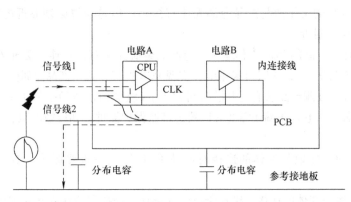

图 2-9　连接线信号电缆在 PCB 同侧

相反将输入输出端口连接器分散放置在电路板的各个地方，也将会增加 EMC 的风险。

结论：信号及连接线电缆的结构设计也是 EMC 风险评估核心部分。其中，共模电流在产品结构的 EMC 风险评估中有着很重要的地位。

评估的主要目的是为了让共模电流不流过产品的内部电路或敏感电路。

2.2.3　产品原理图设计的 EMC 风险

产品电路原理图的设计是产品设计核心，对原理图设计的 EMC 风险分析目的是为了指出现有原理图存在的 EMC 问题，通过修改最大限度地降低 EMC 风险，从而降低设计成本。

电路原理图的分析是建立在对原理图中的电路进行划分的基础上，通过分析将电路原理图分成以下四部分。

（1）"脏"的部分　包含容易被外部干扰注入或产生电磁发射的信号或元器件的信号及电路。比如，在输入与输出接口电缆互连且处在滤波电路之前的信号线及元器件；被施加于产品壳体表面的静电放电（ESD）击穿放电的信号线或接口电缆。

（2）"干净"的部分　包含既不容易受到干扰也不会产生明显电磁干扰噪声的信号或电子元器件的信号及电路。

（3）滤波去耦的部分　施加在电源某一规定位置的滤波元器件（比如电容、电感、磁珠）以及施加在规定输入输出端口来抑制干扰的滤波元器件部分。

（4）需要做特殊处理的部分　包含因 EMC 性能方面需要进行特殊处理的信号及元器件电路，分为特殊噪声信号或电路和特殊敏感信号或电路。其特殊噪声信号或电路包括时钟信号线、PWM 工作的开关电源、晶振等；特殊敏感信号或电路包括低电平的模拟信号或电路、传感器信号或元器件等。

如图 2-10 所示，对电路原理图的 EMC 进行分析，其中"脏"或噪声区域的部分通常是电路中的 I/O 部分或产品的壳体。

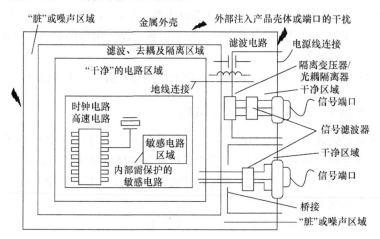

图 2-10　产品原理图 EMC 分析

在这些 I/O 端口或壳体上需要进行 EMC 测试，EMC 干扰需要从这些 I/O 端口注入，这些电路是产品中受干扰最严重、最直接的部分。

如产品的 ESD 放电点、电源端口的电路、通信端口的电路、其他输入输出端口的电路，通常这些电路不能直接延伸到内部"干净"的电路区域，其间需要包含至少具有一个以上元器件（如电容）组成的滤波器或滤波电路与其配合使用，滤波电路包括共模滤波和差模滤波。

对于接地产品，共模滤波是必需的。在有些不能使用共模滤波的情况下（如产品浮地），就要保证 PCB 设计时，在共模电流干扰路径上的地平面完整，以降低共模电流流过时产生的压降，否则就需要在地阻抗较高区域的信号线上加电容进行滤波。

"干净"区域的电路部分是不受外界直接干扰或内部噪声源干扰的部分电路，在电路中其通常位于滤波电路之后，也是电路中需要保护的部分，如 A－D、D－A 转换电路、检测电路、CPU 核心电路等。

滤波、去耦及隔离区域的电路是介于干净电路部分与脏电路部分之间的，完成对干净电路和脏电路的隔离，以保护干净的电路，将干扰滤除，或将产品内部特殊噪声电路或敏感电路隔离在其他电路之外。滤波电路通常至少由一个或多个电容组成，有时还会包括电感、磁珠、电阻等元器件。

内部噪声电路、敏感电路的区域中有一些需要做特殊处理的部分，它们是电路中比较特殊的部分，通常特殊电路包括以下两方面：

1）噪声敏感的电路，如复位电路，低电压、低电流检测电路，低电压模拟电路，高输入阻抗电路等，这些电路不像其他普通数字电路一样具有相对较强的抗干扰能力，对于这些敏感电路，除了进行像普通电路一样滤波去耦处理之外，还有必要进行一些其他的额外处理，如二级滤波、屏蔽、对其信号线进行包地等处理。

2）内部电路的噪声源，对这部分电路的处理主要是为了降低噪声源的电平，并将其隔离于"天线"之外。如电路中的晶振和时钟电路，常用的措施有屏蔽、去耦、对其信号线进行包地等。

在 PCB 布局布线时，各个电路部分之间的串扰也是需要着重考虑的。

2.2.4 产品 PCB 设计的 EMC 风险

PCB 风险评估是为了检查 PCB 设计者是否将 EMC 设计中的关键信号 PCB 布局布线实施，是在分析产品 PCB 端口电路受干扰机理和共模电流流经 PCB 时对电路形成干扰的工作机理的基础上进行的。采用合理的 PCB 设计，不但能使 EMC 风险降低，而且还能顺利实现 PCB 布局布线。

PCB 上风险评估的内容主要包括以下三个方面：

1）共模电流流过路径上的阻抗：如地平面是否完整性，是否没有任何过孔、裂缝和开槽。

2）"脏"信号印制线及一些需要进行特殊处理的信号：印制线与其他信号线之间的串扰问题。

3）最小回路面积设计：电源与地的回路面积设计，信号与地的回路面积设计。

总结：对于一个产品来说，共模电压是引起共模电流的电压，差模电压是引起差模电流的电压。产品上的共模电流总是流向参考接地板或者是产品金属外壳，这种共模电流是非期望的电流信号。差模电流总是在产品的 PCB 内部流动或者 PCB 之间流动，它是期望的有用电流信号。对于风险评估的意义在于不让共模电流流向产品中的敏感器件及电路，同时不让过多的共模电流流向等效天线模型电路，以及流向 LISN 中的 50Ω 检测电路。

第 ③ 章

物联产品系统需要了解的电磁兼容知识

如何去分析一个电磁兼容的问题，评估产品 EMC 的三要素是关键。干扰源、耦合路径、敏感源是电磁兼容三要素，缺少任何一个要素都构不成电磁兼容问题。

1）干扰源：产生干扰的电子电气设备或系统，说明干扰从哪里来。

2）耦合路径：将干扰源产生的干扰传输到敏感设备的途径，说明干扰是如何传输的。

3）敏感源/设备：受到干扰影响的电子、电气设备或系统，说明干扰到哪里去。

因此物联产品的电磁兼容问题是可以从三要素角度分析，搞定其中一个要素就可以解决电磁兼容的问题了。如传导干扰测试，它的实质是检测设备 LISN 中 50Ω 电阻两端的电压，在电阻一定的情况下，传导干扰的高低取决于流经 LISN 中这个电阻的电流，这个 EMI 的设计就是为了降低流经这个电阻的电流。又如典型的 EMS 抗扰度测试、EFT/B 测试、BCI 测试、ESD 测试，它们是典型的共模抗扰度的测试，干扰源是一种共模干扰，是相对于参考接地板的干扰，也就是说这些干扰源的参考点是进行这些测试时的参考接地板。根据信号返回其源头，这就意味着这种干扰所产生的电流最终要回到参考接地板。设想一下，对于以上所说 EMI 传导干扰测试时，不让干扰电流流过 LISN 中的 50Ω 电阻，那么对于 EMS 抗扰度测试来说，这种干扰造成的电流就没有流经产品中的关键元器件及敏感电路，这就是物联产品 EMC 设计时需要考虑的有效手段。

3.1 电磁兼容三要素分析

图 3-1 所示为分析一个电磁兼容问题的简单思路与方法。对于物联产品的 EMI 问题或者是 EMS 的问题需要从哪里入手？

1. 干扰源

对于 EMI 问题来说，干扰源是传导的问题，还是辐射的问题？对于 EMS 来说，干扰源是传导过来的干扰，还是辐射过来的干扰？分析思路根据信号返回其源，即信号总是要返回其源头，分析其等效路径并建立等效模型。

2. 敏感源

对于 EMI 问题，传导干扰是检测设备 LISN 中 50Ω 电阻两端的电压，辐射干扰是

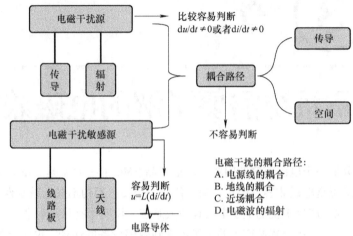

图 3-1 电磁兼容三要素分析

接收天线对应的等效天线模型。典型的电路发射天线为环路天线、单偶极子天线或者棒天线。对于 EMS 问题，抗扰度测试重点关注的是电路板中的关键元器件、核心电路及敏感电路。同时，不让噪声电流流过这些核心元器件及电路。

3. 耦合路径

信号返回其源头，回路中可能有很多不同的路径，当不希望某些电流在该路径上流动时，就在该路径上采取措施包含其源。

通过 EMC 的测试实质，传导干扰的高低取决于流经 LISN 中这个 50Ω 电阻的电流，不要让干扰电流流过 LISN 中 50Ω 的固定阻抗，就可解决传导的问题。

同样，不要让干扰电流流过等效天线模型，也可以解决辐射的问题。如果没有干扰电流流过电路中的关键元器件及敏感电路，那么就不会有 EMS 抗扰度的问题。

确定这三个因素关系后，再决定去掉哪一个。只要去掉一个，电磁兼容的问题就好解决了。例如，若干扰源是自然界的雷电，敏感源是产品电路板，那么这时能做的是消除耦合路径。在这种状况下是没法去掉干扰源雷电这个条件的，因为雷电是自然界的环境干扰。其耦合路径分为传导耦合路径和空间耦合路径。

最容易判断的是电磁干扰的敏感源，实际上大部分电磁兼容的问题都是先从发现干扰的现象或者是通过测试得到数据的。因此最先关注的是敏感源。

比较容易判断的是电磁干扰源，通过实验测试和分析，可以确定导致电磁兼容问题的干扰源是在哪里。

最难判定的是耦合路径，即干扰源是怎样把能量耦合到敏感源的？电磁干扰的耦合路径是最重要的，因为在很多场合，干扰源和敏感源都是很难改变的。因此，EMC 测试的实质也是在研究电路中的干扰电流的大小和目的地，在路径上采取措施同时包含其源。

3.1.1　电磁干扰的耦合路径

（1）电源线的耦合　EMC问题中最常见且最基本的是电源线的耦合。比如EMS的问题，也就是说干扰源和敏感源会共用一条电源线，干扰源的能量就会通过电源线耦合进敏感源。电源线耦合同时也是传导耦合路径的主要通道，大部分的测试都是从电源线开始的。

（2）地线的耦合　地线是电路的电位参考点，因此，所有的电路都会汇聚到地线上去，这样就为地线成为一个耦合路径提供了条件。

（3）近场耦合　干扰源和敏感源电路之间存在杂散的电容和互感，这样就可以把干扰源的能量耦合到敏感源。

（4）电磁波的辐射　干扰源在工作时会产生电磁波的辐射，辐射可能会干扰到附近的无线接收设备或被测试天线接收。

3.1.2　判断耦合路径的方法

耦合路径可能是传导性的，也可能是空间耦合的，可以通过改变耦合路径的状态，观察干扰的变化情况来分析判断。

表3-1给出了判断耦合路径的方法，通过改变耦合路径的状态，分析干扰的变化情况。电源线及地线的耦合都是传导性耦合，近场耦合与电磁波的辐射是空间耦合。

表3-1　判断耦合路径的方法

改变耦合路径的状态，观察干扰变化情况进行分析	干扰源和敏感源用不同的电源供电，干扰现象是否变化（电源线的耦合）
	干扰源和敏感源断开接地线，干扰现象是否变化（地线的耦合）
	调整干扰源和敏感源之间的距离，干扰现象是否变化（空间耦合）

（1）电源线耦合　可以通过给干扰源和敏感源使用不同的电源供电，观察干扰现象是否变化。如果用不同的电源供电，干扰现象消失，那么说明电源线是耦合路径。

（2）地线耦合　同样，可以将干扰源和敏感源断开地线，观察干扰现象是否变化。

（3）空间耦合　调整干扰源和敏感源之间的距离，观察干扰现象是否变化，空间的耦合通常与距离有关，距离越远，耦合量越小，特别是在近场的时候。干扰源到敏感源的能量与距离有很大的关系，通常是距离的二次方甚至三次方的关系。

3.1.3　电路中的 du/dt 和 di/dt

产生干扰的重要条件是变化的电压或者电流，即 $du/dt \neq 0$，或者 $di/dt \neq 0$。所以，那些包含电压、电流剧烈变化的电路就是需要关注的干扰源。

为何 du/dt 和 di/dt 是产生干扰的条件？下面以典型的开关电源为例来分析。

1. du/dt

如图 3-2 所示，开关电源在电子产品中已成为必不可少的供电单元，其中开关电源中的开关管器件测试其实际的 V_{ds} 工作波形，V_{ds} 有较高的尖峰振荡电压。在工作时，开关管的快速导通与关断会在开关器件的开关管 D 点产生较大的电压变化。根据电路中导体的寄生参数分析理论，进行等效分析时，电路中的开关管及长的漏极走线与参考地之间都存在寄生电容，此时 D 点存在大量寄生电荷，通过寄生电容流入大地（参考接地板），形成共模电流。

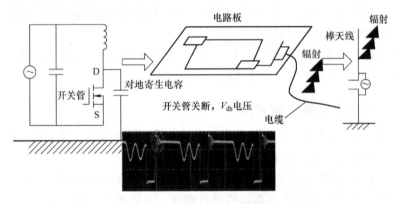

图 3-2　开关电源开关管的 du/dt

如果接入传导发射测试设备 LISN，那么会存在一部分共模电流，通过参考接地板流入 LISN，并回到开关管，从而产生共模传导干扰。

如果共模电流通过寄生电容、地线、输入电源线回到开关管，而通常这部分电流频率都高于 30MHz，且电源线长度一般都比较长，可以和干扰信号的 1/4 波长相比拟，那么这时就构成共模辐射的两个必要条件，即共模驱动源和共模天线。

如图 3-2 所示等效发射模型，此时地线与 L、N 线输入电缆形成单极子天线或者说杆（棒）天线，对外发射产生辐射干扰。

因此功率开关管导通和关断时产生的 du/dt 是开关电源的主要干扰源，它作为一个电压源，并通过各种耦合路径使物联产品的电源输入/输出线产生共模辐射。

2. di/dt

如图 3-3 所示，开关电源中的开关器件导通，在开关器件中流过 I_{ds}，同时由于受电路中导体的寄生参数（比如变压器中的分布电容）影响，在开关管导通时还会产生振荡尖峰电流。在开关电源及数字设备包含较多开关器件，开关管的快速导通与关断，会产生较大的电流变化 di/dt。

如果接入传导发射测试设备 LISN，那么会存在一部分变化电流，流入 LISN 产生

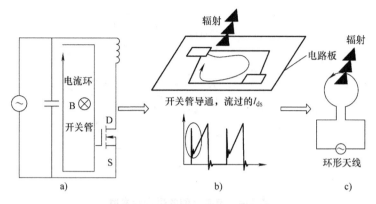

图 3-3　开关电源开关管的 di/dt

差模传导干扰。由于存在感性元器件，在回路中随着频率的升高，阻抗逐渐增大，因此差模传导的干扰频段在低频。

如图 3-3a 所示，较大的电流变化 di/dt 通过电容形成闭合的回路，流回开关管，产生环路磁场辐射干扰。如图 3-3c 所示，开关电路中的大电流工作回路构成环形天线，对外发射产生辐射干扰。

由麦克斯韦方程式可知，变化的电流产生磁场，故闭合回路会对外产生大量的磁力线。当离回路的距离小于 $\lambda/(2\pi)$（λ 为波长，$\lambda = cf$，c 为光速，f 为变化电流频率）时，干扰源可以认为是近场，小电流高电压辐射体主要产生高阻抗的电场，而大电流低电压辐射体主要产生低阻抗的磁场，它以感应场形式进入被干扰对象的通路中。近场耦合用电路的形式来表达就是电容和电感，电容代表电场耦合关系，电感或互感代表磁场耦合关系。当距离大于 $\lambda/(2\pi)$ 时，干扰信号可以认为是辐射场，即远场，磁场与电场交替变化，产生电磁辐射，它会以平面电磁波形式向外辐射电磁场能量进入被干扰对象的通路。干扰信号此时以泄漏和耦合形式，通过空间媒介，经过公共阻抗的耦合进入被干扰的电路、设备或系统。

3. du/dt 或 di/dt 引起的耦合及发射

若闭合回路中存在 du/dt 或者 di/dt，那么干扰信号此时以泄漏和耦合形式，通过空间媒介，经过公共阻抗的耦合进入被干扰的电路。图 3-4 所示为电路 1 和电路 2 之间通过杂散电容相互影响的情况。

电路 1 在工作时，它的导线上会有一个电压，这个电压如果是交变的，那么它就会通过一个杂散电容 C_{12} 耦合到电路 2 上去，即电路 1 对电路 2 产生了干扰。如果电压是直流无变动的，那么便不会起到耦合的作用，反之亦然。

图 3-5 所示为电磁波的辐射天线，它是在两个导体之间有一个电压，如果电压是直流的，那么显然，因为两个导体之间是开路的，所以导体上便不会有电流。如果上面的电压是交流的，那么因为这两个导体之间存在杂散电容，所以就会产生一

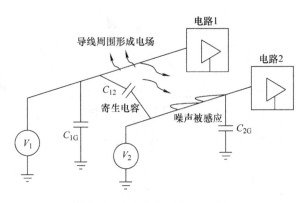

图3-4　电路之间的耦合及发射

个电流，这个电流叫位移电流，它是产生电磁波的重要条件。图中这个天线的形状是最简单的电场天线，即偶极子天线，两个导体单元的作用类似电容器的极板，只是电容极板间的场是辐射到空间中，而不是被限制在两极板之间的。天线每一部分的电荷在天线两极之间都会产生一个进入空间的场，偶极子天线的两臂之间具有一个固有的电容，这时就需要有电流来给偶极子两边的导体充电，导体天线上每部分的电流朝相同的方向流动，这个电流也称为天线模电流，它导致了辐射的产生。当天线两极的信号交变振荡时，场保持不断换向并将电磁波发送到空间中。

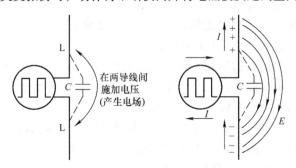

图3-5　单偶极子电场天线

图3-6所示为一个环路天线，显然，如果加到上面的电压是直流电压，那么这个电流只能产生一个静磁场，这个磁场是没有辐射的。如果加到上面的电压是交流电压，那么会在上面产生交变的电流，由交变的电流产生交变的磁场，就会产生辐射。这些天线由线环构成，产生磁场而不是电场，它们是磁场天线。正像流过线圈的电流可以产生穿过线圈的磁场一样，当磁场通过线圈时，线圈中也会感应出电流。磁场天线的两端就好像是被固定在一个接收电路上，这样可以由环天线引入的电流来检测磁场。

注意：磁场一般垂直于场的传播方向，这时可以用环面与传播方向平行来检测场的大小。构成磁场天线的线圈类似电感，它的场被辐射到空间而不是在一个封闭的磁路中。

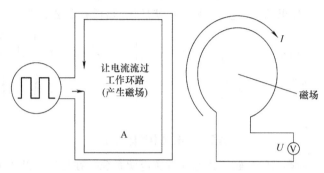

图3-6　电流环路磁场天线

4. 天线信号检测及转换

天线具有两种转换的功能，转换电磁波为电路可以使用的电压和电流，还可以转换电压和电流为发射到空间的电磁波。信号源是通过电磁波传输到空间的，电磁波分别用 V/m 和 A/m 来度量的电场和磁场构成。根据要检测的场的种类，天线具有特定的结构。如图 3-5 所示，电场的天线由偶极子天线（如电路两侧的连接线电缆或 PCB 走线等）及单极子天线构成。单极子天线也可以等效成偶极子天线，具有一半偶极子天线长度的单极子天线由于地平面的镜像作用，使其具有偶极子天线的等效长度，即偶极子天线的长度为单极子天线长度的 2 倍。单极子天线就是常常描述的杆天线或棒天线。棒天线可以等效成棒子和金属板的结构。磁场的天线如图 3-6 所示，是由线环构成的。在电子产品中的连接线电缆，PCB 布局布线就会无意识地具有这样的特性而成为天线。

EMC 设计其中一个重要的任务就是要关注并消减这些无意识的天线。当电场（V/m）遇到天线时，它沿走线或线缆长度方向感应出一个相对于地的电压值（m·V/m ＝V）。与天线互连的接收机检测天线与地之间的电压，这种天线模型也可以等效为测量空间中电位的电压表的一根表笔，另一个表笔接的是电路的地。这样就实现了天线信号的检测和转换。

3.1.4　电路中的导体

电路中的导体可以是电源线，也可以是地线，还可以是信号线等。在电路板中 PCB 的走线都是典型的电路中的导体。

如图 3-7 所示，电路中导体的伏安特性是其基本特性，它工作在坐标轴上的第一象限和第三象限，在时域中关注点在导体的额定电压、电流、直流阻抗及温度等。在频域时其低频段呈现低电阻特性，高频段呈现电感特性，同时还要关注其寄生电容特性。在电路中的这些导体同时还是传输线，当上面有一个变化的电流时，由于导体本身有电感，因此会出现一个感应电动势，$U = L(\mathrm{d}i/\mathrm{d}t)$ 这个感应电动势就是导体上的电磁噪声。如果 $\mathrm{d}i/\mathrm{d}t$ 是 0，那么 U 就是 0，就没有电磁干扰。

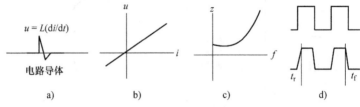

图 3-7　电路中导体特性

图 3-7d 所示为典型的电磁干扰源（开关电源系统）在导线上开关波形的上升沿 t_r 及下降沿 t_f 信号源，它会产生更高次的谐波能量。

开关电源是几乎所有电子设备都有的，开关电源在工作时，电路里有剧烈的 $\mathrm{d}u/\mathrm{d}t$ 和 $\mathrm{d}i/\mathrm{d}t$，因此它是一种强的干扰源。

数字电路的电压和电流都是脉冲状的，因此也有较多的 $\mathrm{d}u/\mathrm{d}t$ 和 $\mathrm{d}i/\mathrm{d}t$。实际上，随着高频数字电路的出现，人们就会更加关心 EMC 的问题。同时导体的长度大于信号频率对应波长的 1/20 时，在电子电路中的导体就会变成一根发射天线。

在表 3-2 中，如果数字信号的频率达到 1GHz，那么当在电子电路中这根传输线的长度超过 15mm 时，其导体是由 R、L、C 的分布参数进行等效的，即存在分布电容，也因此会存在潜在的 EMC 问题。

表 3-2　耦合线长度与波长的关系

频率 f	$\lambda = C/f$	$d < \lambda/20$
	波长 λ/m	$(\lambda/20)$/m
1MHz	300	15
2MHz	150	7.5
5MHz	60	3
10MHz	30	1.5
20MHz	15	0.75
30MHz	10	0.5
50MHz	6	0.3
100MHz	3	0.15
200MHz	1.5	0.075
300MHz	1	0.05
500MHz	0.6	0.03
1000MHz	0.3	0.015
2000MHz	0.15	0.008
5000MHz	0.06	0.003

当导体的长度大于信号频率对应波长的1/20时，在电子电路中的导体就不能用集总参数值进行等效，必须用分布参数进行等效。这时要区分电路中导线的电阻与阻抗是两个不同的概念。电阻指的是在直流状态下导线对电流呈现的阻抗，一般是集总参数的等效。而阻抗是交流状态下导线对电流的阻抗，这个阻抗主要是由导线的电感引起的。任何导线都有电感，当频率较高时，导线的阻抗远大于直流电阻，表3-3、表3-4给出的数据可以进一步说明。在实际电路中，干扰信号往往是脉冲信号，脉冲信号都包含丰富的高频成分，因此对于这类信号，导体都需要分析其分布参数带来的影响。

地走线是典型的电路中的导体，对于数字电路来说其干扰频率是很高的，因此地线阻抗对数字电路的影响是非常大的。如图1-2所示的分析可供参考。

第
3
章

表3-3　导线的阻抗　　　　　　　　　　（单位：Ω）

频率/Hz	$D=0.04$cm		$D=0.065$cm		$D=0.27$cm		$D=0.65$cm	
	$L=10$cm	$L=1$m	$L=10$cm	$L=1$m	$L=10$cm	$L=1$m	$L=10$cm	$L=1$m
50	13m	130m	5.3m	53m	330μ	3.3m	52μ	520μ
1k	14m	144m	5.4m	54m	632μ	8.9m	429μ	7.14m
100k	90.3m	1.07	71.6m	1.01	54m	828m	42.6m	712m
1M	783m	10.6	714m	10	540m	8.28	426m	7.12
5M	3.86	53	3.57	50	2.7	41.3	2.13	35.5
10M	7.7	106	7.14	100	5.4	82.8	4.26	71.2
50M	38.5	530	35.7	500	27	414	21.3	356
100M	77		71.4		54		42.6	
150M	115		107		81		63.9	

注：D为导线直径；L为导线长度。

通过表3-3给出的数据，在低频50Hz时导线的阻抗近似为直流电阻，当频率达到10MHz时，对于1m长的导线，它的阻抗是直流电阻的1000倍以上。因此，在高频下使用连接线电缆的设计，特别是连接线电缆中的地线，当电流流过地线时，电压降是很大的。从表3-3还可以看出，增加导线的直径对于减小直流电阻是很有效的，但对于减小交流阻抗的作用很有限。在EMC中，最需要关注的是交流阻抗。从这里也能说明在高频下，连接线电缆是EMC设计中重点需要考虑的地方。在实际的设计应用中，通常用15nH/cm的近似值来估算圆形导线的寄生电感。

在电路板中，为了减小交流阻抗，常采用平面的方式，就像PCB中设计完整的地平面或电源平面那样，而且需要尽量减少过孔、缝隙等，同时还可以使用金属结构件（金属背板）来进行不完整地平面的补充，以达到降低地平面阻抗的目的。

通过表3-4给出的数据，PCB印制线作为一个金属导体，其阻抗由两部分组成，即自身的电阻和寄生电感。

表 3-4   PCB 印制线的阻抗　　　　　　　　　　　　　　　　（单位：Ω）

频率/Hz	W=1mm/35μm 敷铜厚度				W=3mm/35μm 敷铜厚度			PCB 板地平面阻抗/(Ω/mm²)
	L=1cm	L=3cm	L=10cm	L=30cm	L=3cm	L=10cm	L=30cm	
50	5.7m	17m	57m	170m	5.7m	19m	57m	813μ
100	5.7m	17m	57m	170m	5.7m	19m	57m	813μ
1k	5.7m	17m	57m	170m	5.7m	19m	57m	817μ
10k	5.76m	17.3m	58m	175m	5.9m	20m	61m	830μ
100k	7.2m	24m	92m	310m	14m	62m	225m	871μ
300k	14.3m	54m	225m	800m	40m	177m	660m	917μ
1M	44m	173m	730m	2.6	0.13	0.59	2.2	1.01m
3M	131m	0.52	2.17	7.8	0.39	1.75	7.5	1.71m
10M	437m	1.72	7.3	26	1.3	5.9	22	1.53m
30M	1.31	7.2	21.7	78	3.95	17.6	65	2.20m
100M	4.4	17.2	73	260	13	59	218	3.72m
300M	13.1	52	217	395	39	176	—	7.39m
1G	44	172	—	—	130	—	—	

注：W 为 PCB 印制线走线宽度；L 为 PCB 印制线走线长度。

在实际应用中常用 10nH/cm 的近似值来估算 PCB 印制线的寄生电感。分析印制导线的阻抗，能够让设计工程师认识印制线在实际电路板中的意义，并了解如何在 PCB 设计中设计印制导线的放置方式、长度、宽度及布局布线方式，特别是接地印制线设计方式、去耦电容引线设计方式等。

一般设计在完整的、无过孔的地平面上任何两点间在 100MHz 的频率时，其阻抗 <4mΩ。以上这些数据在 EMC 设计时可提供参考依据。

3.2　产品系统集成中电磁兼容的风险辨识

通过表 3-5 分析电磁兼容的风险，首先是电磁干扰源的识别，要重点关注系统里面有哪些是干扰源，比如开关电源、变频器、风机等；其次是敏感部件的识别，也就是哪些部件对系统的干扰敏感，再对它分析评估，同时还需要分析电磁干扰的耦合方式，也就是敏感设备和干扰源是通过什么样的方式，是传导的途径还是空间辐射的途径，即预测电磁干扰传播的路径；最后在系统集成的时候，通过切断这个路径来避免产生电磁干扰的问题。

表 3-5   EMC 风险的识别

EMC 风险识别	EMC 问题评估
电磁干扰源的识别	准确识别干扰源
敏感部件的识别	准确识别敏感源
电磁干扰耦合方式	预测电磁干扰传播的路径
产品部件的电磁兼容认证	对该产品部件的适应性进行评估

要了解产品和部件的电磁兼容认证的情况以及电磁兼容认证的目的，有的是要提高产品的电磁兼容性，该产品既不能产生 EMI 对其他设备造成干扰，同时也不能有 EMS 的问题，不能对外界的干扰太敏感，即电磁的敏感性较低。

通过了解产品和部件电磁兼容方面认证的一些信息选择合适的部件，了解电磁兼容认证的部件并且对其适应性进行评估，因此在系统集成中首先要通过这些因素来辨识潜在的风险。

3.3　产品中预防电磁干扰的措施

表3-6给出了物联产品中电磁干扰预防措施，其中产品中的连接线电缆是 EMC 设计的关键部分。

表 3-6　电磁干扰的预防措施

电磁干扰的预防	有效措施
电源线干扰的处理	解决电源线相关的发射和敏感性问题
信号线抗干扰处理	解决信号线接收外部干扰的问题
电磁屏蔽的处理	必要时对敏感源进行屏蔽
电缆布线及屏蔽的问题	控制影响最大的干扰源及敏感源

1）对于电源线干扰的处理。电源线是导致电磁干扰的重要因素，很多的干扰都是通过电源线传播到敏感源的，因此可以通过对电源线干扰的处理来解决相关的发射和敏感性问题。

2）对于信号线抗干扰的处理。很多敏感的设备，如 CPU/MCU 通信接口等都会受到外部的干扰源的干扰，这时要有相关的措施来解决外部干扰的问题，包括屏蔽、滤波、隔离等。

3）对于电磁屏蔽的实施。通常只有在必要时对敏感源进行屏蔽；电磁屏蔽并非很容易实施，想要获得好的屏蔽效能也并不容易，因此在非必要时不要采用这个方法。

4）对于电缆布线和屏蔽的问题。电缆是系统里面最容易产生干扰和接收干扰的一个部位，它是最大的干扰源和最大的敏感源，可以通过良好的布线与屏蔽来控制它。

总结：物联产品系统需要了解的电磁兼容知识主要有两类：

1）电磁兼容的风险预测，包括识别干扰源和敏感设备，以及干扰源与敏感设备之间可能的耦合路径。

2）在系统中，解决电磁干扰问题，应用最多的方法是切断耦合路径，这包含的主要的技术是屏蔽、滤波和空间隔离。

第④章

产品外部干扰问题

电磁兼容设计实际上是对电子产品中产生的电磁干扰进行优化设计,使之能成为符合电磁兼容性相关标准的产品。

EMC 的定义是指设备或系统在其电磁环境中能正常工作,并且不对该环境中的任何事物构成不能承受的电磁干扰的能力。在同一电磁环境中,产品或设备能够不因为其他设备的干扰而影响正常工作。

对于产品来说,可以通过模拟外部环境来分析产品外部干扰问题。除了差模的浪涌测试,其他大部分的抗扰度测试是以共模电压的形式把干扰叠加到被测产品的各种电源端口和信号端口上,并以共模电流的方式注入被测产品的内部电路中,或者直接以共模电流的形式注入被测产品的内部电路中,其共模电流的大小及路径起着决定性的作用。共模电流在产品内部传输的过程中,会转化成差模电压并干扰内部电路正常工作,下面进行详细的分析与设计。

4.1 雷电浪涌的分析设计

雷击是普通的物理现象,据统计,全世界有 4 万多个雷暴中心,平均每天有八百万次雷击,这意味着每秒有 100 次左右的雷击发生。因此,电气和电子设备的抗雷击浪涌试验对于评定设备的电源线、输入/输出线、通信线在遭受高能量脉冲干扰时可建立一共同的依据。

标准主要模拟间接雷击(设备通常都无法经受直接雷击)如下:

1)雷电击中外部(户外)电路,有大量电流流入外部电路或接地电阻,从而产生干扰电压。

2)间接雷击(如云层间或云层内的雷击)在外部电路上感应出的电压和电流。

3)雷电击中电路邻近物体,在其周围建立强大的电磁场,在外部电路上感应出电压。

4)雷电击中附近地面,地电流通过公共接地系统时所引进的干扰。

标准除模拟雷击外,还提到了变电所等场合,因开关动作而引进的干扰(切换瞬变)如下:

1)主电源系统切换时的干扰(如电容器组的切换)。

2) 同一电网在靠近设备附近的一些较小开关跳动时形成的干扰。

3) 切换伴有谐振电路的晶闸管设备。

4) 各种系统性的故障，如设备接地网络或接地系统间的短路和飞弧故障。

4.1.1 问题分析

雷击（主要模拟间接雷），例如雷电击中户外电路，有大量电流流进外部电路或接地电阻，从而产生的干扰电压；又如间接雷击（如云层间或云层内的雷击）在电路上感应出的电压和电流；再如雷电击中了邻近物体，在其四周建立了电磁场，当户外电路穿过电磁场时，在电路上感应出了电压和电流；还如雷电击中了四周的地面，地电流通过公共接地系统时所引进的干扰。

1. 输电设备系统的防雷措施

如图4-1所示，在容易受雷击的设备上方安装避雷地线或避雷针，设备的外壳通过防护地线与大地连接，这是最基本的雷电防护方法。当设备附近发生雷电时，建筑及设备上安装的避雷针/避雷地线可以防止建筑被雷击中。防雷最有效的方法是敷设地网，在建大楼或实验室时要敷设地网，地网和中性线连接，把中性线与地线都接在同电位的平面上面，地网就和中性线同电位了。

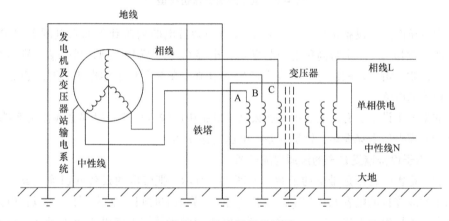

图4-1 输电设备的防雷

但对于一些不耐压的电子设备，还需要进一步采取雷电防护措施。

注意：避雷地线与防护地不能接在一起，因为雷击时避雷地线中会产生非常大的电流，而防护地一般是没有电流通过的。

自然雷电浪涌大部分是从电网的中性线传输进来的，打雷的时候会打在建筑物上，再传到供电设备上，雷电传到地上有两个方向：一个是通过电路（电网中性线）；另一个是通过地面。

2. 电子设备遭受雷击的分析

如图 4-2 所示，当变电站输送电能到电子电路时建立图示的等效电路模型，带电云朵可等效为一个充满电荷的电容 C_0，图中 C_1、C_2 为 Y 电容器（共模抑制电容），C_3、C_4、C_5、C_6 为分布电容（寄生电容），R_1 为大地等效电阻。

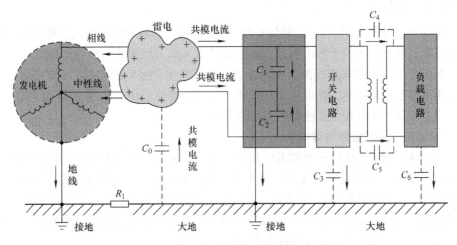

图4-2　电子线路的雷击模型

当电子产品或设备遭雷击时，可等效为一朵带电的云落到了输入电源电路上，带电的云就相当于一个带高压电的电容 C_0，电容 C_0 的一端接大地，另一端分别接相线和中性线，雷电在相线与中性线中产生的电流主要为共模浪涌电流，同时也会产生差模浪涌电流。

如果电子设备没有雷电防护，那么电子设备中的输入电路一般都会被雷击影响，不是受共模电压击穿损坏，就是受差模电压击穿损坏。

3. 电子设备遭受雷击的浪涌电流分析

假如把雷电看作是带电的云朵，如图 4-3 所示，把带电的云朵分别等效成与相线和中性线连接的电容 C_{01} 和 C_{02}，由于 C_{01} 和 C_{02} 放电的时间常数不一样，所以在电路中会产生差模浪涌电流，实际上差模浪涌电流相对于共模浪涌电流要小很多。但差模浪涌电压（或电流）通过与输入电网电压（或电流）叠加，更容易对电子设备输入电路的元器件造成损坏。

差模浪涌电压容易对电子设备输入电路的元器件造成损坏，但共模电压对电子设备内所有的电路都会造成损坏。

注意：雷击产生的共模浪涌电流非常大，但其同时也会产生差模浪涌电流，共模电流对电子设备的危害比差模电流还要大。

雷击时，在电子设备电源线的输入端将会产生一个很高的共模电压，首先受冲击的一般都是产品中的开关电源电路（目前大多的电子产品及设备都采用开关电源

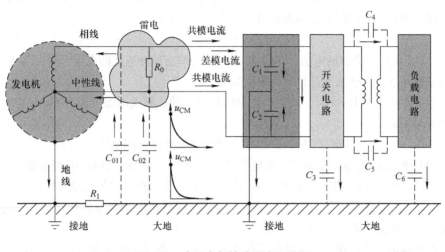

图4-3　产品内部的浪涌电流路径

系统供电设计），瞬态共模高电压即使没有将开关电源中开关管击穿，也很容易经过开关变压器一次、二次线圈的分布电容 C_4、C_5 耦合，在变压器二次侧电路中就会产生上千伏的共模脉冲信号，也会导致后级负载电路元器件的损坏或失效。

　　另一种是类似的瞬态电压切换瞬变。例如，主电源系统切换（例如补偿电容组的切换）时产生的干扰；又如同一电网中，在靠近设备四周有一些较大型的开关在跳动时所形成的干扰；再如切换有谐振电路的晶闸管设备；还如各种系统性的故障，例如设备接地网络或接地系统间产生的短路或飞弧故障。

4. 浪涌大电流下的地平面及地连接线阻抗问题

　　如图 4-4 所示，通常产品或设备的接地都会通过低阻抗的连接方式接到设施地，由于接地线阻抗不可能为 0Ω，所以电路中一旦有电流流过一定的阻抗，就会产生电压降。当设备附近发生雷电时，假如瞬态高电流为 5kA，地线阻抗为 $0.5\ \Omega$，则地线上的反弹电压可达到 2500V。同理，通过对产品或设备施加瞬态高电流，由于系统的地线阻抗不为 0Ω，因此也会在输入端口产生较高的反弹电压。

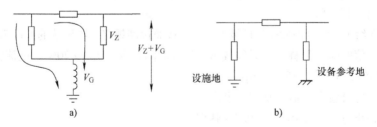

图4-4　电子线路地阻抗问题

在实际中，设备的接地线采用细线连接时，通常1cm长的线会造成10nH的电感，那么当有5kA的瞬态高电流时就会产生电压降 U：

$$U = L(\mathrm{d}i/\mathrm{d}t) \tag{4-1}$$

式中，L 为接地线造成的电感，单位为 nH；$\mathrm{d}i$ 为瞬态脉冲造成的电流，单位为 A；$\mathrm{d}t$ 为瞬态脉冲造成的电流上升时间，单位为 ns。

当接地线长为10cm时，就会产生100nH的电感，假设瞬态电流为5kA，电流的上升时间8μs。

$$U = L(\mathrm{d}i/\mathrm{d}t) = 100 \times (5000/8000)\,\mathrm{V} = 62.5\,\mathrm{V}$$

10cm的接地线会造成62.5V的电压降，对于产品后级的低电压电路来说，还是有风险的。在高频的EMC范畴中，多点接地时，各个接地点的等电位连接对EMC设计非常重要，确认等电位连接的可靠方式是确认任何两点间的导体连接部分长宽比小于5。如果接地线的长宽比能够小于3，将取得更好的效果。

对于接地系统，在产品内外部干扰的影响下，物联产品的接地设计领域包括：

1）选择接地点要使电路环路电流、接地阻抗及电路的转移阻抗最小。

2）将通过接地系统的电流考虑为外部注入或者从电路中流出的噪声。

3）通过对高频元器件的布局，使电流环路面积最小化。

4）设计PCB或系统时，使干扰电流不通过公共的接地回路影响其他电路。

5）对PCB或系统分区时，将高频的噪声电路与低频电路分开设计。

6）把敏感（低噪声容限）的电路连接到一个稳定的接地参考源上，使得敏感电路所在区域的地平面的阻抗最小。

4.1.2 测试模拟雷电浪涌干扰

1. 雷击浪涌发生器

标准描述了两种不同的波形发生器，一种是雷击在电源线上感应产生的波形；另一种是在通信线路上感应产生的波形。虽然两种电路都是架空线，但电路阻抗明显不同，电源线的阻抗低，通信线的阻抗高，因此感应出来的雷击浪涌波形也明显不同。在电源线上的浪涌波形要窄一些，前沿要陡一些，而通信线上的浪涌波要宽一些，前沿要长一些。

图4-5给出了综合波发生器的波形定义，按照标准规定，电压波的前沿为 1.2μs ± 30%，半峰值时间（又称半宽时间或脉冲持续时间）为 50μs ± 20%，电流波的前沿为 8μs ± 20%，半峰值时间为 20μs ± 20%。

标准对综合波发生器的基本要求是：

开路输出电压（±10%）：0.5 ~ 4kVP。

短路输出电流（±10%）：0.25 ~ 2kAP。

发生器内阻：2Ω（这是联系开路电压波和短路电流波的关键）可附加电阻10Ω

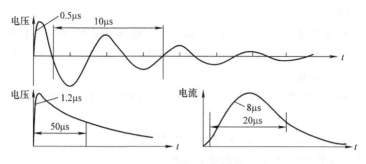

图 4-5 浪涌发生器测试波形

或 40Ω，以形成 12Ω 或 42Ω 的内阻。

浪涌测试的输出极性：正/负。

浪涌测试的移相范围：0°～360°（浪涌输出与电源同步时）。

最大重复频率：至少 1 次/min。

2. 试验方法

1）根据产品的实际使用和安装条件进行布局和配置，其中包括对试验布局（硬件）和试验程序（软件）的要求。

2）根据产品要求来确定试验电压的等级及试验部位。特别要注意，在有些标准中可能会要求改变体现波形发生器信号源内阻的附加电阻。

3）在每个选定的试验部位（电源端口和信号端口）上，正、负极性的干扰至少要各加 5 次，每次浪涌的最大重复率为 1 次/min（因为大多数系统用的保护装置在两次浪涌测试之间要有一个恢复期，所以设备在做雷击浪涌的试验时存在一个最大重复率的问题）。

4）对于交流供电的设备，还要考虑浪涌波的注入是否要与电源电压同步的问题。如无特殊规定，通常要求在电源电压波形的过零点和正、负峰点的位置上各施加 5 次正的和 5 次负的浪涌信号。

5）考虑到被试设备电压－电流转换特性的非线性，试验电压应该逐步增加到产品标准的规定值，以避免试验中可能出现的假象（在高试验电压时，因为被试设备中可能有某个薄弱器件击穿，旁路了试验电压，致使试验得以通过。然而在低试验电压时，由于薄弱器件未被击穿，因此试验电压以全电压加在试验设备上，反而使试验无法通过）。

6）浪涌测试要加在线－线或线－地之间。如果要进行的是线－地试验，且无特殊规定，则试验电压要依次加在每一根线与地之间。但要注意，有时出现标准要求将干扰同时叠加在两根或多根线对地的情况，这时脉冲的持续时间允许缩短一些。

7）由于试验可能是破坏性的，所以不要让试验电压超过规定值。

3. 试验等级

试验的严格度等级分为 1、2、3、4 和 X 级。电源线差模试验的 1 级参数未给，其余各级分别为 0.5kV、1kV、2kV 及待定。电源线共模试验的各级参数为 0.5kV、1kV、2kV、4kV 及待定。

试验的严格度等级取决于环境（遭受浪涌可能性的环境）及安装条件，大体分类如下：

1 级：较好保护的环境，如工厂或电站的控制室。

2 级：有一定保护的环境，如无强干扰的工厂。

3 级：普通的电磁干扰环境，对设备未规定特殊安装要求，如普通安装的电缆网络，工业性的工作场所和变电所。

4 级：受严重干扰的环境，如民用架空线，未加保护的高压变电所。

X 级：特殊级，由用户和制造商协商后确定。

具体产品选用哪一级，一般由产品标准来定。

对于标准中规定的浪涌测试来说，由于存在线对线测试与线对地测试的区别，所以总体来说浪涌测试是一种差模与共模混合的传导性抗扰度的测试。根据其测试波形为 μs 级的浪涌测试波形的上升时间，浪涌测试是一个低频的 EMC 测试，从频域上看，它的大部分能量分布在几～几十 kHz，但它是一项大能量的抗扰度测试，对于被测设备来说，其端口被注入浪涌干扰信号时，不但会发生系统工作的误动作，还可能出现器件损坏。浪涌测试还对共模（线对地）和差模测试做了明确的区分，其干扰的实质就是将浪涌信号叠加于被测产品中的正常工作信号上。由于频率较低，该项目的测试问题分析也相对比较容易，不需要考虑太多的寄生参数，比如寄生电容等。通过信号返回其源的路径分析思路就可以得到相应的解决方法。

4.1.3 设计技巧

浪涌干扰的最大特点是干扰源的内阻特别低，而干扰的能量又特别大，因此需要采用浪涌的防护设计。比如滤波器及防雷电路和抗干扰磁心，更高等级的浪涌电压同时需要选用浪涌抑制器（SPD）。

常用的浪涌抑制器有气体放电管、金属氧化物压敏电阻、硅瞬变电压吸收二极管和固体放电管等几种。

1. 浪涌设计电路分析

如图 4-6 所示，将浪涌测试耦合信号发生器等效在产品电子电路中，在电子产品或设备电源线的输入端直接在 PCB 板上排一个 ESD 放电装置，比安装防浪涌器件都重要，通过放电装置可以使输入电压降低，然后再通过限流电感与 Y 电容（C_1，C_2）以及 X 电容进一步降压，基本上就可以避免浪涌电压带来的损坏。理论上限流电感以及 Y 电容的数值越大，对共模浪涌电流抑制越有效，但 Y 电容也不能过大，Y

电容过大检测会导致设备漏电流指标不合格。X 电容应该取得大一些为好，X 电容越大，对差模电压抑制越好，但需要满足安全安规要求。

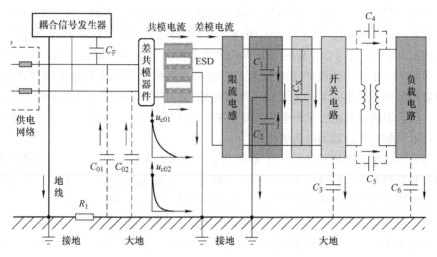

图 4-6 浪涌发生器测试电路等效

电路中对滤波电容参数的选择要考虑寄生参数及自身的截止频率。

如图 4-7 所示，通过聚酯膜电容的等效电路特性，其电容等效为寄生电感 L_S（ESL）、内阻 ESR 和电容 C 的综合特性。

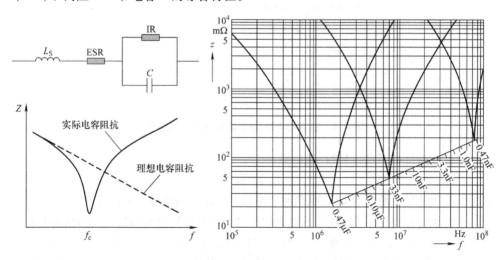

图 4-7 聚酯膜电容的等效电路及阻抗特性

在自谐振频率以下，电容保持电容性；在自谐振频率以上，电容呈现电感性。可用式（4-2）进行描述。

$$Z_c = 1 / (2\pi f C) \tag{4-2}$$

式中，Z_c 为容抗，单位为 Ω；f 为频率，单位为 Hz；C 为电容，单位为 F。

举例说明：$10\mu F$ 的电解电容在 $10kHz$ 时的测试阻抗是 1.6Ω，当在 $100MHz$ 时，其阻抗减小到 $160\mu\Omega$，因此在 $100MHz$ 时就存在短路的条件，这对 EMI 来说是有利的。然而 $10\mu F$ 电解电容较高的 ESL 和 ESR 参数限制了它在 $1MHz$ 以上频率的应用。

因此，对于不同频段的滤波效果，特别是在高频时就需要选择小容量的电容，小容量的电容有更小的 ESL 和 ESR。电容在使用时的引线电感也是需要考虑的重要方面，电容引脚导线的寄生电感使得电容在自谐振频率以上时像一个电感一样起作用，而不再起它本该起的电容的作用。

与电容相配合使用的还有一个器件电感。如图 4-6 所示中，与限流电感一起起到电流衰减的作用。器件电感随着频率的增加，电感的感抗线性增加。但是和电容一样，电感的绕线间的寄生电容限制了其应用频率不会无限制地增高。

电路中对滤波限流电感参数的选择要考虑寄生参数及自身的截止频率。

如图 4-8 所示，通过典型电感的等效电路特性，其电感等效为寄生电容 C 和电感 L（忽略其直流电阻 R_L）的综合特性。

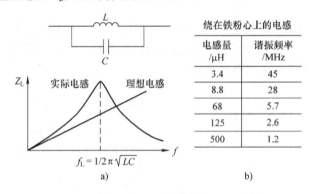

绕在铁粉心上的电感

电感量 /μH	谐振频率 /MHz
3.4	45
8.8	28
68	5.7
125	2.6
500	1.2

a)

b)

图 4-8　铁粉心电感的等效电路及阻抗特性

电感的阻抗可用式（4-3）进行描述。

$$Z_L = 2\pi f L \tag{4-3}$$

式中，Z_L 为感抗，单位为 Ω；f 为频率，单位为 Hz；L 为电感，单位为 H。

举例说明：理想的 $10mH$ 电感在 $10kHz$ 时的测试阻抗是 628Ω，当在 $100MHz$ 时，其阻抗增加到 $6.2M\Omega$，因此在 $100MHz$ 时就相当于开路的条件，如果想要通过 $100MHz$ 的信号，则很难保证信号质量。然而 $10mH$ 及更大的电感有较大的分布电容 C，其参数限制了它在 $1MHz$ 以上高频阻抗的特性。在图 4-8b 中，铁粉心绕制的电感量在 $500\mu H$ 时，其谐振频率即阻抗的拐点是 $1.2MHz$。因此对于低频段干扰选择较大的电感，而对于高频的干扰则需要较小的电感以达到较高的阻抗。

在电路中，由于聚酯膜电容器存在截止频率 f_c，以及限流电感存在分布电容 C，因此，EMC 滤波器最好选用多个不同数值的电感和容量不同的电容器组成 π 型滤波结构，从而可以达到不同的滤波器效果。

2. 带浪涌功能的 EMC 滤波电路设计

如图 4-9 所示，在电源线输入端的 PCB 板上排一个浪涌放电装置（一般爬电距离为 6mm），可以对 10kV 以上的共模脉冲电压放电，再经限流电感 L_0 和 C_1、C_2 进一步抑制，可使共模脉冲电压降低到 1kV 以下。L_0 不但可以抑制雷电浪涌，同时与 C_3、L_1、C_4、L_2 进行组合还可以抑制其他更高的浪涌电压。C_1、C_2 为 Y 电容，其作用是抑制共模干扰，通常为满足产品或设备的漏电流要求。两个电容之和不能超过 4700pF。其 EMC 滤波器的设计参考第 8 章详述。

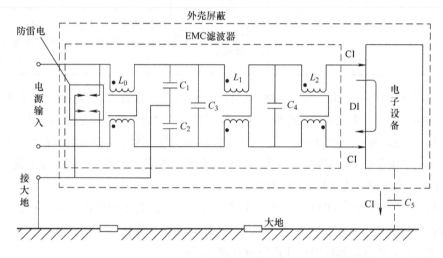

图 4-9　浪涌滤波器电路

3. 浪涌抑制器的设计应用

尽管各种瞬变电压吸收元器件功能相似，但性能上仍有较大差异，也就决定了它们不同的应用面，下面是一些简单的比较。

表 4-1 给出了气体放电管、压敏电阻、瞬态二极管（TVS）、固体放电管的功能及性能上的差异。

表 4-1　浪涌抑制元器件的应用比较

器件名称	气体放电管	压敏电阻	瞬态二极管（TVS）	固体放电管
工作方式	能量转移	钳位吸收	钳位吸收	能量转移
泄漏电流	零	低	非常低	非常低
静电容	最小	较大	较大	较小

（续）

器件名称	气体放电管	压敏电阻	瞬态 二极管（TVS）	固体放电管
电流吸收能力	大	视外形尺寸定可以做得很大	较小	一般
钳位电压或残余电压	低	较高	一般	非常低
对脉冲的响应速度	低	高（ns级）	极高（<1ns）	高（ns级）
标准电压及分档情况	75～1000V 约8～10个档次	几十V～1kV 其间档次较多	几V～400V 其间档次极多	10～30V 分 10 档左右
应用	一次粗保护	不同的容量可以用在不同地方	比较适合用作设备的板级（线路板）保护	适合用作自网络到设备及部件一级的一般保护

1）气体放电管：由于响应速度慢、有后续电流、离散性大、档次稀疏，故适合做一次粗保护。在交流或直流电源系统中使用时，必须要克服后续电流的有害影响。

2）压敏电阻：不同的容量可以用在不同地方（自一次粗保护至组合式保护器中的一次或二次保护）。但因静电容大，不宜用在高频电路。此外，还有过载老化问题（残压比提高及漏电流增加），使用中要注意。

3）瞬态二极管（TVS）：因电流荷载能力较差，但电压档次密，故比较适合用作设备的板级（电路板）保护。在多级保护中，常作为最后一级精细保护使用。由于有静电容，故在高速电路中使用时应有特殊措施。

4）固体放电管：适合做自网络到设备及部件一级的一般保护。

各种保护器件在性能上各有差异，吸收能力强的（如气体放电管），响应脉冲信号的速度太低，档次也太少，离散性大，只适合做一次粗保护。而速度快、限电压准确度高的（如硅瞬变电压吸收二极管TVS），吸收能力又太弱。

为了达到更广泛的设计应用，还可以利用各种保护器件固有的特点，把它们组合在一个保护器里，取长补短，发挥各自最大效能，目前市场化的组合式保护器件得到了广泛的应用。

应用时的注意事项如下：

1）针对不同的过电压场合，保护方案不能千篇一律，如在建筑物外，可能遭受直接雷击，上述任何器件都不能使用，必须采用避雷器作为建筑物的保护。在建筑物内，又分成两级，一级是建筑物内的主配电柜，可能遭受感应雷击和电网开关动作而引入的高能量切换瞬变，常用大容量的压敏电阻保护；另一级是楼层内的二次配电柜，经常遇到的是建筑物内开关切换和静电放电引入的瞬变较小的情况，也可用压敏电阻进行保护，但容量比前一种要小。针对设备的保护，则经常采用组合式保护器，尽管瞬度的能量较小，但重点满足精细限电压和快速响应这两个要求，确保设备万无一失。

2）保护器要装在电源线的开关和熔断器的后面，以便对开关切换和熔断器熔断时产生的瞬变也能起到保护。

3）为了避免保护器在吸收冲击电流时，可能使主回路熔断器熔断，使被保护设备被迫断电，建议在保护器支路中附加一个熔断器，它与主回路熔断器的电流容量比值为 1∶1.6。这样冲击电流首先熔断的将是保持回路的熔断器，而让主回路能保持连续供电。

4）高能量瞬变会在电源线上产生非常大的电流瞬变，为避免它与被保护设备间的电磁耦合，保护器应装在电源入口处，并远离其他布线，如条件不许可，则应加电磁屏蔽措施。另外，保护器的接线要粗，要确保保护器有低阻抗的接地通路。

5）响应速度问题（尤指压敏电阻和硅瞬变电压吸收二极管）压敏电阻和硅瞬变电压吸收二极管的动作延时很小，一般认为是 ns 级的。故它们对瞬变干扰的钳位几乎可以看成是没有延迟的。但是这些器件的引线电感会掩盖其高速响应的特点。器件引线电感引起的感应电压与引线电感量及器件钳位瞬间吸收电流的变化率（di/dt）成正比。其中电流变化率与器件本身的特性、干扰源的干扰幅度、干扰源的内阻有关，是定数，不由使用人员改变。因此，感应电压的大小主要取决于引线电感的大小，即引线的长度，使用中应该将压敏电阻的引线剪得越短越好。

4. 开关电源电路防浪涌测试设计

对于大部分的产品或设备都需要采用开关电源电路给系统提供电能源，采用 AC 供电系统供电时，浪涌最先进入开关电源系统。因此，开关电源的设计就需要能通过浪涌测试的各种等级要求并保证其可靠性。

（1）开关电源差模浪涌设计　差模浪涌的测试是在产品或设备电源输入端口的相线（L 线）与零线（N 线）上施加的信号测试。要满足产品规定的测试要求。

如图 4-10 所示，L 线与 N 线之间浪涌测试的能量路径主要在整流器前的 L、N 回路，其中主要的设计对策是压敏电阻。如果系统允许接地设计，则可使用对地压敏电阻和气体放电管或者是吸收组件电路来抑制能量，不让大的浪涌电流流入开关电源内部电路。

压敏电阻是一种限压型保护器件。利用压敏电阻的非线性特性，当过电压出现在压敏电阻的两极间时，压敏电阻可以将电压钳位到一个相对固定的电压值，从而实现对后级电路的保护。压敏电阻的主要参数有压敏电压、同流容量、结电容及响应时间等。相关参数见表 4-2。

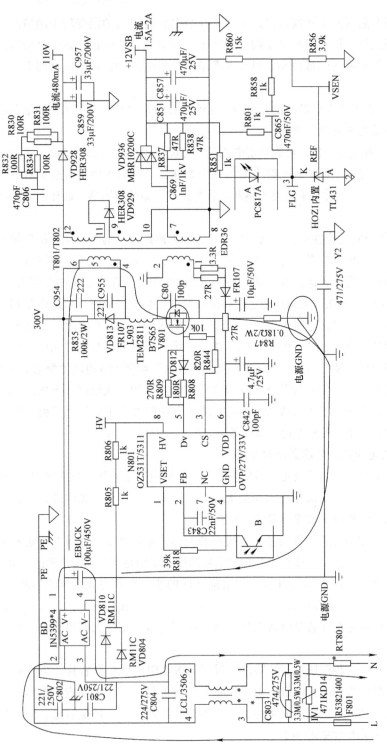

图 4-10 开关电源差模浪涌路径

表 4-2　TVR 系列压敏器件参数选型

型号	压敏电压 /V	最大允许电压 /V		最大钳位电压 (8/20μs)		最大浪涌电流 /A	最大能量/J	功率	结电容 (1kHz)
	V_{1mA}	$V_{AC(rms)}$	V_{DC}	V_s/V	I_p/A	I_{max} (8/20μs)	W_{max} (10/1000μs)	P/W	C/pf
TVR07391	390	250	320	650	10	1800	40	0.25	120
TVR10391	390	250	320	650	25	4000	82	0.4	280
TVR07431	430	275	350	710	10	1800	46	0.25	100
TVR10431	430	275	350	710	25	4000	93	0.4	250
TVR10471	470	300	385	775	25	4000	99	0.4	240
TVR14471	470	300	385	775	50	8000	205	0.6	460
TVR20471	470	300	385	775	100	13000	405	1	700
TVR10561	560	350	450	930	25	4000	113	0.4	200
TVR14561	560	350	450	930	50	8000	240	0.6	390

通过表 4-2 的数据，压敏电阻的结电容一般在几百～几千 pF 的数量级，在某些情况下不直接应用在高频信号电路中，压敏电阻的通流量较大。压敏电阻的压敏电压 U_B 通流容量是电路设计时应重点考虑的。在直流回路中，压敏电阻的选择压敏电压 U_B 可用式（4-4）、式（4-5）进行计算。

$$U_B = (1.8 \sim 2) U_{dc} \tag{4-4}$$

式中，U_B 为压敏电压，单位为 V；U_{dc} 为回路中的直流工作电压。

$$U_B = (2.2 \sim 2.5) U_{ac} \tag{4-5}$$

式中，U_B 为压敏电压，单位为 V；U_{ac} 为回路中的交流工作电压。

比如，在 AC220V 电路中，$U_B = 220V \times 2.2 = 484V$，根据实际应用对应的表格，通用器件选型为 TVR10471、TVR10561、TVR14561 等。其取值的原则主要是为了保证压敏电阻在电源电路中应用时，有适当的安全裕量。压敏电阻型号确定后，如 TVR10471，其对应的最大钳位电压为 775V，此时浪涌电压通过压敏电阻钳位后，后端的浪涌电压会被钳位在 775V，这样就降低了浪涌进入开关电源电路中的能量。运用通用的滤波电路就可解决差模浪涌测试的问题。

如图 4-11 所示，有些特殊产品，比如墙壁上的温控器，它使用开关电源系统供电，由于体积和成本的限制，产品标准是只做差模浪涌测试，其测试浪涌电压为 2kV，通用的做法是省去了 L、N 输入前端的压敏电阻。

进行差模浪涌测试时，开关器件的极限耐压是受关注的，当测试的浪涌电压加在开关器件的残压超过 700V（开关器件的最高耐电压）时，就会造成开关器件或集成开关器件控制器的损坏。图 4-11 中集成开关控制器的耐压为 700V。进行差模浪涌的测试等效电路进行回路阻抗分析如图 4-12 所示。

如图 4-12 所示，进行浪涌测试时，在电子设备电源线的输入端加入测试电压，

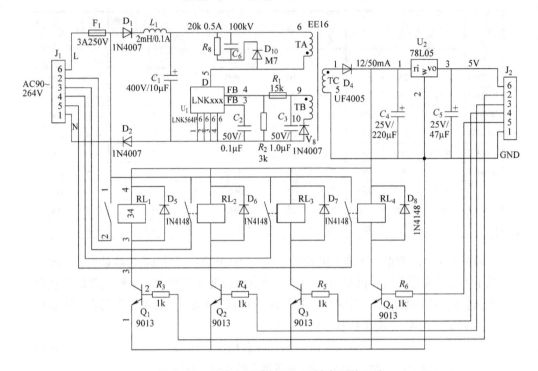

图 4-11　开关电源输入端无压敏电阻的设计

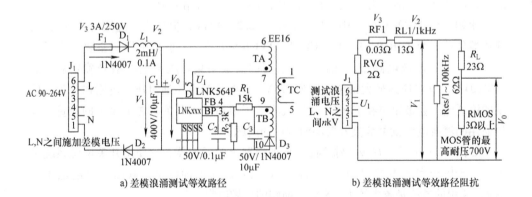

a) 差模浪涌测试等效路径　　　　　　b) 差模浪涌测试等效路径阻抗

图 4-12　开关电源输入端无压敏电阻的开关器件残压计算

首先受冲击的一般都是产品中的开关电源电路，当电路中无压敏电阻设计时，回路电感的设计相对重要。对图示的路径参数进行 5 组器件回路阻抗数据测试，参考表 4-3 进行计算分析。

表4-3 开关电源回路阻抗参数选型

回路器件	1	2	3	4	5
测试仪器阻抗	2Ω				
熔丝	0.02Ω	0.03Ω	0.02Ω	0.03Ω	0.03Ω
2.2mH 限流电感	13.1Ω	13.8Ω	13.3Ω	13.37Ω	13.2Ω
10μF/400V 电容阻抗	6Ω	5.46Ω	5.8Ω	5.95Ω	6.1Ω
3.3mH 限流电感	23.7Ω	25.7Ω	24.7Ω	25.3Ω	25.9Ω

进行差模浪涌测试时，L、N 施加测试浪涌电压 U_1，$U_1 = V_3 + V_2 + V_1$。假如开关管器件关断时的阻抗远高于变压器一次侧的阻抗，那么通过开关器件的残压 V_0 可运用欧姆定律计算式（4-6）进行简化计算。

$$V_0 = U_1 C_{Res} / (C_{Res} + 2 + R_{F1} + R_{L1}) \tag{4-6}$$

式中，U_1 为测试施加浪涌电压，单位为 V；C_{Res} 为主电容内阻，单位为 Ω；R_{F1} 为保险丝内阻，单位为 Ω；R_{L1} 为限值电感直流阻抗，单位为 Ω。

当 L、N 之间施加 2kV 差模浪涌测试时，由式（4-6）进行计算

$$V_0 = 2000V \times 6 / (6 + 2 + 0.02 + 13.1) \approx 572V$$

当 L、N 之间施加 2.45kV 差模浪涌测试时，由式（4-6）进行计算

$$V_0 = 2450V \times 6 / (6 + 2 + 0.02 + 13.1) \approx 700V$$

当 L、N 之间施加 2.5kV 差模浪涌测试时，由式（4-6）进行计算

$$V_0 = 2500V \times 6 / (6 + 2 + 0.02 + 13.1) \approx 714V$$

实际的计算数据与施加的测试结果基本吻合，对上述系统施加 2.5kV 的差模浪涌时，其 714V 的电压会施加在开关控制器 IC，导致开关控制器 IC 出现失效。采用 2.2mH 的工字型限流电感可以通过 2kV 的差模浪涌测试。如果需要通过 2.5kV 的差模浪涌测试，则需要使用表4-3 所示的 3.3mH 的工字型限流电感参数（注意这里的选型器件基本参数电压电流均是满足电路要求的）。

（2）开关电源共模浪涌的设计　共模浪涌的测试是在产品或设备电源输入端口的相线（L 线）与零线（N 线）分别对接地端子或者同时对接地端子上施加信号测试，要满足产品规定的测试要求。

如图 4-13 所示，尽管测试是共模方式，但也同样能看到差模回路的影响，因为 L 和 N 线上的阻抗并非完全相同（电流分流大小就不相同）。共模测试浪涌电流会流经电解电容器正负极的走线，通过变压器一次侧 Y 电容路径到输出接地，此时 Y 电容跨接一次侧和二次侧，必须要承受高电压（浪涌电压在 1kV 以上）。隔离单元将会有高电压经过，比如光电耦合器（一次侧和二次侧间的反馈光耦）、开关变压器、二次绕组与一次绕组、二次绕组与辅助绕组等。除了器件本身的应力外，较关键的是电路的布局布线设计。

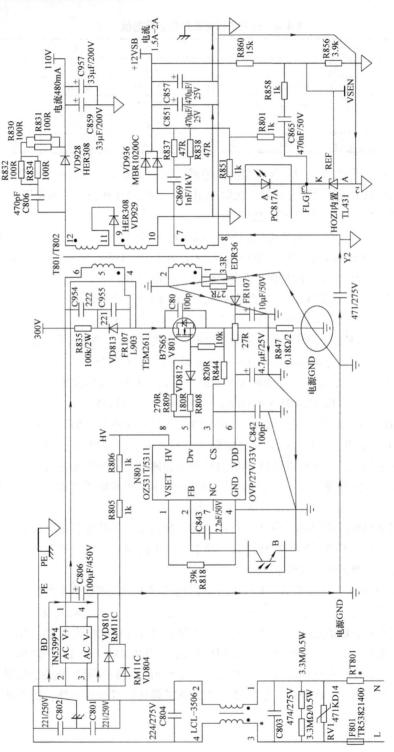

图 4-13 开关电源共模浪涌路径

1）因变压器横跨于一次侧和二次侧的组件，依照工作电压有不同的安规距离要求，所以一般采用 B 类，零件本身一次侧和二次侧需通过高耐电压测试（AC3000V）。需特别注意引脚距离与变压器铁心的距离以及绕组每层胶带数量是否符合绝缘强度。

2）光电耦合器（光耦）组件本身的距离需符合安规的要求，布局布线时器件下方不可有走线，以避免距离不足的问题。

3）Y 电容本身的特性是高频低阻抗的组件，当共模浪涌测试时，能量会快速通过 Y 电容所摆放的路径，因此元器件布局时半导体组件（PWM – IC TL431，OP…）的地走线应避开 Y 电容浪涌能量的泄放路径，以避免造成元器件的损坏。因此 PCB 的设计对浪涌的防护也是重要一环。

4）控制器 IC 引脚的外围元器件都需要靠近 IC 器件引脚放置，特别是 *RC* 滤波器件，控制器 IC 供电引脚的滤波与储能电容都必须靠近引脚放置。

5）布局走线时信号回路与电源供电回路的环路面积一定要小。其环路的影响可以参考静电 ESD 设计的计算式（4-10）和式（4-11）进行评估。

一次侧接地规则如图 4-13 所示。

1）连接方法为所有小信号 GND 与控制 IC 的 GND 相连后，与辅助绕组的输出电容地相连，然后与辅助绕组的地相连，再连接到电源 GND（即大信号 GND）。

注意：不好的设计容易出现浪涌测试的问题。

2）反馈信号要独立走到 IC，反馈信号的 GND 与 IC 的 GND 相连。

二次侧接地规则如图 4-13 所示。

1）输出小信号地与相连后，与输出电容的负极相连。

2）输出分压取样电阻的地要与基准源（TL431）的地相连。

图 4-14 所示为典型的分立元件反激开关电源布局布线参考图，主电路电流采样电阻直接回到大电容的地。IC 控制器周边器件的地优先连接 IC 自己的地，再通过引脚的电容连接到 VDD 供电电容地端，以及变压器辅助绕组地端，最后连接到高电压大电容的地。

如图 4-13 和图 4-14 所示，通过对衰减浪涌路径的分析，推荐的电流路径如下：

1）一次侧的部分。地走线路径顺序：大电容的 GND →一次侧变压器辅助绕组地端→供电电容地端→PWM IC 的滤波电容地端→ PWM IC 外围组件地。

2）一次侧和二次侧的 Y 电容路径：大电容的 GND →Y 电容→变压器二次侧的地。

3）二次侧的部分。二次侧 Y 电容的出脚→二次侧变压器的地→二次侧输出电容的地→输出接地。

通过设计可以实现将系统重要的控制信号和关键的 IC 保护起来，让干扰浪涌电流无法流过关键元器件及敏感电路设计。好的 PCB 设计思路和方法提高了产品的可

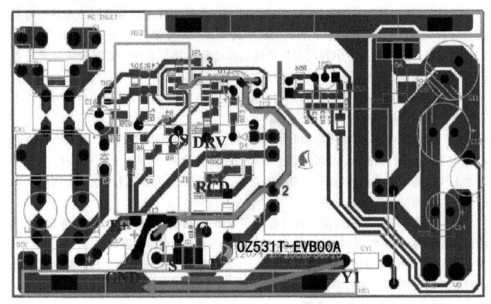

图 4-14 开关电源 PCB 布局布线参考图

靠性设计。

5. 雷击浪涌测试的分析与设计要点

气体放电管、压敏电阻、TVS 管各有优缺点，在设计保护电路时应各司其职。电源口的防护设计和元器件的选择应考虑失效模式。供电电源一般都可以提供持续的大能量，防浪涌设计还要注意用电安全问题，安全问题第一重要。对于系统级的浪涌设计，本章没有进行完全的分析和列举，现提供思路如下：

1）系统的防雷及防雷等级考虑。

2）系统相应端口防护设计，特别要注意共模设计。

3）防雷器件的选型配合。

4）系统的接地点设计，产品内部 PCB 的应用接地考虑等。

4.2 EFT 快速脉冲群的分析设计

电快速瞬变脉冲群（EFT）会带来系统电路 IC 中数字电路的敏感性问题。当电感负载开关系统断开时，会在断开点产生由大量脉冲组成的瞬态干扰。其频谱分布非常宽，数字电路对其比较敏感，易受到干扰。

电快速瞬变脉冲群抗扰度试验的目的是评估产品对来源于诸如继电器、接触器等电感性负载在开、断时所产生的电快速瞬变脉冲群（EFT）的抗扰度。

试验时，EFT 发生器产生的脉冲群耦合到产品的电源线、信号线和控制线上，并考核产品性能是否下降。

由于这类尖峰脉冲串对电网中电子设备的干扰作用是明显的，所以在我国的电磁兼容系列标准 GB/T 17626 中（等同 IEC 61000－4 系列标准）专门用一个分标准来模拟电网中机械开关对电感性负载切换时所引起的干扰，从而完成对电气和电子设备在抗击电快速瞬变脉冲群性能方面的考核。

试验时，一般不会损坏元器件，只是使 EUT 出现"软"故障，如程序混乱、数据丢失等产品性能下降。有的 EUT 对单脉冲不敏感，但对脉冲群敏感。由于对 IC 输入端电容充电，在脉冲间隔不能完全放电，因此会导致电位逐渐积累，使 IC 发生误动作。

4.2.1　问题分析

受试设备 EFT 信号以共模方式施加到电源线或信号线上。

1）当 EFT 加在某一条 L、N、G 上时，EUT 的其他 L、N、G 上会同时得到差模和共模电压。如果 EUT 在电源端没有良好的滤波，则 EFT 会进入 EUT 的后续电路，使数字电路工作异常。

例如，在 IC 输入端，EFT 给寄生电容充电，通过脉冲群的逐级积累，达到和超过 IC 的噪声容限。

2）侵入的 EFT 还会通过电源线、地线的引线电感，产生反电动势 $V = -L \cdot \mathrm{d}i/\mathrm{d}t$，造成电源电压和地电位的波动，引起数字电路的误操作。

3）扎线不合理，例如将强电和弱电，干扰电路和敏感电路，信号地和强电源地的电缆捆绑或放在一起，引起感应耦合。

4）EFT 干扰成分有传导干扰和辐射干扰，EFT 是以共模干扰电流为主导的。

当单独对相线或零线注入干扰时，在相线和零线之间存在着差模干扰，这种差模电压会出现在电源的直流输出端；当同时对相线和零线注入干扰时，仅存在着共模电压。由于大部分电源的输入都是平衡的（无论变压器输入，还是整流桥输入），因此实际共模干扰转变成差模电压的成分很少，对电源的输出影响并不大。

干扰能量在电源线上传导的过程中向空间辐射，这些能量感应到邻近的信号电缆上，对信号电缆连接的电路形成干扰（如果发生这种情况，则往往会直接通过信号电缆注入试验脉冲，从而导致试验失败）。

干扰脉冲信号在电缆（包括信号电缆和电源电缆）上传播时产生的二次辐射能量感应进电路，对电路形成干扰。解决这个问题的方案，首先是将导线分开，减小导线间的互感和寄生电容。避免试验脉冲的能量耦合进入关键元器件电路及噪声敏感电路。

根据磁场感应原理，导体中流动的交变电流 I_{L} 会产生磁场，这个磁场将与邻近的导体耦合，在其电路上感应出电压，如图 4-15a 所示。

如图 4-15 所示，导体中流动的电流 I_{L} 产生磁场感应，在受害导体中的感应电压由式（4-7）计算。

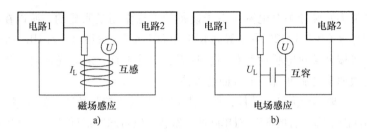

图 4-15　电路中磁场与电场耦合

$$U = -M\mathrm{d}I_\mathrm{L}/\mathrm{d}t \tag{4-7}$$

式中，M 为互感，单位为 nH；$\mathrm{d}I_\mathrm{L}$ 为导体中交变的电流，单位为 A；$\mathrm{d}t$ 为导体中交变电流的上升时间，单位为 ns。

M 取决于干扰源和受害电路的环路面积、方向、距离，以及两者之间有无磁屏蔽。根据经验，通常靠近的短导线之间的互感为 $0.1 \sim 3\mathrm{nH}$。磁场耦合的等效电路相当于电压源串联在受害（电路2）中。注意：这两个电路之间有无直接连接关系对耦合没有影响，并且无论这两个电路对地是隔离的还是连接的，感应电压都是相同的。

同时，导体上的交变电压 U_L 产生电场，这个电场与邻近的导体耦合，并在其上感应出电压，如图 4-15b 所示。在受害导体上感应的电压由式（4-8）计算。

$$U = CZ_\mathrm{L}\mathrm{d}U_\mathrm{L}/\mathrm{d}t \tag{4-8}$$

式中，C 为两线间的寄生电容，单位为 F；Z_L 为受害电路的对地阻抗，单位为 Ω；$\mathrm{d}U_\mathrm{L}$ 为导体中交变的电压，单位为 V；$\mathrm{d}t$ 为导体中交变电压的上升时间，单位 ns。

假设两线间的寄生电容阻抗远大于电路阻抗，噪声源从电路 1 的电流路径注入，其值为 $C\mathrm{d}U_\mathrm{L}/\mathrm{d}t$。$C$ 的大小与导体之间距离、有效面积及有无电屏蔽材料有关。

实际应用中，两个平行绝缘导线间距为 2.54mm 时，其寄生电容约为 50pF/m。当平行走线长度为 10cm 时，产生寄生电容为 5pF 左右。导线间的互感为 $0.1 \sim 3\mathrm{nH}$。在电路设计应用时，寄生电容和互感都受干扰源和受害导体之间物理距离的影响。通过给出的常用互容和互感的参考数据，在实际应用中可以作为设计依据。

EFT/B 的测试实质在大多数情况下还是传导的路径，要解决 EFT/B 测试的问题，一般可以从以下三方面进行设计：

1）改变 EFT/B 干扰电流的流向，使其不经过产品中的关键元器件及敏感电路。

2）在 EFT/B 的干扰电流还没有到达敏感电路之前进行抑制处理，比如在电源入口处增加对 EFT/B 干扰信号有抑制效果的滤波器及电路设计。

3）增加电路本身的抗干扰能力，对于不能处理的 EFT/B 干扰电流，使其在干扰电流流过电路时，也不会出现异常现象。

其中前面的两点是在产品的架构设计和电路设计时就要考虑的问题。在设计中解决 EFT 抗扰度问题的第二个方面是最简单也是最有效的方法，有在设计技巧中进行详细的说明。进行产品电路 EFT/B 测试干扰电流的路径分析如图 4-16 所示。

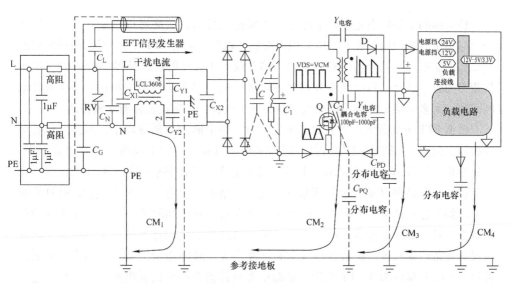

图4-16　产品电路 EFT/B 测试干扰电流路径分析

如图4-16所示，对于电磁兼容的问题研究的是产品电路中的导体，在第3章中有说明，电路中的大部分导体可由 R、L、C 的分布参数进行等效，即存在分布电容等效，也因此会存在潜在的 EMC 问题。

在图4-16中 C_{PQ} 和 C_{PD} 分别为开关管 Q 和整流二极管 D 对地的寄生电容，它是共模流通的部分路径；如果产品有接地端子，那么 Y 电容的路径是其前级共模电流的路径，控制系统及负载都会对参考接地板存在等效的分布电容，因此图中的 CM_1、CM_2、CM_3、CM_4 成为其主要路径通道。

将 EFT 信号发生器等效到图4-16所示的产品电路中，EFT 干扰的特点有脉冲成群出现，重复频率高，上升时间短，单脉冲能量低。因此会出现后级敏感电路的"死机""复位"工作异常问题，通过相关数据的测试分析，认为脉冲群干扰之所以会造成设备的误动作，是因为脉冲群对电路中半导体器件结电容充电，当结电容上的能量积累到一定程度时，便会引起电路（乃至设备）的误动作及故障。

在图示开关电源系统的产品中，未屏蔽的功率电源变压器的一次侧和二次侧间的寄生电容大约为 100～1000pF。进行 EFT/B 测试时，信号的高频成分通过寄生电容传递路径传到后级电路再返回其源端。通常为了解决这类问题可在后级关键电路的位置安装滤波器件，采取这个措施后一般可以通过 EFT/B 的测试。比如接口的共模电感的设计，因为 EFT/B 干扰是以共模的形式出现的。为了验证效果，在测试中通常用双线并绕的铁氧体磁环绕不少于3圈（选择合适的镍锌铁氧体磁环外径及内径，在绕线线径满足电流要求情况下，绕线尽量匀绕满磁环，以保证磁环的利用率，磁性材料相对磁导率为800）再串联在电源输入口或接口电路位置后，再进行测试，检验该产品的 EFT 抗扰度性能是否能大幅提高。

　　铁氧体的主要特点是电阻率远大于金属磁性材料，从而可以抑制涡流，使铁氧体能应用于高频领域。在实践中发现，铁氧体磁性材料对 EFT 干扰的抑制特别有效，如果在产品中能找到合适的安装位置，那么铁氧体磁环的设计是提高产品 EFT 抗干扰能力的较好选择。将导线绕在铁氧体磁环上时，尽量采用单层绕制，要注意绕制的圈数，太多的绕制圈数将增加线圈间的寄生电容，影响铁氧体的高频特性。

　　根据 EFT 干扰造成设备失效的机理分析，单个脉冲的能量较小，不会对设备造成故障。但由于 EFT 是持续一段时间的单极性脉冲串，它对设备电路结电容充电，经过累积，最后达到并超过 IC 芯片的抗扰度电平，从而将引起数字系统的位错、系统复位、内存错误以及死机等现象。因此，电路出错会有一个时间过程，而且会有一定的偶然性和随机性。另外，很难判断究竟是分别施加脉冲还是一起施加脉冲时设备更容易失效，也很难下结论设备对于正向脉冲和负向脉冲哪个更为敏感。测试结果与设备线缆布置、设备运行状态和脉冲参数、脉冲施加的组合等都有极大的相关性，不能简单认为在 EFT 抗扰度试验中受试设备有一个门槛电平，干扰低于这个电平，设备工作正常；干扰高于这个电平，设备就失效。正是这种偶然性和随机性，给 EFT 对策的方式和对策部位的选择增加了难度。同时，大多数电路为了抵抗瞬态干扰，在输入端安装了 RC 积分电路，这种电路对单个脉冲具有很好的抑制作用，但是对于一串脉冲则不能有效抑制。

4.2.2　测试模拟 EFT/B 干扰

1. 测试用脉冲发生器的原理技术指标及波形

　　在图 4-17a 中，波形形成电阻 R_s 与贮能电容的配合，决定了脉冲波的形状；阻抗匹配电阻 R_m 决定了脉冲群发生器的输出阻抗（标准规定是 50Ω）；隔直电容 C_d 则隔离了脉冲群发生器输出波形中的直流成分，免除了负载对脉冲群发生器工作的影响。图 4-17b 所示的放电波形分别给出了单个脉冲波形的前沿及脉宽的定义，一群脉冲中的重复频率概念，以及一群脉冲与另一群脉冲之间的重复周期。

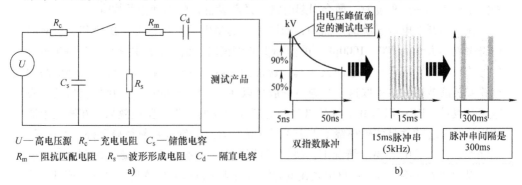

U—高电压源　R_c—充电电阻　C_s—储能电容
R_m—阻抗匹配电阻　R_s—波形形成电阻　C_d—隔直电容

a)　　　　　　　　　　　　　　　　　b)

图 4-17　EFT/B 测试原理及波形

脉冲群发生器的基本技术指标如下：

脉冲上升时间（指10%～90%）：5ns±30%（50Ω匹配时测）。

脉冲持续时间（前沿50%～后沿50%）：50ns±30%（50Ω匹配时测）。

脉冲重复频率：5kHz或2.5kHz。

脉冲群持续时间：15ms。

脉冲群重复周期：300ms。

发生器开路输出电压：0.25～4kV_p。

发生器动态输出阻抗：50Ω±20%。

输出脉冲的极性：正/负。

发生器与电源的关系：异步。

其中，脉冲群发生器的重复频率选择与试验电压有关：0～2kV用5kHz；4kV用2.5kHz。

2. EFT的模拟干扰注入方式

试验测试时将脉冲叠加在电源线（通过耦合/去耦网络）和通信电路（通过电容耦合夹）上，对设备形成干扰。通常这一试验会造成电子产品及设备误动作的机会较多，除非有合适的对策，否则较难通过试验测试。

试验配置的正确性会影响到试验结果的重复性和可比性，因此，正确的试验配置是保证试验质量的关键。对于脉冲群抗扰度试验的这种高速脉冲试验，结果更是如此。

如图4-18所示，对于电源线，通过耦合/去耦网络来施加试验电压；对信号线、控制线则通过电容耦合夹来施加试验电压。

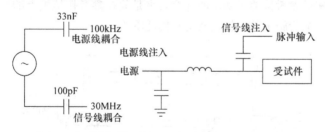

图4-18　EFT/B测试干扰注入方式

（1）电源线耦合/去耦网络　图4-19所示为在不对称条件下把试验电压施加到受试设备的电源端口的能力。这里所谓不对称干扰是指线（电源线）与大地之间的干扰。作为佐证，在图中可以看到从试验发生器来的信号电缆线芯通过可供选择的耦合电容加到相应的电源线（L_1、L_2、L_3、N及PE）上，信号电缆的屏蔽层则与耦合/去耦网络的机壳相连，机壳则接到参考接地端子上。这就表明脉冲群干扰实际上是加在电源线与参考地之间，因此加在电源线上的干扰是共模干扰。

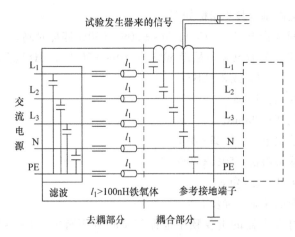

图 4-19　EFT/B 测试电源线耦合/去耦网络

（2）电容耦合夹　标准指出，耦合夹能在受试设备各端口的端子、电缆屏蔽层或受试设备的任何其他部分无任何电连接的情况下，把快速瞬变脉冲群耦合到受试电路上。受试电路的电缆放在耦合夹的上下两块耦合板之间，耦合夹本身应尽可能地合拢，以提供电缆和耦合夹之间的最大耦合电容。

耦合夹的两端各有一个高压同轴接头，用其最靠近受试设备的一端与发生器通过同轴电缆连接。如图 4-20 所示，高压同轴接头的线芯与下层耦合板相连，同轴接头的外壳与耦合夹的底板相通，而耦合夹放在参考接地板上。这一结构表明，高压脉冲将通过耦合板与受试电缆之间的分布电容进入受试电缆，而受试电缆所接收到的脉冲仍然是相对参考接地板来说的（耦合夹是放在参考接地板上的）。因此，通过耦合夹对受试电缆所施加的干扰仍然是共模性质的。

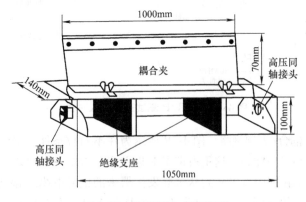

图 4-20　电容耦合夹结构图

通过上面的测试方式可以看出，脉冲群干扰是共模干扰。明确脉冲群干扰的性质非常重要。首先，这与试验方法有关，既然是共模干扰，就一定要与参考接地板关联在一起，离开了参考接地板，共模干扰将加不到受试设备中去。其次，既然脉冲群抗扰度试验是抗共模干扰试验，这就决定了试验测试在处理干扰（提高受试设备的抗扰度性能）时，关键是必须采用针对共模干扰的有效措施。

3. EFT/B 测试在电子产品及设备中的基本理论

脉冲群的单个脉冲波形的前沿 t_r 可以达到 5ns，脉宽可以达到 50ns，这就注定了脉冲群干扰具有极其丰富的谐波成分，在很短的时间内可以达到几 kV 的瞬态电压。根据脉冲波最高谐波频率公式（4-9）计算。

$$f = 1/(\pi t_r) \tag{4-9}$$

式中，f 为脉冲的谐波频率，单位为 MHz；t_r 为脉冲的上升时间，单位为 ns。

5ns 的脉冲上升沿，其幅度较大的谐波频率 $f = 1/(\pi t_r)$，其高频在 64MHz 左右，相应的信号波长为 5m。EFT/B 的测试与静电放电 ESD 的过程有类似之处，其过程是一个高频能量的释放与传输过程，在传输的路径中一切敏感的电子电路或器件都将受到干扰，引起设备的误动作。对于 EFT/B 的测试有如下的特点：

1）共模电流注入，共模电压通过共模电流转化为差模电压，同时考虑干扰的累计效应（寄生电容充电）。

2）EFT 干扰信号是高频信号，频谱在几～几十 MHz 范围内。

3）对设备的干扰主要是以传导与辐射的方式。

4）信号的耦合与分布参数有密切的关系。

5）EFT 干扰信号通过耦合去耦网络中的 33nF 的电容耦合到主电源线上。

信号或控制电缆通过电容耦合夹施加干扰，等效电容是 100pF 左右。对于 33nF 的电容，它的截止频率为 100kHz，也就是 100kHz 以上的干扰信号可以通过；而 100pF 的电容，截止频率为 30MHz，仅允许 30MHz 频率以上的干扰通过。其次脉冲群干扰试验是共模干扰试验，这就决定了试验在处理干扰的方法时，必须采用针对共模干扰的有效措施。

与其他瞬态脉冲一样，EFT 抗扰度测试时施加在被测线缆上的 EFT 脉冲幅度从几百伏到数千伏。对付此类高电压大能量脉冲，仅依靠屏蔽、滤波和接地等普通电磁干扰抑制措施是远远不够的。对此类脉冲应先使用专用的脉冲吸收电路将脉冲干扰的能量和幅度降低到较低水平，再采取其他的电磁干扰抑制措施，这样才能使被测设备有效抵抗此类干扰。

4. EFT 干扰与分布参数

对于一根载有 60MHz 以上频率信号的电源线来说，即使长度只有 1m，但由于导线长度已经可以和信号传输频率的波长比拟，所以不能再以普通传输线来考虑，信号在传输线上的传输过程中，部分依然可以通过传输线进入受试设备（传导路径）；还有一部分要从线上逸出，成为辐射信号进入受试设备（辐射方式）。因此，受试设备受到的干扰实质上是传导与辐射的结合。很明显，传导和辐射的比例将与电源线的长度有关，线路越短，传导成分越多，从而辐射比例就小。反之，辐射比例就大。

同等条件下，为什么金属外壳的设备要比非金属外壳设备更容易通过测试？因为金属外壳的设备抗辐射干扰能力较强，并且辐射的强弱还与电源线和参考接地板之间的相对距离有关（它反映了受试设备与接地板之间的分布电容），EUT 离参考接地板越近，分布电容越大（容抗越小），干扰信号越不容易以辐射方式逸出；反之亦反。

由此可见，实验用的电源线长短，电源线离参考接地板的高度，乃至电源线与受试设备的相对位置，都可以成为影响实验结果的因素。因此，为了保证实验结果的可重复性和可比性，注意实验室配置的一致性变得重要。

在考虑脉冲群对设备形成的干扰时，对于光电耦合器和变压器这种隔离器件，其极间和绕组间的分布电容就不能不考虑，对于不接地的设备，由于设备和大地之间存在分布电容，分布电容提供的容抗依然为脉冲群干扰提供了通路，所以不接地的设备照样会受到脉冲群的干扰。

在做电源线的脉冲群抗扰度试验时，实际上在电源线周围空间里存在一个有一定强度的高频辐射电磁场，如果设备除了有电源线引入外，还存在其他通信和输入/输出的连线，那么通过这些电路所起到的被动天线作用还是有可能接受高频电磁场的感应，并把它引入设备的内部。此外，当设备内部布线过于靠近机壳，设备采用的是非金属的机壳，或者在布线附近的机壳电磁密封性不好等的情况，同样有可能使设备感应出由脉冲群干扰产生的高频辐射电磁场，造成设备的抗扰度试验不合格。

4.2.3 设计技巧

1. EFT 在电源线端口的设计

电源电路本身对脉冲群干扰的抑制作用是很低的，究其原因，主要在于脉冲群干扰的本质是高频共模干扰。

电源电路中的滤波电容都是针对抑制低频差模干扰而设置的，其中的电解电容器对开关电源本身的纹波抑制作用尚且不足，更不用说针对谐波成分达到 60MHz 以上的脉冲群干扰有抑制作用。在用示波器观察开关电源输入端和输出端的脉冲群波形时，看不出有明显的干扰衰减作用。这样看来，就抑制电源所受到的脉冲群干扰来说，采用电源的输入滤波器（共模电感及共模滤波组件）是一个重要措施。

电源电路中高频变压器设计的好坏对脉冲群干扰有一定的抑制作用。开关电源一次回路与二次回路之间的跨接电容，能为从一次回路进入二次回路的共模干扰返回一次回路提供通路，因此对脉冲群干扰也有一定的抑制作用。

在开关电源输出端的共模滤波电路的设置也能对脉冲群干扰有一定抑制作用。开关电源电路本身对脉冲群干扰没有什么抑制作用，但是如果开关电源的电路布局不佳，则更会加剧脉冲群干扰对开关电源的入侵。特别是脉冲群干扰的本质是传导与辐射干扰的复合。即使由于输入滤波器的采用，抑制了其中传导干扰的成分，但在传输电路周围的辐射干扰依然存在，依然可以通过开关电源的不良布局（开关电源的一次和二次回路布局太开，形成了"大环天线"），感应脉冲群干扰中的辐射成分，进而影响整个设备的抗干扰性能。

对脉冲群干扰来说，最通用的脉冲群干扰抑制办法主要采用滤波（电源线和信号线的滤波）及吸收（用铁氧体磁心来吸收）。其中采用铁氧体磁心吸收的方案非常便宜也非常有效。

2. 对于金属外壳接地的产品设计

对物联产品的框架结构部分功能原理进行 EFT/B 的测试等效为如图 4-21 所示的简化电路路径图，假如产品设计单元主要由输入滤波器电路、开关电源电路、系统 MCU/CPU 控制电路、传感器电路、显示及触控电路等单元组成。在设计原理上输入滤波器电路是干扰源的一级防护设计，干扰通过一级防护措施，再通过开关电源变压器的耦合通道，通过传导的方式进入系统 MCU/CPU 控制单元电路。

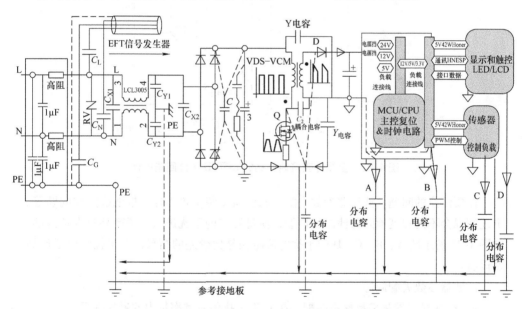

图4-21　EFT/B 测试的干扰回路路径

如图中箭头所示的路径为施加信号的干扰信号回路或干扰源的信号回流路径。由于测试是共模干扰，就一定要与参考接地板关联在一起，离开了参考接地板，共模干扰将加不到受试设备中去。由于电路与参考地之间的分布电容，电路离接地板越近，分布电容越大（容抗小），干扰越不易以辐射方式逸出；反之亦然。由于器件及电路和大地之间存在分布电容，所以分布电容提供的容抗为脉冲群干扰提供了通路。

如图 4-21 所示，产品中的电路设计对脉冲群干扰来说，最通用的脉冲群干扰抑制办法主要是采用滤波（电源线和信号线的滤波）及吸收（用铁氧体磁芯来吸收）。其中采用铁氧体磁心吸收的方案最为有效。对于 PCB 板上滤波器设计，共模电感及共模 Y 电容的设计是比较好的设计，EFT/B 测试干扰信号经过滤波器和铁氧体磁心处理后的电源线和信号线不再含有辐射的成分。

以下给出 EFT/B 干扰信号在前级输入滤波器的设计技巧。

如图 4-22 所示，金属外壳接地产品的 EFT/B 干扰回路设计如下：

1）设计电源输入滤波器（共模电感）阻止干扰进入。

2）设计系统共模滤波 Y 电容 C_1 和 C_2 是很好的旁路路径。

3）共模干扰电流通过金属外壳与地平面之间的分布电容形成通路。

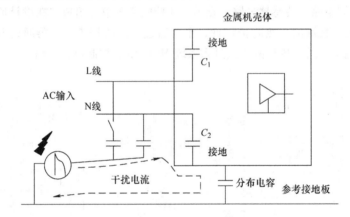

图 4-22　金属外壳接地产品的 EFT/B 干扰回路设计

需要注意的问题：滤波器参数失配、滤波器安装位置不佳、接地线阻抗问题等。上述情况会不同程度地降低滤波器性能，使足够多的干扰进入电子产品及设备内部，如图 4-21 所示的 A、B、C、D 的干扰电流路径是比较差的结果，会干扰到电子产品及设备。

滤波器参数失配问题：

1）磁性材料的频率特性不匹配，在 EFT 干扰信号频率带内的磁导率很低。

2）电感没有按照高频电感规则绕制线圈，层间、匝间电容较大，使 EFT 信号从寄生电容旁路进入电子产品及设备。

3）共模 Y 电容性能不佳，寄生电感比较大。由于 EFT 干扰信号频率高达 60MHz，再加上幅度较高，所以有比较强的辐射性，滤波器安装的位置也很关键。

3. 对于非金属外壳无接地端子的产品设计

电路的功能及结构单元如图 4-21 所示。如果产品采用非金属外壳，那么 EFT/B

噪声干扰通过共模电感进行抑制后再通过开关电源变压器的耦合通道，仍然会有共模噪声经过内部电路 A、B、C、D 的路径通道，对系统的控制部分产生干扰。因此，优化的设计可在产品结构上增加金属板，在结构上实施共模滤波电容的信号回流通道（结构上的设计是允许的，例如信息类产品或设备）。

如图 4-23 所示，非金属外壳无接地产品的 EFT/B 干扰回路设计如下：

1）电源输入滤波器（共模电感）阻止干扰进入。

2）产品底部增加金属板创造系统共模 Y 电容 C_1 与 C_2 的旁路路径。

3）共模干扰电流通过金属板与地平面之间的分布电容形成通路。

以下为产品通用性设计方案的参考：

1）正确选用和安装电源输入滤波器。

2）减小 PCB 电源线和地线的引线电感。

3）分类捆扎分类敷设导线和电缆。

4）正确做好接地设计。

5）安装瞬态干扰抑制器或采用高频磁珠或磁环来增加其高频阻抗。

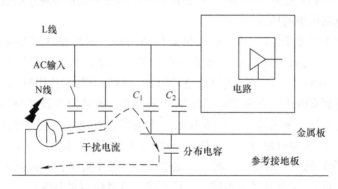

图 4-23　非金属外壳无接地产品的 EFT/B 干扰回路设计

4. EFT 在信号连接线上的设计

对于在信号线及端口检验电子产品及设备的抗扰度来说，电快速脉冲试验具有典型意义，由于电快速脉冲试验波形的上升沿很陡，因此包含了很丰富的高频谐波分量，能够检验电路在较宽的频率范围内的抗扰度。

另外，由于试验脉冲是持续一段时间的脉冲串，因此它对电路的干扰有一个累积效应，大多数电路为了抗瞬态干扰，在输入端安装了 RC 积分电路，这种电路对单个脉冲具有很好的抑制作用，但是对于一串脉冲则不能有效地抑制。

图 4-24 所示为通过 EFT 设备在信号线上施加共模干扰，电流大小相等方向相同。在进行 EFT 电快速脉冲群时，通过容性耦合夹注入干扰，其共模干扰通过传导的路径到了电子产品内部。通常接口会有滤波电容，不允许接电容的地方就需要安

装共模电感等滤波器件。

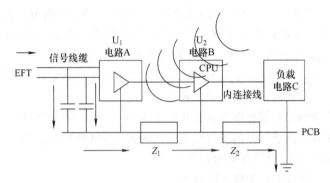

图 4-24　信号电缆的 EFT 设计

对于实际的设计应用，在信号线接口处要加滤波电容，如果没有加滤波电容，那么这个干扰就会直接干扰芯片 U_1（假设是通信信号电路）。如果是 RS485 接口就会使通信中断，如果是有 CAN 接口就会使 CAN 中断，干扰信号通过电容后就会使干扰信号流向电路板中的地设计。

进行外部 EFT 测试时，共模电流是对地的路径，因此在远端会有路径到地端（可以通过分布电容参数到地），从而形成图示的一个路径。通过图 4-24 所示电流走电路板 PCB 单板地时，由于 PCB 单板地有阻抗（高频下的交流阻抗），EFT/B 的测试频率可达到 60MHz。在电子电路板 PCB 单板上，如果 PCB 设计时布了几根细长线作为地回流设计，那么这时在 60MHz 的地走线就会有地电位差。即在图示中由于地线上的阻抗 Z_1 就会有地电位差，从而导致 U_1（通信信号电路）、U_2（主控制 MCU 或者 CPU 电路）的两个地电位之间产生地电位差，这个地电位差高到一定值时（参考图 1-2 的分析），会导致系统电路的复位死机，或者模拟量有跳变。这个 EFT/B 的测试就会带来如程序混乱、数据丢失等产品性能下降。

EFT 在信号线上的设计，对于外部传导干扰，其会通过地上阻抗形成地电位差，带来产品性能下降，这是从电路的角度进行分析的。

EFT 在信号线上的设计，假如物联产品系统在前端的输入及开关电源系统没有优先抑制 EFT 的辐射耦合途径，EFT 的干扰信号源还可以通过传导转辐射的耦合方式来影响系统。

1）EFT 干扰信号可以耦合到电路设计 PCB 上去。

2）EFT 干扰信号可以耦合到图 4-24 中左边的信号连接线缆上去。对于干扰信号耦合到信号线电缆就是上面的共模电流状态。

注意：电缆在电磁场中变化时，它会切割磁力线，从而产生感应电流。同时，图 4-24 所示的电路有走线环路，U_1 和 U_2 之间有回路电流，就会产生磁场变化，因此就会有感应电动势，即会有感应电压。当这个感应电压超过了系统的输入电平时，它就可能会误触发让程序跑飞、复位、死机等。

　　EFT 的干扰源对这个回路的干扰是由地线与信号线形成的环路带来的，所以与地回流有关。一个是地阻抗；一个是信号回路。这是产品中的简单的两个模型设计。在第 6 章产品的 PCB 问题中将进行详细说明。

　　在实际应用中的案例：某物联产品的控制部分 PCB$_1$ 和显示部分 PCB$_2$ 用连接排线互连，在 PCB 上同时还有 I/O 连接线电缆。对产品进行 EFT/B 测试时，在对 I/O 线缆进行 IEC 61000－4－4 标准规定的测试时，发现只要测试电压超过 1kV，产品就会出现误动作现象。PCB$_1$ 与 PCB$_2$ 的排线连接长度为 10cm，其连接的 PCB 结构及测试原理如图 4-25 所示，长度为 10cm 左右的普通线缆的寄生电感在 100nH 左右。可以看到产品的接地点在 PCB$_1$ 上，I/O 信号线缆在 PCB$_2$，当在 I/O 电缆上注入 EFT/B 共模干扰时，共模电流必将通过 PCB$_2$、PCB$_1$ 最终流向参考接地板。

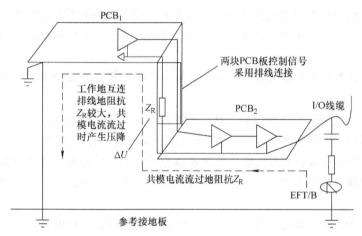

图 4-25　EFT/B 抗扰度测试共模电流的路径及原理

　　如图 4-25 所示，PCB$_1$ 中的工作地与 PCB$_2$ 中的工作地采用排线互连，其互连线阻抗 Z_R 较大。互联排线的长度为 10cm，其电感约为 100nH，当 EFT/B 的共模干扰电流流过地阻抗时，产生压降 $\Delta U = L di/dt$。进行 1kV 的耦合共模电压测试时，假如估算是 1A 的瞬态共模电流流过回路，则有 $\Delta U = L di/dt = 100\text{nH} \times 1\text{A}/5\text{ns} = 20\text{V}$。

　　这个 20V 的电压对于 3.3V 的数字逻辑 TTL 电路来说是比较危险的，可见 PCB 中的地阻抗对抗干扰能力的重要性。共模干扰电流在地走线或者地平面上的压降越低越安全，当超过器件的噪声承受能力时，就会产生干扰，导致误动作。

　　因此，进行产品设计时，避免互连连接器或互连电缆中有共模干扰电流流过是解决产品内部互连 EMC 抗扰度问题的重要部分。当产品机械架构不能避免共模干扰电流流过互连的连接器或排线电缆时，产品的内部就需要考虑以下措施。

　　1）有共模瞬态干扰电流流过互连连接器和互连排线电缆时，推荐采用金属外壳的互连连接器，电缆采用屏蔽电缆，而且连接器的金属外壳与电缆的屏蔽层在电缆的两端进行360°搭接，并将互连信号中的0V工作地与连接器的金属外壳在PCB的信号输入/输出端直接互连。在不能互连时，可通过电容互连。

2）对于接地设备，要将金属板接大地。这样就可以引导共模瞬态干扰电流从互连连接器的外壳和电缆的屏蔽层流过，避免共模干扰电流流过互连连接器和互连排线电缆中的高阻抗地连接线而产生瞬态压降。

3）如果只采用非金属外壳互连连接器和非屏蔽电缆，如非屏蔽的带状电缆，那么推荐采用一块额外的金属板连接在互连连接器和非屏蔽电缆的两端，并将互连信号中的0V工作地与金属板在PCB的信号输入/输出端直接互连。在不能直接互连时，可通过旁路电容互连。对于接地设备，要将金属板接大地。

4）对于以上不能接大地的系统，必须对所有互连的电路或设备进行滤波处理。

关注产品中PCB之间的互连线，它是产品中EMC问题最突出的地方。产品的架构设计时避免共模干扰电流流过产品中PCB之间的互连线才是解决此类EFT问题的最好方法。

EFT设计强调干扰是由外部来的，对电子产品或设备形成的干扰。其优化的设计如下。

（1）信号电缆采用屏蔽设计　从试验方法可知，干扰脉冲耦合进信号电缆的方式为容性耦合。消除容性耦合的方法是将电缆屏蔽起来，并且接地。

因此，用电缆屏蔽的方法解决电快速脉冲干扰的条件是电缆屏蔽层能够与试验中的参考地线层可靠连接，如果设备的外壳是金属并且接地的设备，则这个条件容易满足。

当电子产品及设备的外壳是金属的，但是不接地时，屏蔽电缆只能对电快速脉冲中的高频成分起到抑制作用，这是通过金属机壳与地之间的分布电容来接地的。如果电子产品及设备是非金属机箱（外壳），则电缆屏蔽的方法效果并不明显。

（2）信号电缆上安装共模扼流圈　共模扼流圈实际是一种低通滤波器，根据低通滤波器对脉冲干扰的抑制作用，只有当电感量足够大时，才能有效果。当扼流圈的电感量较大时（往往匝数较多），分布电容也较大，扼流圈的高频抑制效果降低。而电快速脉冲波形中包含了大量的高频成分，因此，在实际使用时，需要注意调整扼流圈的匝数，必要时可以用两个不同匝数的扼流圈串联起来，兼顾高频和低频的要求。

（3）采用双绞线作为设备的信号电缆　在设备信号线接口处（即靠近设备的一端）加套铁氧体磁环，并将加磁环的信号线绕制3圈及以上，对于抗干扰能力不是太弱的电子产品及设备来说，这种措施的效果相对较好。

（4）信号电缆上安装共模滤波电容　采用这种滤波方法比扼流圈具有更好的效果，但是需要金属机箱（金属外壳）作为滤波电容的地。另外，这种方法会对差模信号有一定的衰减，在使用时需要注意对有用信号的影响。

（5）对敏感电路局部屏蔽　当电子产品及设备的壳体/机箱为非金属壳体/机箱，或者电缆的屏蔽和滤波措施都不易实施时，干扰会直接耦合进电路，这时只能对敏感电路进行局部屏蔽，屏蔽体应该是一个完整的六面体。

5. EFT 的设计技巧总结

1）改变干扰电流路径，不让干扰电流流向敏感电路。

2）尽可能快速地把共模干扰泄放到大地（参考接地板通道）。

3）加大干扰信号对设备电路，特别是敏感电路的共模阻抗。

4）减少 PCB 设计单板的环路面积，减少 EFT 干扰空间耦合的可能性。

PCB 电路板关键及敏感信号的设计技巧是改变阻抗及环路面积，有以下三种途径：

1）加大阻抗：通过增加共模电感、磁环器件（干扰信号入口位置）。

2）减小阻抗：通过对地施加电容（滤波旁路策略）。

3）减小环路：优化 PCB 设计走线，减小对地环路（优化信号与地回路面积）。

4.3　ESD 静电放电的分析设计

静电是物质在运动过程中，电荷失去平衡所呈现出来的一种状态，失去电子的一方带正电，获得电子的一方带负电。在带电物体的周围存在电场，通过电场的作用，会对其周边的物体产生感应从而使周边物体产生极化带电，即物体的一部分带正电，另一部分带负电。

在物联产品或电子设备中，当电子电路中存在电路或器件的电压高达 1000V 及以上时，在高压器件及电路的周围就会产生很强的电场，很容易使导体周围的空气产生电离带电，当空气中带电的正负离子碰上其他物体时，其他物体也会带电，相当于两个孤立的电容之间的相互充放电。

当两种不同性质的物体接触在一起时，由于物质中原子外层电子的能级不同（动量不同），在其接触的界面处就会产生接点电位差（电子运动轨迹偏离原中心）并产生势垒电荷；当把接触在一起的两种物体分离时，因两种物体中偏离中心运动电子都无法回到原来的宿主，从而使两个物体都带电，这样就产生了静电。

4.3.1　问题分析

1. 静电的产生与危害

静电放电是一种自然现象，当两种不同介电强度的材料相互摩擦时，就会产生静电荷，当其中一种材料上的静电荷积累到一定程度，再与另外一个接地的物体接触时，就会通过这个物体到大地的阻抗而进行放电。静电放电及其影响是电子设备的一个主要干扰源。经验表明，人在合成纤维的地毯上行走时，通过鞋子与地毯的摩擦，只要行走几步，人体上积累的电荷就可以达到 10^{-6} C 以上（这取决于鞋子与地毯之间的电阻），在这样一个"系统"里（人－地毯－大地）的平均电容约为几十至上百 pF，可能产生的电压要达到 15kV。研究不同的人体产生的静电放电，会有许多不同的电流脉冲，电流波形的上升时间在 100ps～30ns 之间。由于静电的存在，使人体成为对电子设备或爆炸性材料的最大危害。电子工程师们发现，静电放电多发生于人体接触半导体器件的时候，有可能导致数层半导体材料的击穿，产生不可挽回的损坏。静电放电以及紧跟其后的电磁场变化可能影响电子产品及设备的正常工作。

2. 静电干扰的失效原理

静电放电已经成为电子工业技术中的隐形杀手。由于电子行业的迅速发展，体积小、集成度高的器件得到大规模的设计制造及应用。随着纳米技术的日益发展，集成电路的集成密度越来越高，从而导致导线间距越来越小，绝缘膜越来越薄，相应的耐静电击穿电压也越来越低；另一方面，一些表面电阻率很高的高分子材料，如塑料、橡胶制品的广泛应用及现代生产过程的高速化以及人体的活动，使静电累积到很高的程度，具备了可怕的破坏性。可产生以下失效状况：

1）静电吸附，静电放电引起的器件击穿。

硬击穿：一次性造成芯片介质击穿、烧毁等永久性失效。

软击穿：造成器件的性能劣化或参数指标下降而成为隐患。

2）静电感应，静电放电时产生的电磁脉冲。电磁脉冲导致电路出现错误，电子产品及设备工作时误动作。

3）过电流的热效应模型。

当静电的电荷接触器件并通过器件对地放电时，静电电流在 pn 结上必然产生焦耳热并引起结温升，结温升超过材料的本征温度，形成不稳定的热斑甚至产生热击穿，其平均温度在 650～700℃，核心温度可达到硅的熔点 1415℃。对 pn 结而言，正向放电时的耐击穿能量比反向放电时要大，这是因为 pn 结与体电阻上能量消耗相比功率密度更小，因此温度上升少。在反向放电时，电流集中在结的边界部位，其功率密度大，温度上升也多。

因静电的破坏，器件内部体会产生电桥。一般来说器件内部布线材料铝的熔点是 660℃，铜的熔点是 1083℃。在静电放电的瞬间，电路中会产生 3000℃以上的热量，超过了熔点的铜和铝等布线融化，从而产生了电桥，将该布线引起短路或断线，使电路发生故障。

由于产品的小型化和薄型化，使电路变得微小化，布线之间的间隔很短，这也是导致静电放电故障的一大因素。

器件失效表现为 EOS 的结论：

1）静电放电损坏半导体器件：器件性能降级或损坏。

2）突发性失效：电路参数明显发生变化，功能可能丧失，有永久性破坏，这种失效容易检测。

3）潜在性失效：器件性能的部分退化，不影响应有功能，但生命周期缩短，这种情况不易检测。

3. 静电放电的测试

通用的测试标准 GB/T 17626.2—2018 描述的是在低湿度环境下，通过摩擦使人体带电。带了电的人体在与设备接触过程中就可能对设备放电。静电放电抗扰度试验模拟了两种情况：

1）设备操作人员直接触摸设备时对设备的放电，以及放电对设备工作的影响。

2）设备操作人员在触摸邻近设备时，产生对所关心这台设备的影响。

其中第一种情况称为直接放电（直接对设备放电）；第二种情况称为间接放电（通过对邻近物体的放电，间接构成对设备工作的影响）。

静电放电可能造成的后果如下：

1）通过直接放电，引起设备中半导体器件的损坏，从而造成设备的永久性失效。

2）由放电（可能是直接放电，也可能是间接放电）引起的电磁场变化，造成设备的误动作。

4. 产品静电干扰分析

模拟实际的情况，静电放电有两种，第一种是直接放电，第二种是间接放电，直接放电是接触放电。

（1）静电传导。

1）直接对电子器件放电（集成或分立器件）。如图 4-26 所示，人体直接对半导体器件的放电容易发生在实际产品的生产过程中。在进行产品分析时，如果能从产品外壳看到 IC 的引脚到外壳还很近，比如一个塑料壳的产品上面有散热孔，这时发现在产品塑料外壳散热孔的附近芯片 IC 引脚离散热孔很近，静电就可以打到上面去，这是要注意的。对于塑料外壳产品，要确认塑料结构件表

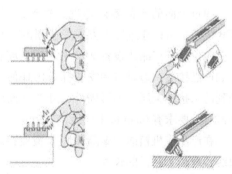

图4-26　直接对半导体器件的 ESD 放电

面缝隙到内部导体之间的空气距离是否足够来防止 ESD 的击穿。任何空气空间的存在都可以使 ESD 向电子设备的内部金属导体或电路放电产生 ESD 电弧。

2）直接对电子产品或设备放电。如图 4-27 所示，通常要对电子产品中裸露的金属导电体进行静电放电。假如产品中有 USB 接口，USB 接口引脚到产品的 PCB 板

实际上都是比较近的，人手可能摸到 USB 的金属体，如果电子电路 PCB 里面的差分信号线没有设计防护器件，那么连接 USB 口的功能单元是很容易损坏的。

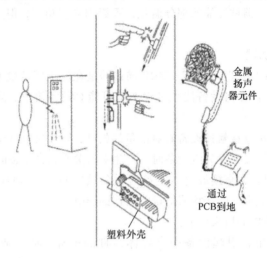

金属扬声器元件

通过 PCB 到地

塑料外壳

图 4-27　直接对电子产品或设备的 ESD 放电

注意：这时裸露在外部的引脚要重点考虑防静电。

物联产品中有的要求是需要对连接器件引脚进行放电，插接连接器有很多的线束，线束里面就会有寄生电容，这个电容会充电，在线束安装的时候会放电到相连接的 IC 芯片的引脚上去。如图 4-27 所示，对于操作方面的所有开关、复位按钮、指示灯都是要进行直接放电测试的。

通过上面的产品实际情况，在产品设计方面，有时就需要利用距离保护内部 PCB 电路。可以通过以下方式来达到击穿电压大于测试电压的抗 ESD 环境。

确保电子产品或设备 ESD 放电点的路径长度以及关键器件与电路有足够的距离，比如产品接缝、通风口和安装孔在内任何 ESD 电弧能够接触到的点。还有人体能接触到的未接地金属，如紧固件、开关、操纵杆和指示器等。在进行 8kV 的空气放电测试时，要求有 6mm 以上的距离。

在产品或机箱内用聚酯薄膜来覆盖接缝及安装孔，这样就延伸了接缝或过孔的边缘，增加了路径的长度。

用金属帽或屏蔽塑料防尘盖罩住未使用或很少使用的连接器。

使用带塑料轴的开关和操纵杆，将塑料套放在上面来增加路径长度。

将 LED 和其他指示器装在设备内孔里，从而延伸孔的边沿或使用导管来增加路径长度。

塑料机箱中，靠近电子设备或不接地的金属紧固件不能突出在机箱中。延伸薄膜键盘边界要超出金属线足够的距离，如 8kV 的空气放电要至少 6mm 的安全距离。

3）直接放电电流路径分析。如图 4-28 所示，根据电流返回其信号源是有回路的。在电磁兼容设计中的信号源要重点关注其回路。图中静电放电也是有回路的，分析如下：

如图 4-28a 所示，人体放电模式下，电子产品及设备有机壳并且有接地，静电电流路径应该从外壳泄放。假如机壳没有搭接好，即使接地了，它放电时也会走内部电路，这并不是设计中所期望的电流路径。

如图 4-28b 所示，人体放电模式下，电子产品及设备没有接地，它仍然有泄放路径，它要通过寄生电容到地的电流路径。

举例说明：如果手机产品没有接地它就没有放静电吗？不是的。电流路径可以是分布电容，也可以泄放静电电流。在试验测试时对手机进行静电放电，放到最后放不了了，这是什么原因呢？刚开始手机是 0V，对它进行 8kV 的测试，进行放电，它就会从 0V 充电到 8kV，电容充满后手机壳体是 8kV，测试的静电枪也是 8kV，这时电动势就会相等，就没有放电电流了。这时是等电位了，如果继续形成电流通道放电就需要有电位差，两边的电动势一样时它就没有必要流动了。因此设备没有接地，就说明上面的模型是通过分布电容进行泄放的。

如图 4-28c 所示，人体放电模式下，电子产品或设备自身带电，人体不带电，如果设备电压比人体电压高，那么电流就会反向给人体放电。路径与图 4-28b 所示原理是一样的。

这也说明静电的路径是如何泄放的，这个理论模型有助于通过电路电流的路径来分析 ESD 的问题。

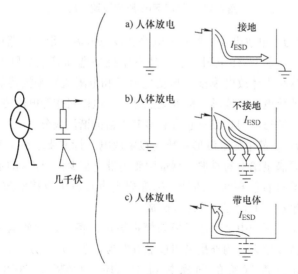

图 4-28 ESD 的放电电流路径分析

（2）静电辐射。

1）间接放电。其实质是一个带电物体接近一个电位不相等的导体或接地体时，带电物体上的电荷会通过另一个导体或接地体泄放，这也是空气静电放电现象。随着放电现象的发生，产生的干扰也随之对内部电路产生影响。也许有些产品在进行间接放电时不一定会使测试失败，但也会存在一些风险。

当放电现象发生时，由于静电放电波形具有很高的幅度和很短的上升沿，所以就会产生强度大、频谱宽的电磁场，通过电磁场耦合对被放电的电子设备、电路或者器件造成电磁干扰。

磁场耦合：磁通变化产生感应电动势。

电场耦合：产生容性电流（位移电流）。

静电放电的模拟测试及波形如图 4-29 所示。

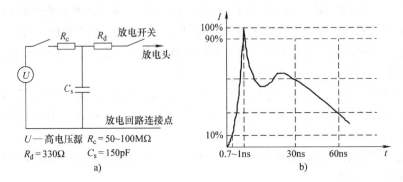

图 4-29 ESD 测试原理及波形图

图 4-29 所示为静电放电发生器基本电路和放电电流波形。电路中的 150pF 电容代表人体的储能电容，330Ω 电阻代表人体在手握钥匙和其他金属工具时的人体电阻。标准认为用这种人体放电模型（包括电容量和电阻值）来描述静电放电是足够严格的。从图中的放电电流波形（标准规定是放电电极对作为电流传感器的 2Ω 电阻接触放电时的电流波形）可以预见它含有极其丰富的谐波成分。

如图 4-30 所示，静电放电波形参数（接触放电）标准要求在 4 个不同电压下进行测量，其参数要满足图中的要求，测量中要用带宽至少为 1GHz 的示波器。

静电放电试验有直接和间接两种。标准规定直接放电以接触放电为首选方式，只有在不能用接触放电的地方才改用气隙放电。

对于间接放电，标准中采用金属板来模拟被试设备附近的放电物体。由于是金属板，所以对间接放电无一例外是采用接触放电为首选的放电方式。

静电放电抗扰度试验的国家标准为 GB/T 17626.2—2018（等同于 IEC 61000-4-2）。

间接放电时，电流会对周围造成影响，形成一种感应模式。根据脉冲波最高谐

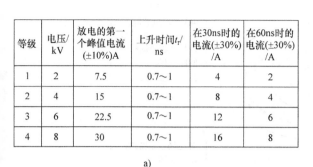

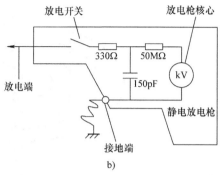

等级	电压/kV	放电的第一个峰值电流(±10%)A	上升时间t_r/ns	在30ns时的电流(±30%)/A	在60ns时的电流(±30%)/A
1	2	7.5	0.7~1	4	2
2	4	15	0.7~1	8	4
3	6	22.5	0.7~1	12	6
4	8	30	0.7~1	16	8

a)

b)

图 4-30　ESD 测试等级及波形参数

波频率计算式（4-9），$f = 1/(\pi t_r)$ 以及图 4-29 所示 ESD 测试原理及波形图，约有 0.7ns 的前沿上升时间，其频谱范围可以达到数百 MHz，稍微长一点的电路中的导体都可能形成有效的耦合。通常有四种方式可能影响到电子产品或设备。

第一，静电放电测试时，初始的电场能容性耦合到表面积较大的电路板回路上，并在离 ESD 电弧 10cm 处产生高达几千伏每米的高电场。

第二，静电放电测试时，电弧注入的电荷、电流会让敏感元器件出现损坏和故障。比如，穿透元器件内部的绝缘层，损坏 MOSFET 和 CMOS 器件的栅极；让 CMOS 器件中的触发器锁死；短路反向偏置的 pn 结；短路正向偏置的 pn 结；产生瞬态高温熔化有源器件内部的焊接线或铝线。

第三，电流会导致电路中的导体上产生电压脉冲（$U = L\mathrm{d}i/\mathrm{d}t$），这些导体可能是电源或地、信号线，这个电压脉冲将进入电路板中的这些回路及相连的每一个电路元器件。

第四，静电放电测试时，电弧会产生一个频率范围在 10～400MHz 的强磁场，并感性耦合到长的信号线上，这些信号线起到了接收天线的作用。

因此，静电放电的过程是一个高频能量的释放与传输过程，在传输路径中一切敏感的电子电路或元器件都将受到干扰，引起设备的误动作。可以通过简化的磁场、电场模型进行分析。

2）磁场耦合简化模型。图 4-31 所示为一个简化静电放电电流磁场耦合的模型。图中间是一个静电电流，这个电流最大为几十安培，假如静电放电枪对一个电子产品或设备的金属外壳放电，产品内部有 PCB 电路板，外壳有 I_{ESD} 电流，那么在它的周围就会有磁场。在其距离 d 位置的磁场关系由式（4-10）计算。

$$H = I/(2\pi d) \tag{4-10}$$

式中，H 为磁场强度，单位为 A/m；d 为距离发射场的距离，单位为 m。

如果在 PCB 上有一个面积为 S 的信号回路，那么它在一个已知的磁场中可以通过式（4-11）计算感应电动势 U。

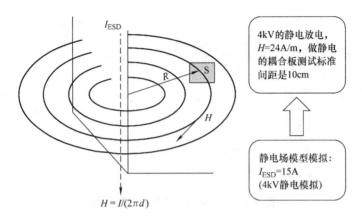

图 4-31　ESD 测试的磁场耦合模型

$$U = S\mu_0 \Delta H / \Delta t \tag{4-11}$$

式中，H 为磁场强度，单位为 A/m；U 为感应电压，单位为 V；μ_0 为自由空间磁导率，$\mu_0 = 4\pi \times 10^{-7}$ H/m；S 为回路面积，单位为 m^2；Δt 为静电测试的尖峰电流的上升时间，$\Delta t = 1\text{ns}$。

静电放电 ESD 测试时所产生的 ESD 电流还伴随瞬态磁场，当这种时变的磁场经过电路中的任何一个环路时，该环路中都会产生感应电动势，从而影响环路中的正常工作电路，这是一种差模耦合。

假如，某电路的环路面积 $S = 2\text{cm}^2$，该环路离 ESD 测试电流距离 $d = 50\text{cm}$，ESD 测试时的最大瞬态电流峰值 $I = 30\text{A}$，那么距离 ESD 瞬态电流 50cm 处的磁场强度可以根据式（4-10）计算得出

$$H = I / (2\pi d) = 30\text{A} / (2\pi \times 0.5\text{m}) \approx 10\text{A/m}$$

面积为 S 的环路中感应出的瞬态电压为 U，可以根据式（4-11）计算得出

$$U = S\mu_0 \Delta H / \Delta t; \mu_0 = 4\pi \times 10^{-7}\text{H/m}; \Delta t = 1\text{ns}$$

$$U = 0.0002 \times 4\pi \times 10^{-7} \times 10 / 1 \times 10^{-9}\text{V} \approx 2.5\text{V}$$

从计算结果看，2.5V 与电路中的正常工作电压相比，这是可能会导致电路误动作的干扰电压。

此时，值得注意的是，此案例的计算结果基于被干扰电路的环路面积为 2cm^2，实际产品设计时，要实现环路面积远小于这个值，并非难事。因此，在进行实际设计时要注意这种干扰模型的存在，以及这种 PCB 布局布线带来的设计影响。

假如 IESD = 15A，测试电压为 4kV，参考图 4-30 所示的测试标准，其在不同位置 R/d 及环路面积 1cm^2（这个环路面积在电路板上比较常见）时计算实际的感应电压 U，分析见表 4-4。

表4-4 $S=1\text{cm}^2$不同距离下的感应电压U

R/d	H	U（1cm^{2}环路面积）	
		1ns（上升时间）	5ns（上升时间）
3cm	80A/m	10V	2V
10cm	24A/m	3V	0.6V
30cm	8A/m	1V	0.2V

如简化模型图4-31所示，在表4-4中，进行4kV的静电测试时，它的IESD电流最大值为15A。按测试标准，静电的耦合板测试间距一般是10cm，产生的磁场强度是24A/m。静电放电测试的上升沿是1ns，假如是1cm^{2}的回路面积，它产生的电压是3V，数字电路低于0.8V是低电平，超过2V就是高电平，这就会造成程序的工作异常，这时回路面积设计就很关键。

当无法改变回路面积的优化设计时，增大静电放电的绝缘距离也可以降低感应电压U，在表中当静电场到环路面积的距离为30cm时，产生的磁场强度是8A/m。静电放电测试的上升沿是1ns。假如是1cm^{2}的回路面积，它产生的电压是1V，这时电路工作异常的风险将降低。

注意：防止静电干扰直接耦合进PCB的一个有效方法是将静电干扰信号用接地金属体直接导引到大地。在放电点与产品金属结构接地点之间如果不是一个导电整体的情况，就要特别注意其连接处的导电连续性，这时需要完整地分析测试产品及设备系统的静电放电的电流路径模型。通过分析系统的电流路径及分布电容的耦合特性找到影响电子产品或设备的内部电路。

3）电场耦合电流路径简化模型。当静电放电现象发生在EUT中被测部位时，ESD放电电流也将随之产生，通过另一种思路，分析这些ESD放电电流的路径和电流大小具有极其重要的意义。注意：ESD接触放电电流波形的上升沿时间在1ns以下，意味着ESD是一种高频现象。ESD放电电流路径与大小不但受EUT的内部实际连接关系（这部分连接主要在电路原理图中体现）影响，而且还会因高频现象受各种分布参数的影响（ESD电场辐射的影响实质上是可变电压通过分布电容引起电流）。

当ESD电流上升时间少于1ns，放电电流通过时，会导致导体上产生电压脉冲$U=L(\mathrm{d}i/\mathrm{d}t)$。电路中的导体可能是电源线、地线或信号线。这些电压脉冲会进入电路中的每一个电子元器件。同时，放电电弧及流过导体的放电电流会产生一个频率范围在10~400MHz的强磁场，并感性耦合到邻近的每一个布线环路。根据测试，在离ESD电弧10cm远的地方将产生高达数十A/m的磁场。电弧辐射的电磁场也会耦合到长的信号线上，这些信号线起到了接收天线的作用。

图4-32所示为物联产品进行ESD测试时的ESD放电电流分布路径图。图中的

C_{P1}、C_{P2}、C_{P3}分别是放电点与内部电路之间的寄生电容、电缆与参考接地板之间的寄生电容和 EUT 壳体与参考接地板之间的寄生电容。电路中分布电容的大小会影响各条路径上的 ESD 电流大小。

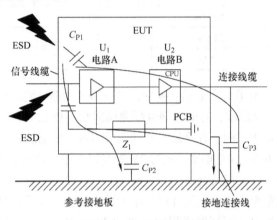

图 4-32　ESD 测试的电流路径模型

图中 C_{P3} 的电流，即其中的一条 ESD 电流路径包含了产品的内部工作电路，那么该产品在进行 ESD 测试时就会受 ESD 的影响。这种流过产品内部工作电路的 ESD 共模电流越大，干扰就越大，反之干扰越小。当静电放电现象发生在产品中的测试部位时，ESD 放电电流也将随之产生，分析这些 ESD 放电电流的路径和电流大小具有重要的意义。ESD 测试是一种高频且以共模为主的抗扰度测试，这是因为 ESD 电流最终总是要流向参考接地板。对于产品来说，如果有一条 ESD 电流路径包含了产品的内部工作电路，那么该产品在进行 ESD 测试时受 ESD 的影响就会很大。如果产品的设计能避免 ESD 的共模电流流过产品内部电路，那么这个产品是能通过 ESD 试验测试的。

可见，产品的设计如果能避免 ESD 共模电流流过产品内部电路，那么就意味着这个产品的抗 ESD 干扰的设计是成功的。

结论：静电是否被泄放与产品是否受 ESD（静电放电）干扰无关，ESD 干扰是一种瞬态共模干扰，频率达数百 MHz；ESD 电流流过 PCB 是电路受干扰的主要原因。ESD 共模电流产生的磁场会与电路中的环路引起差模耦合，从而出现工作异常。

4）容易受干扰的信号种类分析。在电路中接口信号的逻辑状态可能会改变；在电路中复位信号、开关信号可能引发复位重启；在数字电路中的高频晶振晶体引脚的干扰可能会导致晶振及锁相环电路的故障；在 PCB 布局布线层电源平面地平面的扰动会引起芯片内部逻辑寄存器状态异常；错误的数据信号、地址信号、控制信号被读取，可能导致 MCU/CPU 系统的工作异常；数据及控制器 IC 复用引脚的功能没有被正确锁定，干扰信号可能导致工作状态转换等。

4.3.2　设计技巧

　　静电放电 ESD 的设计技巧可以从分析静电放电的回路路径开始，通过以下路径来分析 ESD 是如何进入电路板，或者是如何耦合到 PCB 单板电路的设计问题。

　　（1）ESD 进入电路第一种方式①　如图 4-33 所示，I/O 引脚如果没有保护，就会造成 U_1 的静电损坏，目前芯片的集成度越来越高，虽然芯片都有耐静电的能力（如几百伏），但是当 4kV 或者 8kV 的 ESD 进入 U_1 时，这个 IC 就可能会损坏，因此对端口都要有静电 ESD 保护，比如增加高分子材料 TVS 等保护器件。

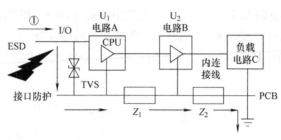

图 4-33　ESD 测试的内部电路有 TVS 电流路径模型

　　TVS 是利用反向击穿原理来进行过电压保护的一种特殊二极管，TVS 抗浪涌能力很强，工作电压和启动电压低，同时瞬变响应时间也比较短，且有较小的结电容。因此 TVS 器件是电子产品内部 PCB 上较理想的保护器件。比如器件 P6KE05 的典型击穿启动电压为 6V 左右，峰值功率为 600W（瞬时功率），结电容为 2～5pF，响应时间为 10ps 左右。在图 4-33 中进行 ESD 测试时，假如使用该型号的器件，则该 TVS 被反向击穿，与 GND 之间形成泄放回路。

　　根据静电放电对设备的影响分析，电流会导致电路中的导体上产生电压脉冲 $[U=L(\mathrm{d}i/\mathrm{d}t)]$，这些导体可能是电源或地、信号线，这个电压脉冲将进入电路板中的这些回路及相连的每一个电路元器件。为了方便分析设计，假设测试静电放电的峰值电流为 20A（按产品测试标准实际值可能大于该值），再假设 ESD 路径上存在 10nH 的寄生电感，那么运用公式 $U=L(\mathrm{d}i/\mathrm{d}t)$，经过 TVS 的峰值电压 $U=L(\mathrm{d}i/\mathrm{d}t)=(10\times20/1)\mathrm{V}=200\mathrm{V}$，$\mathrm{d}t$ 为静电放电的电流上升时间 1ns。

　　通过 TVS 后，流过工作地的电流由式（4-12）计算。

$$I = C\mathrm{d}u/\mathrm{d}t \tag{4-12}$$

式中，C 为放电点到接地端子的接地互连线与工作地之间的分布电容，假设 $C=2\mathrm{pF}$；U 为电路中导体上产生的脉冲电压，单位为 V；$\mathrm{d}t$ 为静电放电的电流上升时间，$\mathrm{d}t=1\mathrm{ns}$。

　　流过工作地的电流 $I=C\mathrm{d}u/\mathrm{d}t=2\times10^{-12}\times200/1\times10^{-9}\mathrm{A}=0.4\mathrm{A}$。

　　当有 0.4A 以上的电流流过工作地（如图 4-33 中 Z_1 的工作地平面不是很完整）

时，存在一定的阻抗，假设由于过孔的原因存在 1cm 长的缝隙，则大概有 10nH 的寄生电感 L_{Z1}。

此时在 Z_1 两端产生的压降 $\Delta U = L_{Z1} \mathrm{d}i/\mathrm{d}t = 10 \times 10^{-9} \times 0.4/1 \times 10^{-9}\mathrm{V} = 4\mathrm{V}$。

这个 4V 的电压对于数字逻辑电平来说足够造成误动作，而此电压也是较低的估计值，实际上可能会产生更大的压降。

（2）ESD 进入电路第二种方式② 如图 4-34 所示，在进行实际测试时有的产品 ESD 打到金属外壳，金属外壳有接地，这样就打到地，也就是②的路径方式。还有一种是通过①的器件应用 TVS 设计，ESD 电流路径还是会流到地线上来。假如设备远端接地，ESD 测试时电流为几十安培，上升沿很短（1ns），如果地线上有阻抗 Z_1，这时在两点之间就会形成电压 V；因此会导致地上有地电位差，此时就会让系统出现故障。假如 U_2 是个 CPU 系统，U_1 有通信功能，就会导致这个系统的复位或者出现通信故障。

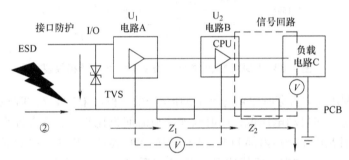

图 4-34　ESD 测试的内部电路地电流路径模型

注意：第二种方式是因为静电电流路径到了地上，同时地上有接地阻抗，导致系统复位（ESD 通过传导的方式影响系统）。

产品结构设计时，要避免干扰共模电流流过电路板的工作地平面，如果不能避免共模电流流过，那么要保证工作地平面尽量完整，即地平面阻抗足够低。一般没有过孔、没有缝隙的完整地平面的阻抗在 $4\mathrm{m}\Omega$ 左右，对于大于 0.8V 的高电平系统，它至少可以承受 200A 的共模电流。

设计时，为了使设备能在静电放电测试时通过测试，最好的办法是让静电放电能量从良好的接地路径流走，而使设备的任何电路、器件和信号不受静电能量的直接干扰。

（3）ESD 进入电路第三种方式③ 如图 4-35 所示，静电放电时产生比较大的电磁场，在电磁场中电路 PCB 设计受回路面积影响。利用前面的结论：按测试标准静电的耦合板测试一般是 10cm 的间距，产生的磁场强度是 24A/m；静电测试的上升沿是 1ns，$1\mathrm{cm}^2$ 的回路面积产生的电压是 3V，即在磁场环境下 $1\mathrm{cm}^2$ 可能会产生 3V 的电位差，加在这个相关的设计回路中间，会导致这个系统的复位或者死机（ESD 通过辐射的方式影响系统)。

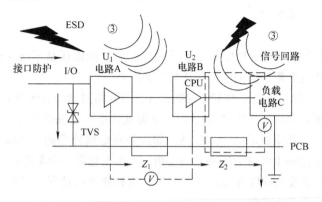

图4-35 ESD测试的磁场耦合电流路径模型

1. ESD防护基本的设计

针对①采取端口保护。

针对②采取电路PCB的布局布线的设计。

针对③采取电路PCB回路面积的优化设计或者屏蔽设计。

通过上面图4-33～图4-35所示的ESD静电放电在电子产品电路中的路径及简化模型可以进一步进行ESD设计的要点分析。

如果是接地的设备,接地设备还有金属外壳,那么在金属壳接地时,静电就会泄放到金属壳上去。图4-34中②的路径就会走金属壳体,它的影响就会很小了。同时注意当金属外壳本身存在不良搭接及孔缝,且有静电放电电流流过不良搭接及孔缝时,必然会产生电压降ΔU,此压降对接地的电路产生直接影响,即使不接地的内部电路也会因为容性耦合对电路产生影响。同时,如果孔缝尺寸与静电放电信号频率的波长可以比拟,则也会成为缝隙天线而发射静电放电电流的电磁能量。

对于③的路径,如果系统有屏蔽罩,则把③的回路都用屏蔽罩罩在里面。这时里面的电压V也会小,就可以解决问题。

如果产品是塑料外壳,则没有金属壳接地,这时就相当于产品及内部PCB单板在地上有分布电容C耦合到参考大地。假如起点开始时是0V,这个地回路的阻抗Z_1也等于0V。如果8kV静电从地上过来,那么在这个过程中肯定会有放电,此时对应的等效电流过来以后,如果阻抗是0Ω,那么这时系统也不会出现问题。如果测试ESD电压为8kV,则当寄生电容的充电达到8kV时,静电就不再进行泄放了。这时是测试的问题,通常在测试时会用一个毛刷把电荷清理掉,将ESD能量转移到0V再进行测试。

因此,对静电放电的泄放路径来说,必须保持低阻抗,否则可能有电弧通过电路形成更低阻抗的通路。高频时由于趋肤效应,阻抗会有所增加,可以通过增加表面积来解决这样的问题。前面有实践经验，具有长宽比小于 3 的完整金属平面可以很好地满足静电泄放要求。

总结：

1）当电路及 PCB 板的地阻抗足够低时，产品是接地还是不接地就变得不重要了。重要的是接地地阻抗的问题，设计时地阻抗要小。

2）对于①，接口还是要加 TVS 保护器件，就变相回到②的问题上来了。电流会从地上过来，因此关键还是要 Z_1 的地阻抗足够低，也就是说塑料外壳产品不管接不接地，关键都是地低阻抗的问题。当然，如果是有金属外壳的产品或设备通过金属外壳泄放静电电流而不经过 PCB 单板内部电路，那么这是一种非常好的设计。

3）在 PCB 单板上有地电位差就会引起复位和死机的情况，因此 PCB 单板的地走线的低阻抗是非常重要的。

2. ESD 防护设计参考及注意事项

1）常用端口的保护原理图如图 4-35 所示，信号线采用双向 TVS 防护，注意结电容的影响。端口加器件保护，在 PCB 布线时防护器件放在端口，还要注意走线的长短问题。

2）结构屏蔽方面，很多的射频电路、CPU 电路、DDR 电路都要做屏蔽设计。

3）电子产品中如使用金属连接器则需要在结构上进行 360°搭接。

在图 4-36 中，当物联产品使用金属连接器时都采用了 360°搭接的设计方法，在图 4-36a 中有两个设计细节，上面有一圈金属铜接地，这样做的目的是 ESD 设计将 ESD 测试引到产品外壳上去，产品的地设计通过螺钉连接到设备的外壳，如果 ESD 测试静电泄放还不彻底，测试则需要通过这个 360°的金属铜接地，可以进一步防护 ESD 影响连接器里面的插针通信。360°的金属铜接地是要让静电电流快速流向结构外壳。

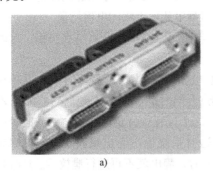

a)   b)

图 4-36　金属连接器的 ESD 设计

图 4-36b 所示为通用的计算机的主板，在 USB 上面还有金属簧片，同样的情况进行 ESD 测试静电要从外壳泄放，金属周边有电路，一定要让 ESD 电流泄放到外部

再通过壳体泄放。采用360°搭接不仅对 ESD 设计有好处，同时对产品的传导和辐射发射也有好处。

4）键盘或按键结构的 ESD 防护设计，结构设计防静电设计技巧。如图 4-37 所示，当部分产品结构操作部分与实际的 PCB 电路部分距离较近时，通常会有按键操作失灵的情况，上面的设计有很好的参考价值。假如一个物联产品是塑料壳的设计，在图中假如人手带静电 8kV，且 PCB 单板上有一个焊盘靠近按键，这时就会有静电 ESD 释放到这个焊盘走线上来。根据经验数据，人手指 1kV 的静电放电的最短安全距离是 1mm。即手指的 1mm 距离不能让 1kV 的静电产生放电电流路径。测试 ESD 的电压为 8kV，这时距离要求为 8mm 才是安全距离，就相当于要增加绝缘距离。

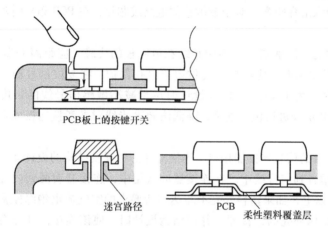

图 4-37　按键的 ESD 设计

图 4-37 中采用优化的方式或者在结构上加一个绝缘的垫，这时释放 ESD 电流路径就比较远。设计这类中间镂空的按键时，可以设计成迷宫结构，对 ESD 来说就是非常好的设计方法。

3. ESD 防护设计技巧

（1）ESD 传导路径的设计　静电电流。

1）尽可能不从产品电路板的内部 PCB 泄放电流。

2）减小产品电路传导路径上的压降，减小地阻抗。

3）疏导、减小静电电流。

（2）ESD 辐射路径的设计　静电产生的场。

1）提高产品结构的屏蔽效能。

2）PCB 埋层设计避免场的耦合。

3）减小电路板 PCB 单板信号电流回路面积。

（3）静电放电 ESD 的设计技巧总结。

1）把干扰泄放到大地或者对地阻抗最小的点上。防止静电干扰直接耦合进 PCB 的一种有效方法是将静电干扰信号用接地金属体直接导引到地，如果放电点与接地点之间不是一个导电整体，则设计好其连接处的导电连续性。具有长宽比小于 5 且没有任何缝隙、通孔的单一金属导体具有良好的电连续性。

2）减小干扰进入 PCB 内部电路的能量。对于 PCB 上的金属体，一定要直接或间接接到地平面上，不要悬空。

3）增加被干扰电路的高频阻抗。减小静电电流。

4）对敏感的器件或电路进行防护，采取屏蔽措施。在信号线上并联旁路电容，并在 PCB 上将此旁路电容放置于靠近芯片的信号引脚处。

5）加强绝缘击穿距离。对于较敏感的电路或芯片，在 PCB 布局时尽量远离 ESD 放电点。

6）电路中的复位敏感信号不能布线在电路板的边缘，应距离 PCB 边缘 1cm 以上。在设计复位电路时，应考虑对复位电路进行保护，在复位信号输入引脚上并联旁路电容，容值推荐 $0.01\mu F$。PCB 设计时尽量减小敏感信号线的长度。对布置在 PCB 边缘的 PCB 走线进行包地处理，降低该 PCB 走线对参考接地板或金属外壳之间的寄生电容。

7）对于设备的信号连接器接口，连接器件的选择及结构的设计要避免静电放电干扰信号直接耦合到信号线中。在连接器的选用中，连接器表面到内部导体之间的距离应在 6mm 以上，如果塑料外壳不能达到所要求的空气放电绝缘距离的要求，就必须采用带有金属外壳的连接器，并在结构设计时，使该连接器外壳有良好的接地特性。

第 ⑤ 章

产品内部干扰问题

在同一电磁环境中，产品或设备应该能够不因为其他设备的干扰影响正常工作，第4章介绍了产品来自于外部的干扰问题。同时该产品也不应该对其他产品或设备产生影响工作的干扰，即产品内部器件或电路产生的电磁干扰问题；内部的电磁干扰一般分为两种，传导发射干扰和辐射发射干扰。

5.1 传导发射的分析设计

电子产品或设备的 EMI 传导发射的测试是通过电源端传输阻抗人工稳定网络 LISN 进行测试的。接收机接于 LISN 中的 $1k\Omega$ 的电阻与地之间，当接收机与 LISN 进行互连后，接收机信号输入端口本身的 50Ω 阻抗与 LISN 中的 $1k\Omega$ 电阻处于并联状态，其等效阻抗接近于 50Ω，由此可以看出电源端口传导干扰的实质就是测试 50Ω 阻抗两端的电压。LISN 主要有以下两个方面的功能：

第一方面功能：对于市电的工频输入成分，前面的 $50\mu H$ 的电感相当于短路；电容相当于开路，这样系统不会影响电路的正常工作。

第二方面功能：对于高频的杂讯信号，电感对高频信号源等效为开路；电容对高频信号源相当于短路；这样需要检测的杂讯源，也就是干扰源就会流到 50R – LISN 检测电阻上。

如图 5-1 所示，LISN 提供的是一个固定的市电输入阻抗，其为线性阻抗稳定网络，在电子电路中会运用 LISN 的线性阻抗网络进行电子电路传导干扰的测量。其传导的测试机理见图 5-1a 所示的测试等效电路图。当阻抗 50Ω 一定时，电源端口传导干扰的实质可以理解为噪声电流流过这个 50Ω 阻抗的电流大小。

5.1.1 产品中的差模电流和共模电流等效

在图 5-2 中，i_{CM1} 为共模电流；i_{DM1} 为差模电流；u_{DM1} 为差模电压；u_{CM1} 为共模电压；u_P 为相线对地之间电压；u_N 为中线对地之间的电压；i_P 为相线电流；i_N 为中线电流。

将流过相线和中性线的共模电流定义为 $i_{CM1}/2$，共模电流和差模电流与相线和中性线电流的关系由以下公式进行计算：

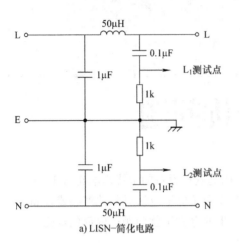

a) LISN-简化电路

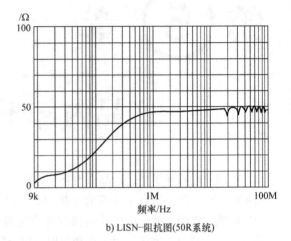

b) LISN-阻抗图(50R系统)

图 5-1　LISN 的测试阻抗等效网络

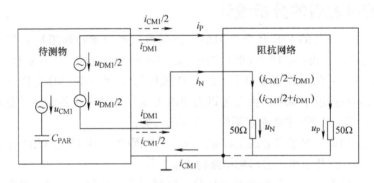

图 5-2　共模和差模定义示意图

$$i_P = i_{CM1}/2 + i_{DM1} \tag{5-1}$$

$$i_N = i_{CM1}/2 - i_{DM1} \tag{5-2}$$

通过式（5-1）和式（5-2）得出差模电流和共模电流的计算式（5-3）和式（5-4）。

$$i_{DM1} = (i_P - i_N)/2 \tag{5-3}$$

$$i_{CM1} = i_P + i_N \tag{5-4}$$

将差模电压定义为两线之间的电位差，将共模电压定义为两线对地电压的算术平均值。差模电压和共模电压与相线和中性线对地电压之间的关系表达式如下：

$$u_P = u_{CM1} + u_{DM1}/2 \tag{5-5}$$

$$u_N = u_{CM1} - u_{DM1}/2 \tag{5-6}$$

通过式（5-5）和式（5-6）得出差模电压和共模电压的计算式（5-7）和式（5-8）。

$$u_{\text{DM1}} = u_{\text{P}} - u_{\text{N}} = 50 \times 2i_{\text{DM1}} = 100i_{\text{DM1}} \tag{5-7}$$

$$u_{\text{CM1}} = (u_{\text{P}} + u_{\text{N}})/2 = 50 \times i_{\text{DM1}}/2 = 25i_{\text{CM1}} \tag{5-8}$$

在使用此种定义方式进行差模电压的预测、诊断和抑制时，LISN 的两个 50Ω 的电阻应该是串联在一起的，最终由 LISN 得出的差模电压应为 100Ω 上的电压。在进行共模电压的预测、诊断和抑制时，使用此种定义方式时的 LISN 共模等效电阻为两个 50Ω 的电阻并联，即 25Ω。

注意：如果将流过相线和中性线的共模电流定义为 i_{CM1}，而不是 $i_{\text{CM1}}/2$，那么在使用此种定义方式进行差模电压和共模电压的预测、诊断和抑制时，LISN 的差模等效电阻和共模等效电阻均为 50Ω。

1. 差模电流等效

如图 5-3 所示，将 LISN 的测试阻抗网络和测试产品或设备进行等效。使用此种定义方式进行差模电压的预测、诊断和抑制时，LISN 的两个 50Ω 的电阻是串联在一起的，最终由 LISN 得出的差模电压应为 100Ω 电阻上的电压。

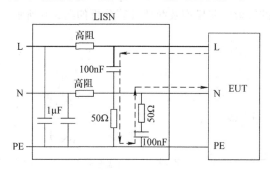

图 5-3 LISN 的差模测试等效

2. 共模电流等效

如图 5-4 所示，将 LISN 的测试阻抗网络和测试产品或设备进行等效。进行共模电压的预测、诊断和抑制时，使用此种定义方式时的 LISN 共模等效电阻为两个 50Ω 的电阻并联，即 25Ω。

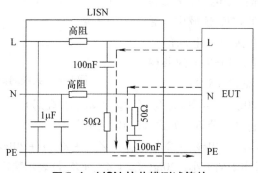

图 5-4 LISN 的共模测试等效

结论：通过差模和共模路径的等效电路，就可以对电路中的差模干扰和共模干扰进行分析，从而了解电路中的干扰源的噪声源头及噪声特性，便于对系统方案进行优化和设计。其主要是分析产品中流动的差共模电流，如果这种差共模电流是产品中流动的 EMI 差共模电流，那么当这种差共模电流流过 LISN 时就会有 EMI 传导发射的问题。

5.1.2 开关电源电路中的共模和差模等效

1. 开关电源电路共模等效

如图 5-5 所示，开关电源电路中开关电源的开关器件中，开关 MOS 管工作在高速开关状态（电压与电流高速循环变化），其 MOS 管的漏极是类矩形波（梯形波），梯形波电压存在比较高的谐波分量，同时在电路中，关键器件，比如开关 MOS、整流二极管关键走线等对地存在分布电容，其高频分量通过分布电容流到参考接地板再回到交流输入端及 LISN 网络，与电源线构成回路，产生共模干扰。为了便于分析，共模 EMI 传导的等效电路模型及简化计算分析如图 5-6 所示。

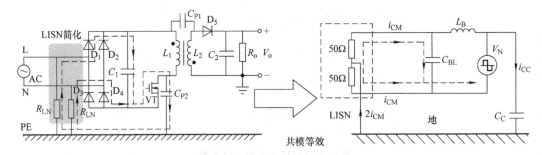

图 5-5　开关电源共模测试等效

在图 5-6 中，i_{CM} 为共模电流；V_{CM} 为 LISN 测试共模电压；Z_{loop} 为回路共模等效阻抗；C_C 为开关器件漏极对地的分布电容；V_N 为共模源信号电压；Z_{load} 为 LISN 的等效阻抗。在 EMC 领域中，通常用 dBμV 或 dBV 直接表示电压的大小，运用欧姆定律计算 LISN 上的共模电压并用对数表示，见式（5-9）。

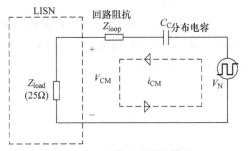

图 5-6　共模测试简化等效

$$201gV_{CM} = 201g[Z_{load}/(Z_{CC} + Z_{loop} + Z_{load})V_N] \tag{5-9}$$

将式（5-9）进行展开分析，如式（5-10）所示。

$$201gV_{CM} \approx 201gV_N - 201g(Z_{CC} + Z_{loop} + Z_{load}) + 201gZ_{load} \tag{5-10}$$

式中，$201g\ V_N$ 表示噪声源的大小；$201g(Z_{CC} + Z_{loop} + Z_{load})$ 表示噪声源信号路径阻抗的

大小；$20\lg Z_{load} = 20\lg 25$。通过计算公式可以得出 EMI 共模传导的优化措施可在噪声源及路径上进行设计（减小噪声源的幅度，增加回路的共模阻抗）。

2. 开关电源电路差模等效

如图 5-7 所示，开关电源中差模干扰主要是：由于开关管工作在开关状态，当开关管开通时流过电源线的电流逐渐（线性）上升，当开关管关断时电流突变为 0，因此流过电源线的电流为高频的三角波脉动电流。高频的三角波脉动电流含有丰富的高频谐波分量，随着频率的升高，该谐波分量的幅度会越来越小，因此差模干扰随着频率的升高而降低，共模则相反；随着频率的升高器件之间的分布电容变得关键，小的共模电流就会产生大的干扰。

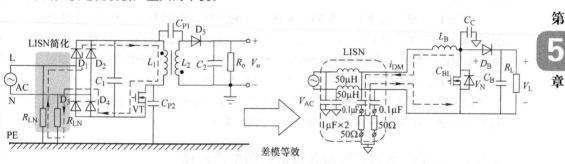

图 5-7 开关电源差模测试等效

为了便于分析，差模 EMI 传导的等效电路模型及简化计算分析如图 5-8 所示。

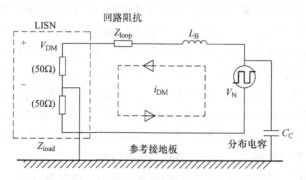

图 5-8 差模测试简化等效

在图 5-8 中，i_{DM} 为差模电流；V_{DM} 为 LISN 测试差模电压；Z_{loop} 为回路差模等效阻抗；C_C 为开关器件漏极对地的分布电容；V_N 为差模源信号电压；Z_{load} 为 LISN 的等效阻抗；L_B 为开关电源中变压器的一次电感。在 EMC 领域中，通常用 dBμV 或 dBV 直接表示电压的大小，运用欧姆定律计算 LISN 上的差模电压并用对数表示，见式（5-11）。

$$20\lg V_{DM} = 20\lg[0.5Z_{load}/(Z_{LB} + Z_{loop} + Z_{load})V_N] \tag{5-11}$$

将式（5-11）进行展开分析，如式（5-12）所示。

$$20\lg V_{DM} \approx 20\lg \quad V_N - 20\lg(Z_{LB} + Z_{loop} + Z_{load}) + 14\lg Z_{load} \tag{5-12}$$

式中，$20\lg V_N$ 表示噪声源的大小；$20\lg(Z_{LB} + Z_{loop} + Z_{load})$ 表示噪声源信号路径阻抗的大小；$14\lg Z_{load} = 20\lg 100$。通过计算公式可以得出 EMI 差模传导的优化措施，可在噪声源及路径上进行设计（减小噪声源的幅度，增加回路的差模阻抗）。对于开关电源系统，由于有感性器件（变压器一次电感 L_B），$Z_{LB} = 2\pi f L_B$，随着频率的升高，差模回路的阻抗增大，该谐波分量的幅度越来越小，因此差模干扰随着频率的升高而降低，共模则相反；随着频率的升高器件之间的分布电容变得关键，小的共模电流就会产生大的干扰。

为了分析方便，假设 $V_N = 300V$，系统中对地的分布电容为 0.1pF（一个比较小的估计值）。当频率为 150kHz 时，运用式（5-10）进行简化计算，通过转换公式 $dB\mu V = dBV + 120$ 可以得到 LISN 上传导干扰电压为 $1400\mu V$，这个值已经远远超过了标准 EN 55022 中规定的 B 类的限值（150kHz 时为 $630\mu V$）要求了。

因此，在有开关电源的系统中要重点关注电路中的导体及器件的分布电容耦合路径，在电路中分析共模电流是分析 EMI 问题的关键。

5.1.3　电子产品的差模与共模信号的电流路径

将电子产品或设备与 LISN 网络进行电路的等效，进行传导干扰的共模与差模信号的差模电流与共模电流路径分析。图 5-9 所示为通用产品开关电源系统的电路结构，功率开关管是开关电源中脉冲信号的关键器件。图中 U_{s1} 为开关电源电路中开关功率器件的噪声源电压，功率器件通常有较大的损耗，为了散热往往需要安装散热器。这时散热器就会成为电路中尺寸较大的导体，无论散热器与功率开关管的漏极是否直接相连，都会有分布电容的耦合。在这种情况下，散热器也就会成为电路中核心干扰的一部分。由于散热器面积较大，这类似于电路中尺寸较大的导体，使其很容易与其他相对应的 PCB 印制走线、器件、电源线、地平面等形成较大的寄生电容，比如图示中 C_{s1}、C_{s2} 等。在 EMC 考虑的频率范围内，这些看似很小寄生电容不可忽略，它们会形成如图 5-9 所示的共模电流路径通道。

如图 5-9 所示，差模电流是信号源的流入与流出；而共模电流。对于所有的电路板、关键器件、关键走线相对于参考接地板都存在分布电容，因此，信号源会将其高频谐波分量通过分布电容传递到参考接地板，再流到 LISN 网络与电源线构成回路，回到信号源端。从而形成了共模干扰电流源，同时信号源回路的回流路径形成的环路（大环形天线）形成对外的辐射干扰。在实际产品中有两种电流会流过这个 50Ω 的阻抗，一个是图中的 I_{DM}（差模电流），另一个是图中的 I_{CM}（共模电流）。无论是差模电流，还是共模电流，都会被 LISN 接收机测试与显示出来，而接收机本身无法判断是哪种电流引起的传导干扰，这需要设计者控制与分析。通过大量的实践数据，大部分的电源端口传导干扰问题产生于 I_{CM}（共模电流），分析其路径和大小对于解决 EMI 传导的问题有着重要的意义。

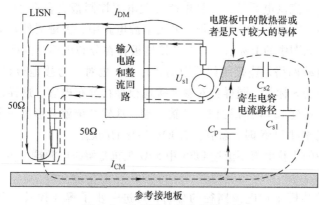

图 5-9　传导干扰的差共模电流

在实际应用中，需要分析电路中导体的分布参数（第 3 章中电路中的导体），并将产品的干扰源及关键分布杂散电容进行电路等效分析。

如图 5-10 所示，将线性阻抗稳定网络 LISN 等效到电子产品与设备的功能单元，即对电路中噪声源进行一系列关键的等效。

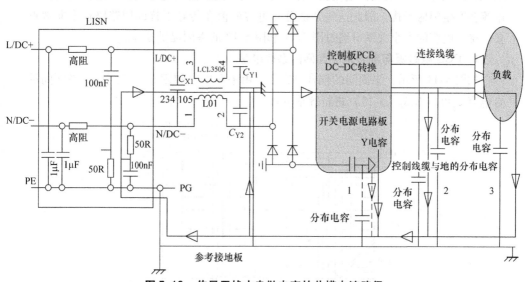

图 5-10　传导干扰中杂散电容的共模电流路径

当电源输入网络是 DC 系统供电时，电路控制板上都会有一个 DC – DC 转换电路，DC – DC 转换电路是一个典型的干扰源，它与参考接地板之间存在一个如图中的 1 标示的分布电容，控制板会通过连接线及线缆连接到负载单元，而连接线缆如图中的 2 标示，同样会对参考接地板存在分布电容，同时有一些负载（比如典型的电机

第 5 章

负载）也会对地存在分布电容，如图中的 3 标示，这样由分布电容形成的电流会传递到 LISN 网络并回到 DC 输入端。有电流流过 LISN 时，就有会有 EMI 传导的问题。

　　同样，对于交流供电系统，关键电路开关电源控制板会存在 AC - DC 的转换，同时电路板也会存在 DC - DC 的转换，开关电源电路中，关键器件及关键走线或者是整个电路板，如图中的 1 标示，对参考接地板存在分布电容。同样当控制板通过连接线连接到负载网络，连接线如图中的 2 标示，也对参考接地板存在分布电容，负载单元如图中的 3 标示，同样会对参考接地板存在分布电容。这样由分布电容组成的信号源会传递到 LISN 并回到 L、N 输入端，这样系统就会形成一个共模的电流干扰源。有电流流过 LISN 时，就有会有 EMI 传导的问题。

　　控制产品中的干扰电流不流过 LISN 中 50Ω 阻抗是解决电源端口传导干扰问题的关键。

　　通过上面的共模干扰电流路径的分析，可进一步了解高频噪声源及其噪声源特性。

5.1.4　杂散参数分布电容的参考

　　通过前面的分析，杂散分布电容的大小对流过 LISN 和输入电源线的共模电流影响很大。流过 LISN 的共模电流会产生传导干扰，流过输入电源线的等效天线的共模电流会产生辐射干扰。因此这些杂散分布电容的值在传导干扰的回路路径中非常重要。寄生电容的大小关系可通过图 5-11 和图 5-12 的举例提供参考。

1. PCB 电路板与参考地平面间的杂散电容

　　如图 5-11 所示，平面间的耦合电容主要由平面电容和固有电容组成。平面间耦合电容 C_s 可以由式（5-13）进行评估分析。

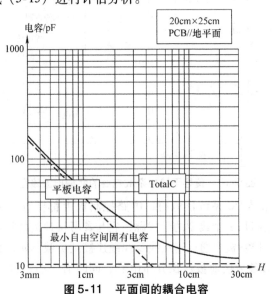

图 5-11　平面间的耦合电容

$$C_s \approx C_i + C_p \tag{5-13}$$

式中，C_i 为固有电容，单位为 pF；C_p 为平面电容，单位为 pF；C_s 为平面间的耦合电容，单位为 pF。

对于固有电容和平面电容，为了直观地了解，可以用简化的式（5-14）和式（5-15）计算。

$$C_i = 4\varepsilon_0 D \tag{5-14}$$

$$C_p = \varepsilon_0 S/H \tag{5-15}$$

$\varepsilon_0 = 8.85\mathrm{pF/m}$，图中 TotalC 为总寄生电容，单位为 pF。

式中，C_p 为平面电容，单位为 pF；C_i 为固有电容，单位为 pF；ε_0 为真空介电常数 8.85，单位为 pF/m；S 为金属板或电路板的表面积，单位为 m^2；H 为两金属板之间距离或电路板到参考大地之间的间距，单位为 m；D 为金属板或电路板的等效对角线长度，单位为 m。

实际应用举例：假如两块金属板的面积均为 $10\mathrm{cm} \times 20\mathrm{cm}$，则可以知道 $D = 0.22\mathrm{m}$；$S = 0.02\mathrm{m}^2$；再假如其两块金属板的距离 $H = 10\mathrm{cm}$，就可以运用式（5-14）和式（5-15）得到 $C_i = 4 \times 8.85 \times 0.22 \approx 7.8\mathrm{pF}$，$C_p = 8.85 \times 0.02/0.1 \approx 1.8\mathrm{pF}$，则平面间的耦合电容 $C_s \approx 7.8\mathrm{pF} + 1.8\mathrm{pF} = 9.6\mathrm{pF}$。

2. 电路板走线或者连接线与参考地平面的杂散电容

如图 5-12 所示，PCB 走线与参考接地板之间的寄生电容可由式（5-16）进行分析评估。PCB 印制线与参考接地板之间的寄生电容大小取决于印制线与参考接地板之间的距离以及印制线与参考接地板之间形成电场的等效面积。

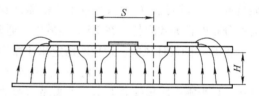

图 5-12　PCB 走线的耦合电容

$$C_p \approx 0.1S/H \tag{5-16}$$

式中，C_p 为寄生电容或杂散电容，单位为 pF；S 为印制线等效面积，单位为 cm^2；H 为耦合位置的高度或印制线与参考接地板的距离，单位为 cm。

实际应用举例：假如印制线的等效面积为 $1\mathrm{cm}^2$（10cm 的走线长度 $\times$ 0.1cm 的走线宽度），产品进行 EFT 测试时被试设备与参考接地板之间的距离为 0.1m，为了计算方便，其印制线与参考接地板的距离近似 $H = 10\mathrm{cm}$，就可以运用式（5-16）得到 $C_p \approx 0.1S/H = 0.1 \times 1\mathrm{cm}^2/10\mathrm{cm} = 0.01\mathrm{pF}$。

注意：当 PCB 印制线（布局布线）在 PCB 的边缘时，该印制线与参考接地板之间的寄生电容将超过式（5-16）的评估值，即会形成相对较大的寄生电容，因为布置在 PCB 内部的印制线与参考接地板之间形成的电场被其他印制线挤压，而布置在边缘的印制线与参考接地板之间形成的电场则相对比较发散。因此关键走线及敏感信号线一定不要布置在 PCB 的设计边缘。

3. 杂散电容影响的共模电压及共模电流

如图 5-13 所示，产品中的各类电路系统通过分布电容耦合关系，系统的分布寄生电容越大，其噪声共模电压越高，这对 EMI 的设计是不利的。因此减小电路及系统分布电容的大小是 EMI 设计的重要内容之一。

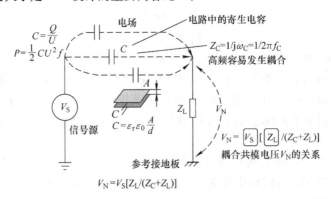

$$V_N = V_S[Z_L/(Z_C + Z_L)]$$

图 5-13　杂散电容影响的共模电压及共模电流

在图 5-13 中，V_S 为噪声源（信号源）；V_N 为系统耦合共模电压；Z_L 为回路走线阻抗或地回流阻抗；C 为系统各个关键器件及电路中导体总的分布电容等效；Z_C 为总的分布电容等效阻抗。在 EMC 领域中，通常研究系统的共模电压或者共模电流，来分析 EMI 的设计风险。运用欧姆定律计算共模电压的简化公式，参考式（5-17）。

$$V_N = V_S[Z_L/(Z_C + Z_L)] \tag{5-17}$$

式中，V_S 为噪声源幅度的大小；Z_L 为噪声源信号路径阻抗的大小；Z_C 为系统关键分布电容的等效。通过计算公式可以得出共模电压的优化措施可在噪声源及路径还有系统的分布电容大小上进行设计（减小噪声源的幅度，减小系统总的分布电容大小，减小地回路阻抗）。

通常寄生电容与共模电压的耦合情况是设计中要注意的，以下几个方面需要重点关注：

1）信号源电压的幅度越高越容易耦合；

2）信号源的工作频率越高越容易耦合；

3）高阻抗的走线及回路也易发生耦合。

5.1.5　传导发射的设计

产品制定 EMI 的标准要求时为了不对无线电通信产生干扰，因此电子产品或者是电子设备会有一个 EMI 传导的限值要求，如图 5-14 所示，对应的工业类和消费类的产品都会有一个标准的 dBμV 的限值要求，转换成图中框图标示的信号电压的限制值，即线性稳定阻抗网络中 50Ω 采样电阻的电压限制值，并且希望留有裕量设计。

A类(电感)							
频率/MHz	FCC Part 15				CISPR 22			
	准峰值		平均值		准峰值		平均值	
	dBμV	mV	dBμV	mV	dBμV	mV	dBμV	mV
0.15~0.45	NA	NA	NA	NA	79	9.0	66	2.0
0.45~0.5	60	1.0	NA	NA	79	9.0	66	2.0
0.5~1.705	60	1.0	NA	NA	73	4.5	60	1.0
1.705~30	69.5	3.0	NA	NA	73	4.5	60	1.0

B类(电阻)							
频率/MHz	FCC Part 15				CISPR 22			
	准峰值		平均值		准峰值		平均值	
	dBμV	mV	dBμV	mV	dBμV	mV	dBμV	mV
0.15~0.45	NA	NA	NA	NA	66~56.9	2.0~0.7	56~46.9	0.63~0.22
0.45~0.5	48	0.25	NA	NA	56.9~56	0.7~0.63	46.9~46	0.22~0.2
0.5~5	48	0.25	NA	NA	56	0.63	46	0.2
5~30	48	0.25	NA	NA	60	1.0	50	0.32

图 5-14　EN55022 的限值标准要求

因此，传导测试时 LISN 网络中 50Ω 阻抗串并联的测试信号电压不能超过框图标准部分的限制值要求，并且应留有一定的裕量。

注意：对应的产品出口时应用地区不一样，每个国家的标准要求都不一样，因此设计产品需要满足相关标准的限制要求。比如商住部分产品或设备对电源端口的传导干扰不能超过图 5-14 所示的 B 类限制值的要求。

对于物联产品或设备传导发射的设计，插入输入滤波器是关键。根据前面的理论，对含有开关电源系统的物联产品进行传导发射测试，通过分析参考接地板的共模电流来分析 EMI 的设计风险。

物联产品的 EMI 传导发射的设计如图 5-15 所示，分析电路系统中分布电容参数的等效模型可参考图 5-6 所示的共模测试简化等效，再通过前面的式（5-10）$20\lg V_{CM} \approx 20\lg V_N - 20\lg(Z_{CC} + Z_{loop} + Z_{load}) + 20\lg Z_{load}$ 进行分析，当系统的耦合分布电容增加时，如图 5-13 所示，增大的杂散电容增加噪声共模电压及共模电流的大小。

式（5-10）中，$20\lg V_N$ 表示噪声源的大小；$20\lg(Z_{CC} + Z_{loop} + Z_{load})$ 表示噪声源信号路径阻抗的大小。通常噪声源固定后，最好的办法是改变信号路径的阻抗。因此，插入滤波器的设计是非常关键的一环，将 LISN 的线性阻抗网络等效到电子产品的电路单元中，当产品的电路中存在开关电源系统时，对于开关电源电路，其开关 MOS 管、输出整流二极都会工作在开关状态，其开关节点及走线对地存在分布电容，如

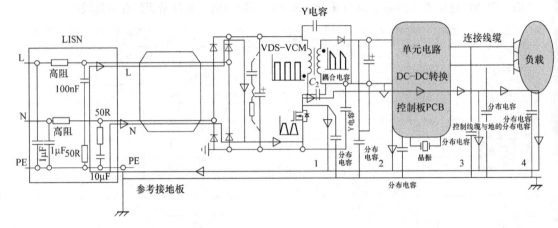

图 5-15　无 EMI 滤波器的共模电流路径

图中 1 标示，同时，电路控制单元的关键电路、关键器件走线是重要的传输线，对地也存在分布电容，如图中 2 标示，电路板控制单元会通过连接线连接到产品负载单元，产品中的连接线，即传输导体对参考接地板也会存在分布电容，如图中 3 标示。有些如风机、电动机负载单元也会对地存在分布电容，如图中 4 标示。干扰信号源电流会通过这些分布电容传递到测试 LISN 再回到信号的源端。

从图 5-15 中可以看到，更多的分布电容路径，即总的分布电容增大，则容抗减小，这时需要增加共模回路阻抗进行匹配设计，如果不插入滤波器的设计，基本上很难通过 EMI 传导的测试，所以插入 EMI 滤波器的设计就变得非常关键。

因此，需要根据 LISN 端阻抗失配的原则来设计 EMI 输入滤波器，以解决电子产品或设备的 EMI 的传导发射的问题。详细输入滤波器的设计参考第 8 章。

5.2　辐射发射的分析设计

在生活中电磁辐射无处不在，WiFi、电脑、电视、微波炉等电子产品都会产生辐射。电磁辐射虽然看不见摸不着，但像空气一样是切实存在的。对于大部分的电子产品或设备来说，如果没有进行正确的电磁兼容设计，产品在正常工作时会同时向周围的空间形成电磁辐射，如果在电磁兼容检测时辐射发射项目超出标准要求，则无法获得市场准入许可。

产品或设备中形成辐射有两个必要的条件，即驱动源和等效天线。

5.2.1　辐射天线场理论

辐射干扰现象的产生总是和天线分不开的，根据天线原理，如果导线的长度与波长相等，则更容易产生电磁波。比如，数米长的电源线会产生高频段 30～300MHz

的辐射发射。在比此频率低的频带内，因波长较长，当电源线中流过同样的电流时，不会辐射太强的电磁波。所以在30MHz以下的低频带主要是传导干扰。

辐射发射是能量以电磁波形式由源发射到空间的现象，满足电磁兼容问题的一般规律。辐射发射是电磁场问题，能量必须通过天线发射，辐射发射分析要基于天线场理论，因此解决辐射发射的问题就必须要理解天线，同时还要掌握天线理论。

电磁场的传播速度由媒体决定，在自由空间等于光速 $3 \times 10^8 \mathrm{m/s}$。在靠近辐射源时，电磁场的几何分布和场强度由干扰源特性决定，仅在远处是正交的电磁场。当干扰源的频率较高，干扰信号的波长又比被干扰对象的结构尺寸小，或者干扰源与被干扰源之间的距离 $r > \lambda/2\pi$（λ 为信号源波长）时，干扰信号可以认为是远场，即辐射场，它以平面电磁波形式向外辐射电磁场能量进入被干扰对象的通道。

干扰信号以泄漏和耦合的形式通过绝缘支撑物，包含空气等为媒介，经过公共阻抗的耦合通道进入被干扰的电路、设备或系统。当干扰源的频率较低时，干扰信号的波长 λ 比被干扰对象的结构尺寸长，或者干扰源与干扰对象之间的距离 $r < \lambda/2\pi$，则干扰源可认为是近场，它以感应场形式进入被干扰对象的通道。

1. 单极子天线模型

图 5-16 所示为一个 433MHz、200m 的无线发射电路的原理图，图中 Y 点位置的典型值是 12V，但是当电路中有一个 433MHz 晶振驱动晶体管的时候它会导通。所以它的电压 V_2 是个变化的电压源，是与 433MHz 的频率相关的。下面的电路是一个编码器，其对应的晶体管是编码 IC 驱动 V_1 的工作源，驱动源的上面就是一个天线，在图 5-16b 进行电路的简化，就是一个典型棒状的天线电路。该电路具备形成辐射的两个必要条件，即驱动源和等效天线。

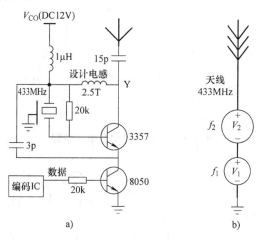

图 5-16　单极子天线发射模型

在等效电路中只要上面有一个棒天线，电容在高频下就相当于短路，下面有一个 433MHz 的时钟，即有一个振荡源在下端接地，只要有一个工作频率的驱动源它就会对外发射，这是典型的天线原理。

这对很多的电路工程师来说不容易理解，在图 5-16a 中，看上去是一个单端悬空的天线，怎么会有电流上去呢？这是在电路中不易理解的地方，通过物理学的知识，运用 LC 电磁振荡电路可以解释。电路向电磁场的理论进行转化，其下面是电流，上面是场。参考第 3 章的图 3-5 所示的单偶极子电场天线分析，偶极子天线的两臂之间具有一个固有的电容，这时需要有电流来给偶极子两边的导体充电，导体天线上每部分的电流朝相同的方向流动，同时这个电流也称为天线模电流，它导致了辐射的产生。

通过下面的振荡偶极子天线电路进行说明。

2. 偶极子天线模型

为了方便理解天线原理，通过物理学上的无阻尼 LC 电磁振荡电路的谐振电路原理简单描述。

从谐振电路来分析，如图 5-17 所示，电路中的电容 C 被电源 U 充电，充满后通过电感 L 放电，由于电容 C 上的电压不会发生突变，故电感 L 上的电流也不会发生突变，它们会达到一个平衡状态：电容通过电感放电，电容在放电的过程中电感会储存能量，电感的能量反过来又通过电容充电，这就是一个谐振，谐振频率 $f = 1/(2\pi \sqrt{LC})$。只要电路中没有阻性负载，就属于无阻尼振荡，没有能量损失就一直在振荡，如同单摆一样，从势能到动能然后又到势能的转化。图 5-17a 是电场能，电容存储的是电场能，电感存储的是磁场能，能量之间的转换遵循能量守恒原理。而在实际的电路中，LC 振荡电路中的电容 C 和 L 是有拉开一段距离的，如图 5-18 所示。

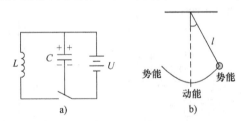

图 5-17 LC 电磁振荡电路模型

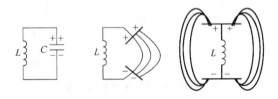

图 5-18 偶极子天线发射模型

如图 5-18 所示，根据平板电容原理，即使电容的两个极板间距拉远了，它仍然是一个电容，把电容拉远只是其电容 C 变小了，但它仍然是谐振电路，最终的结构是图 5-18 所示模型，上面是正电荷，下面是负电荷，中间有一个变化的电压，从而形成了典型的偶极子天线模型。

图 5-16 所示的发射电路原理就是单极子天线的模型，有了基本的电路原理就可以理解产品上的天线了。

结论：开放的 LC 电路就是常见的天线，这个 LC 振荡电路就是棒天线/单偶极子天线。当有电荷（或者电流）在天线中振荡时，就会发出变化的电磁场在空中传播，形成电磁场辐射，这也是电路转天线的模型。

3. 环天线模型

为了方便理解，选择日常中比较常见的无线充电原理模型进行说明。图 5-19a 所示为一个智能手机的无线充电器模型，有两个线圈，一个发射，一个接收，从而形成能量转换。图 5-19c 所示为产品环形天线发射电路，在电路上设计一个环，或者通过 PCB 走线形成一个环，这就是一个环天线，对外发射能量。再比如日常生活中的电磁炉也是这个原理，锅是一个接收天线，电磁感应形成涡流，也是发射线圈环天线的原理，这些应用是有意的环天线能量的发射和接收。这在产品上也有很多的应用，比如读卡器、身份信息读取、刷门禁等都是这样的原理。这些是环形天线的应用，环形天线的电路模型比较简单，是由线环构成的，这些天线检测的是磁场而不是电场，它们是磁场天线。正像流过线圈的电流可以产生穿过线圈的磁场一样，当磁场通过线圈时线圈中也会感应出电流。

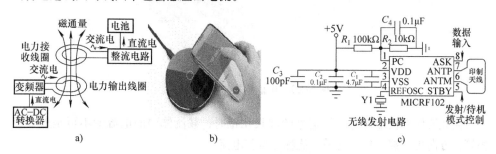

图 5-19　环天线发射模型

对于产品电磁兼容的设计来说，还有很多无意的天线，带来了电磁兼容发射的问题。在解决电磁兼容问题时，反过来也要注意在电路设计时的这些天线模型，要正确处理天线的形成及对磁场的辐射影响。

4. 电磁感应与干扰

产品内部的电磁干扰 EMI 主要有两种，即传导干扰（传导发射）和辐射干扰（辐射发射）。目前，传导干扰相对于辐射干扰来说，比较容易解决，只要增加电源输入电路中EMC滤波器的级数，并适当调整每级滤波器的参数，基本上都能满足要求。但对于辐射干扰就没有那么简单了，有时需要对元器件的布局进行多次调整和修改，还要涉及PCB改板的问题，并且试验和测试都比较麻烦。

主要原因是开关电源的工作频率以及其他电路的工作频率都在不断提高，因此辐射干扰也越来越严重。

辐射干扰通过天线耦合的方式进行传送，把干扰信号传给另一个电路网络或电子设备。进一步细分，辐射干扰又分电场辐射和磁场辐射。

电场和磁场分别是两种性质不同，可携带能量的介质，它们的分布，充满整个宇宙空间，并且两者之间的能量可以互相转换。当某处电、磁场的位能产生变化时，整个宇宙空间中的电、磁场都需要重新进行分布，并以 $3 \times 10^8 \mathrm{m/s}$ 的速度进行传播，因此，电、磁干扰无处不在。

如图5-20所示，当载流体中有电流流过时，在其周围就会产生磁场，交变磁场会使周围的电路产生感应电动势，即干扰与发射。

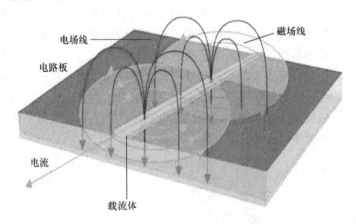

图 5-20　电磁感应与干扰发射

当载流体的长度可与干扰信号的波长比拟时，载流体中的电流就不再是处处都相等，方向也不都一致，这种电流称为位移电流。

电磁场的基本理论在电磁兼容设计上的运用主要体现在以下几个方面：

1）根据麦克斯韦第二方程（磁场的高斯定律）理论：磁场线连续。

物理意义：通过任何闭合曲面的磁通量恒为零。磁场线总是连续的，它不会在闭合曲面内积累或中断，故称为磁通连续性原理。

磁场线是连续的，磁力线相当于有出就有进，有进就有出。一定等于0，它表示磁场线是连续的。不像电场线，电场线可以从正电荷流向负电荷，还可以从正电荷流向无穷远，也可向无穷远流向负电荷。

2）根据麦克斯韦第三方程（扩展安培环路定律）：传导电流产生磁场，时变电场产生磁场。

位移电流的引入：在电容器两极板间，由于电场随时间的变化而存在位移电流，其数值等于流向正极板的传导电流。

物理意义：磁场不仅由传导电流产生，也能由随时间变化的电场（位移电流）产生。

单偶极子天线中，可以通过用位移电流方法分析流向分布电容的共模电流模型来分析流过等效天线的电流。

传导电流产生磁场，时变电场产生磁场，对电磁线圈产生的电磁感应进行分析，如图 5-21 所示。

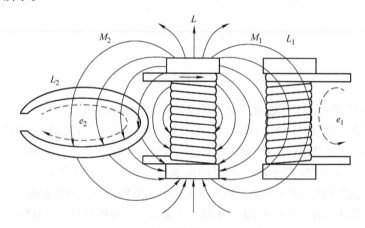

图 5-21 电感线圈产生的电磁感应

在图 5-21 中，L_1、L_2、L 为各线圈的电感量；M_1、M_2 为互感；e_1、e_2 为感应电动势。感应电动势可以运用式（5-18）进行计算。

$$e = \mathrm{d}\Phi/\mathrm{d}t = NS\mathrm{d}B/\mathrm{d}t = L\mathrm{d}i/\mathrm{d}t \tag{5-18}$$

式中，Φ 为磁通量，单位为 Wb；S 为磁通面积，单位为 m^2；B 为磁感应密度或者磁感应强度，单位为 T；N 为线圈匝数。

假如线圈中流动的电流 I_L 产生磁场感应，在受害导体线圈中的感应电动势可由式（5-19）计算。

$$e = M\mathrm{d}I_L/\mathrm{d}t \tag{5-19}$$

式中，M 为互感，单位为 nH；$\mathrm{d}I_L$ 为导体中交变的电流，单位为 A；$\mathrm{d}t$ 为导体中交变电流的上升时间，单位为 ns。

通过式（5-19）就可以计算图 5-21 中的感应电动势 e_1、e_2，计算数据为 $e_1 = M_1\mathrm{d}i/\mathrm{d}t$，$e_2 = M_2\mathrm{d}i/\mathrm{d}t$。$M_1$、$M_2$ 取决于源线圈和感应线圈及电路的环路面积、方向、距离，以及两者之间有无磁屏蔽。

对变压器产生的电磁场进行分析，在开关电源的反激变压器中，漏感产生的干扰是最严重的。对通用的变压器进行电磁场分析，如图 5-22 所示。

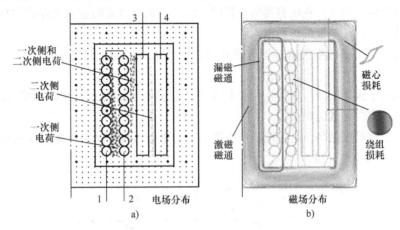

图 5-22　变压器的电磁场分布

如图 5-22 所示，变压器通常至少有两个绕组。比如 1 和 2 绕线端为一次绕组，3 和 4 绕线端为二次绕组，在一次绕组的层与层之间由于电势的差异，因此存在原边电荷。同样，二次绕组、一次绕组都会存在电势差，也会有二次侧电荷以及一二次侧之间电荷。图 5-22a 所示的一次线圈施加电压通过电流时产生电场分布，而在图 5-22b 中是其工作时的对应激磁磁通与漏磁磁通磁场分布。为了方便理解，对电场的理论进行转化，建立如图 5-23 所示的变压器简化电路模型并进行分析。

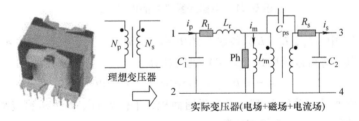

图 5-23　变压器磁元件的电路模型

在图 5-23 中，N_p 为变压器的一次绕组；N_s 为变压器的二次绕组；L_m 为变压器的一次侧励磁电感；L_r 为变压器的一次侧漏电感；i_p 为变压器的一次侧输入电流；i_m 为变压器的一次侧励磁电流；i_s 为变压器的二次电流；C_1 为变压器的一次绕组等效电荷；C_2 为变压器的二次绕组等效电荷；C_{ps} 为变压器的一二次绕组之间的等效电荷；R_L 为变压器一次绕组的等效阻抗。R_s 为变压器二次绕组的等效阻抗；Ph 为变压器的磁滞损耗。一次绕组的等效阻抗 R_L 与变压器二次绕组的等效阻抗 R_s 构成了变压器的绕组损耗。变压器通过这些参数的等效就可以清楚看到变压器磁性元件是高频磁场、电场、电流场的复杂综合体。

在 EMC 领域的所有电磁感应干扰之中，变压器漏感产生的干扰是最严重的。如果把变压器的漏感看成是变压器感应线圈的一次侧，则其他回路都可以看成是变压器的二次侧，因此，在变压器周围的回路中，都会被感应产生干扰信号。减少干扰的方法，一方面是对变压器进行磁屏蔽，另一方面是尽量缩小每个电流回路的有效环路面积。

反激电源变压器可以采用电磁屏蔽的方法，以减小变压器漏感产生的 EMI 问题。

采用如图 5-24 所示的变压器铜箔屏蔽措施对变压器进行屏蔽，主要是减小变压器漏感磁通对周围电路产生电磁感应干扰，以及对外发射产生电磁辐射干扰。

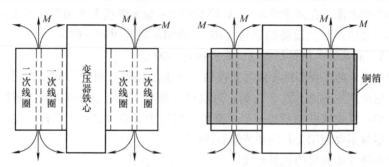

图5-24　用铜箔对反激变压器进行屏蔽

从原理上来说，非导磁材料对漏磁通是起不到直接屏蔽作用的，但铜箔是良导体，交变漏磁通穿过铜箔的时候会产生涡流，而涡流产生的磁场方向正好与漏磁通的方向相反，部分漏磁通就可以被抵消，因此，铜箔对磁通也可以起到很好的屏蔽作用。

对于电路中的任意两根导线，它的电流方向主要有如图 5-25 所示的两种，即相同方向或者相反方向，也就是前面提到的共模电流与差模电流。用右手法则确定这两种电流的磁场分布，进一步来分析它的场强特性。

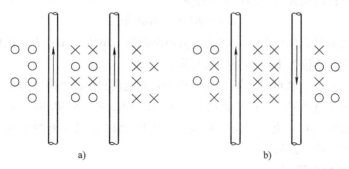

图5-25　导线中差模电流与共模电流的磁场

如图 5-25 所示，两根相邻的导线，如果电流大小相等，电流方向相反，则它们产生的磁场可以在导线外部互相抵消，内部则加强；两根相邻的导线，如果电流大小相等，电流方向相同，则它们产生的磁场可以在导线内部互相抵消，外部则加强。

可以看出，对于干扰比较严重或比较容易被干扰的电路，应尽量采用双线传输信号，不要利用公共地来传输信号，公共地电流越小干扰越小。

因此通过导线中电流的磁场特性，共模电流辐射产生的结果比差模电流辐射更严重。

试验测试中，从扁平馈线中抽取两根相邻的导线，线长 1m，分别给两根导线加以共模和差模电流，在离导线对 3m 处按 GB 9254 规定测量干扰场强。实验表明，如果该处场强要达到 B 类设备的限值（30～230MHz 时为 40dBμV/m），则差模电流要求为 20mA，而共模电流只要 8μA，两者相差 2500 倍。

间接证明：两根相邻的导线对差模信号产生的辐射有很强的抑制作用，因为两根导线中电流产生的磁力线（磁场）可以相互抵消，如果采用双绞线，则抗干扰效果更佳，如在双绞线外面再加一层屏蔽线，则抗干扰效果最好。因此，在进行电路设计时，尽量不要利用公共地来传输高频信号。

对于电路导体回路的辐射与接收，比如磁场辐射干扰主要是流过高频电流回路产生的磁通窜到接收回路中产生的。因此，要尽量减小流过高频电流回路的面积和接收回路的面积，其辐射及接收模型如图 5-26 所示。

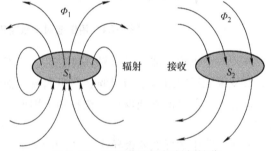

图 5-26　磁场回路的辐射与接收

在图 5-26 中，Φ_1、Φ_2 为磁通量；S_1、S_2 为电流环的回路面积。感应电动势可以运用式（5-20）进行计算。

$$e = \mathrm{d}\Phi/\mathrm{d}t = S\mathrm{d}B/\mathrm{d}t \qquad (5\text{-}20)$$

式中，Φ 为磁通量，单位为 Wb；S 为电流回路面积，单位为 m^2；B 为磁感应密度或者磁感应强度，单位为 T；e 为感应电动势。

通过式（5-20）就可以计算图 5-26 中的辐射电流回路的感应电动势 e_1 以及接收电流回路的感应电动势 e_2。计算数据为 $e_1 = S_1\mathrm{d}B_1/\mathrm{d}t$，$e_2 = S_2\mathrm{d}B_2/\mathrm{d}t$。$S_1$ 取决于辐射电流回路的面积，S_2 取决于接收电流回路的面积。因此，要尽量减小流过高频电流回路的面积和接收回路的面积。

5. 电磁辐射原理

产品或设备中的电路形成辐射有两个必要的条件，即驱动源和等效天线。单偶极子或棒天线是电场天线，环形天线或电路中走线环路是磁场天线。电场天线可以和电容相关联，磁场天线可以和电感或互感相关联。因此，*LC* 振荡电路就会是电路中的辐射源头。正如在 *LC* 电路中电压和电流具有 90°的相位差，如果天线的电阻可以忽略，则天线的 E 场（由电压产生）和 H 场（由电流产生）具有 90°的相位差。在一个电路中，只有当负载的阻抗有实部的分量，引起电流和电压同相时，实部的功率才能释放出来，这个情况就适用于天线。天线具有一些小电阻值，所以天线中存在产生消耗的实部的功率成分。如果出现了辐射，则电场波与磁场波是垂直的，相位上 E 场和 H 场是同相的，其辐射电场、磁场波如图 5-27 所示。

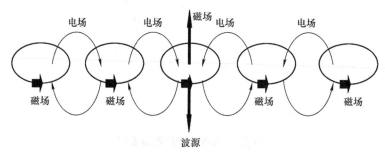

图 5-27　电磁波的传播发射

如图 5-27 所示，当有电路振荡时，电场转化为磁场，磁场转化为电场。在电路转天线模型中，如果一根导体（电路中的导体）中间有电流在振荡，则它就会向外传递发射电磁场的能量。存在电磁波发射时，电磁场相互转换，注意在电磁场发射时，电场和磁场是不需要划分的。对于起电容和电感作用的天线来说，同相分量是传播延时的结果。来自天线的波并不是在空间中的所有点同时瞬时形成，而是以光速传播的。在远离天线的距离上，这个延时导致了同相的 E 场和 H 场的分量产生。

这样，E 场和 H 场具有不同的分量，包含了场的能量储存（虚部）部分和辐射（实部）部分。虚部部分由天线的电容和电感决定，并主要存在于近场中。实部部分由辐射电阻决定，它是由传输延迟产生的，并存在于距离天线很远的远场中。接收天线可以被放置在距离源很近的位置，这时它们的近场效应的影响就大于远场辐射的影响。在这种情况下，接收和发射天线间通过电容和互感进行耦合，这样接收天线就成了发射部分的负载。

单偶极子天线和环天线的电磁辐射机理如图 5-28 所示。

图 5-28 所示为电路中两种辐射天线的辐射发射。单偶极子天线是电路中的共模天线，环形天线是电路中的差模天线环路。

1）共模天线的一极是电路板，另一极是连接电缆中的地线。要减小辐射干扰最有效的方法是对整个电路板进行屏蔽，并且外壳接地。

2）电场辐射干扰的原因是高频信号对导体或引线充电，这时应该尽量减小导体的长度和表面积。

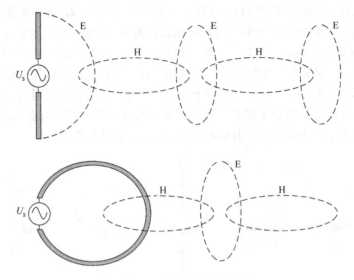

图 5-28　两种天线的传播发射

3）磁场干扰的原因是在导体或回路中有高频电流流过，这时应该尽量减小电路板中电流回路的长度和回路的面积。

4）当载流导体的长度正好等于干扰信号四分之一波长的整数倍时，干扰信号会在电路中产生谐振，这种情况应尽量避免。

5）当载流导体的长度与干扰信号的波长可以比拟时，干扰信号辐射将增强，因此，频率越高，电磁辐射越严重。

6. EMI 辐射发射的测试原理

对 EMI 辐射进行测量的简单原理，如图 5-29 所示。

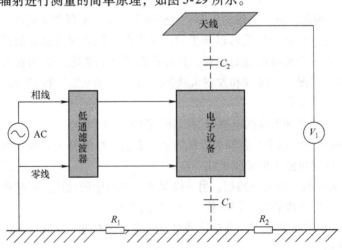

图 5-29　辐射发射的测试等效

在图 5-29 中，C_1、C_2 为分布电容；R_1、R_2 为地平面等效阻抗/参考接地板等效阻抗；V_1 为频谱分析仪或其他测试仪表的显示数据。通过测试等效图可以知道，共模辐射是 EMI 辐射中最严重的一种干扰。

电子产品或设备产生电磁辐射时，在其周边就会存在交变电磁场，位于交变电磁场中的导体会产生感应电动势，并在导体中产生位移电流，如何把感应电动势或位移电流取出来进行分析，这是一个测量方法问题。

如图 5-29 所示，采用单极子天线来对共模辐射信号进行测量。对差模辐射信号进行测量时一般都采用双极子天线，双极子天线既可以测量差模辐射，也可以测量共模辐射。

注意：标准测试应该在电磁屏蔽暗室中进行。

解决电磁兼容问题，需要掌握天线理论。电磁兼容的问题刚好和射频发射的方向相反，射频工程师希望把这个发射功率最大效率地发射出去，使得发射功率最大，效率最高且传得更远，在远处都能接收到信号，覆盖面更广。电磁兼容则刚好相反，比如处理一个图像显示功能或者是某个控制功能时，希望对外的发射效率越低越好，最好没有辐射，这与射频方案设计刚好相反。因此，任何一个让射频功率最小的设计都是解决电磁兼容的方法。

5.2.2　产品天线分析

根据前面提到的典型天线模型：一种是棒天线，一种是环天线。前面描述的棒天线和环天线是围绕一种无线功能，发射通信信息而进行的发射能量和传递能量的方法。在进行产品功能设计时，不会设计有这样的天线吗？其实不是这样的，在完成产品功能设计时，在电路及 PCB 中，有些是无意之中就形成了天线。那怎么分析呢？可以通过下面物联产品中典型的电路设计开始分析。

1. 环天线电路

在图 5-30a 中，U_1、U_2、U_3 为产品的功能电路；I_1、I_2 为信号电路中的工作电流；Z_{G1} 为电流 I_1 回路的地阻抗；Z_{G2} 为电流 I_2 回路的地阻抗。通过电路图可以知道，产品中这样的回路是有用信号的工作回路，并且在产品电路中无处不在。

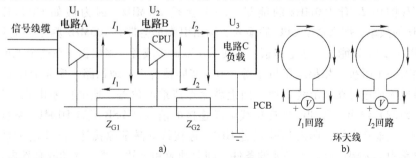

图 5-30　环天线电路

在图 5-30a 中，电流 I_1 和电流 I_2 的回路就是环路模型，等效于图 5-30b 的模型。如果在设计 PCB 印制线时这个回路比较大，那就相当于一个环形天线，这就是电路板 PCB 中的环天线模型。在产品内部 PCB 板上信号与地形成的回路就是一个环天线。同时，任意电路板中电源和地也是一个环天线。以上就是一些典型的环天线模型。

2. 棒天线电路/单极子天线电路

在图 5-31 中，U_1、U_2、U_3 为产品的功能电路；I_1、I_2 为信号电路中的工作电流；Z_{G1} 为电流 I_1 回路的地阻抗；Z_{G2} 为电流 I_2 回路的地阻抗。回路电流在地走线或地平面上形成的电压差 V_1、V_{COM} 可以运用式（5-21）和式（5-22）进行计算。

$$V_1 = I_1 Z_{G1} \tag{5-21}$$

$$V_{COM} = I_1 Z_{G1} + I_2 Z_{G2} \tag{5-22}$$

式中，I_1 和 I_2 为环路电流，单位为 A；Z_{G1} 和 Z_{G2} 为信号回路在地走线或地平面上的阻抗，单位为 Ω。

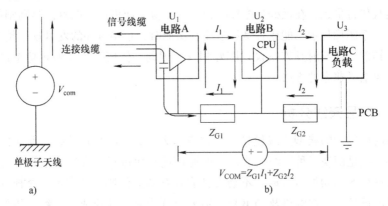

图 5-31　棒天线/单极子天线电路

如图 5-31 所示的电路中，假如在电路中功能电路 U_2 是一个 CPU 的处理器电路 CPU 要完成一个传统通信功能，那么 CPU 信号电路与其地就会形成一个环路，当环路的面积足够大，可以与这个频率相匹配时，就会发射能量，这是上面讲到的环天线辐射。

假如图中 I_1 有 100MHz 的能量，I_2 也会是 100MHz。因为假如 CPU 工作在 100MHz 的频率，那么这个 CPU 的输入、输出引脚都会带有 100MHz 频率的能量，I_1 有 100MHz 的工作能量。在电路板中即使采用双面板或者是多层板，在这个地回路上仍然会有一个阻抗，如果地阻抗不等于 0（实际情况下，地回路一定是有阻抗的），那么有电流流过时在地走线或地平面上就会形成地电位差，地电位差由式（5-21）和式（5-22）给出。假如图中连接线电缆连接的信号是 USB 或者 HDMI，系统在远端是参考接地 0 电位，那么 USB 或者 HDMI 连接线的激励源就是 V_1、V_{COM} 的地电位差。电路中形成辐有两个必要的条件，即驱动源和等效天线。驱动源是地电位差，等效天线是其连接线电缆。

注意：在分析高频小信号时，先不考虑直流信号。

这时就有一个激励源信号电压 V_1、V_{COM}，它是 100MHz 的能量，当这个电缆的长度与 100MHz 电磁波波长的 1/4 长度可比拟时，它就会加大对外的辐射发射，从而形成了如图 5-31a 所示的单极子天线模型/棒天线模型。

结论：通过上面的天线电路分析辐射发射是非常关键的。

如图 5-30 所示和图 5-31 所示，将产品上电路的环路设计，同时包括线缆与天线都结合起来了。对于设计工程师，如果看到一个 PCB 板，就会看到很多个这样的天线，看到一根电缆连接线就是看到一根天线，看到一个走线回路就是看到一个环天线，因此在分析 EMC 辐射发射问题时就会有相应的思路和方法。否则就没有办法理解产品的电路及 PCB 板为什么会对外产生辐射发射。

5.2.3　共模辐射与差模辐射

通常共模辐射与单极子天线模型相对应，差模辐射与环天线模型相对应。

1. 共模辐射发射

通常把线与地的发射定义为共模发射，即单极子天线模型/棒天线模型。

在图 5-32 中，U_{CM} 为产品中线缆对地的共模电压；I_{CM} 为电路中流过线缆的共模电流；L 为线缆的长度。电路中形成辐射有两个必要的条件，即驱动源和等效天线。驱动源是电路中的共模电压 U_{CM}，等效天线是其连接线电缆。

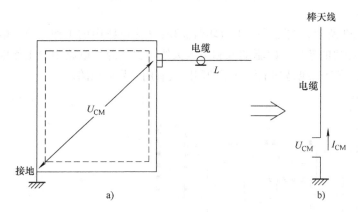

图 5-32　共模辐射发射

共模辐射的场强运用式（5-23）进行近似计算。

$$E = 1.26fIL/D \tag{5-23}$$

式中，E 为电场强度，单位为 μV/m；I 为电缆中由于共模电压驱动而产生的共模电流强度，单位为 μA；L 为电缆的长度，单位为 m；f 为信号的频率，单位为 MHz；D

为观测点到辐射源的距离，单位为 m。

图 5-32 所示为产品中电路板上的地电位驱动电缆对外发射，在图中 U_{CM} 就是共模电压，这个共模电压是共模电流乘以地阻抗，同时可以分析共模电压的来源来分析共模电流。图 5-32b 是产品电路的棒天线的模型。

在式（5-23）中，不管天线的发射能量多大，任何频率都会存在，这个场强也都会存在。式（5-23）中，电流是共模电流，是天线上的电流；L 是整个路径长度，产品 PCB 肯定有器件走线，故 L 肯定不等于 0；这个频率不一定是基频，如果是 100MHz 的时钟，则它可能有 200MHz、300MHz 甚至 1GHz。所以共模场强与电流和电缆的长度成正比。

要减小电缆的辐射，可以减小高频共模电流强度，缩短电缆长度。电缆的长度往往不能随意缩减，控制电缆共模辐射的最好方法是减小高频共模电流的幅度，因为高频共模电流的辐射效率很高，是造成电缆超标辐射的主要因素。

使用屏蔽电缆也许能够解决电缆辐射的问题，但是在使用屏蔽电缆的情况下，屏蔽层合理的接地又是解决电缆 EMC 问题的关键。不正确的接地方式或者不正确的接地点选择都将会使屏蔽线缆出现 EMC 问题。

注意：电缆位置的布置也会对产品的 EMC 产生重要影响，电缆之间的耦合、电缆布线形成的环路问题都是电缆 EMC 设计的重要部分。

2. 差模辐射发射

通常把信号与地和电源与地之间的回路发射定义为差模辐射，这种是环天线模型。

如图 5-33 所示，在图示中 A 为环路面积；I 为电路中的工作电流。电路中形成辐射有两个必要的条件，即驱动源和等效天线。驱动源是电路中的工作电压 U（有用信号源），等效天线是其工作电压的回路或有用信号的回路。

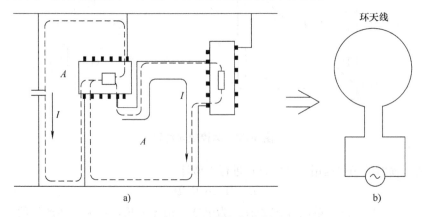

图 5-33　差模辐射发射

差模辐射的场强运用式（5-24）进行近似计算。

$$E = 2.6f^2IA/D \tag{5-24}$$

式中，E 为电场强度，单位为 μV/m；I 为工作回路电流强度，单位为 A；A 为环路面积，单位为 cm^2；f 为信号的频率，单位为 MHz；D 为观测点到辐射源的距离，单位为 m。

如图 5-33a 所示，在产品电路中这个是环天线，信号是一个回路，电源也有一个回路。这个回路就是一个环形天线，图5-33b 是产品电路的环天线的模型。这个环天线也有一个理论公式，在式（5-24）中，其场强与信号的回路面积成正比，因此在解决电磁兼容问题时，要考虑怎样去减小回路的面积。面积越小，场强越小。因此对于差模辐射，怎样实现回路面积缩小是比较关键的。第 6 章将从 PCB 的设计上来解决这些问题。

注意：对于共模辐射，共模电流 I 越小，场强越小，注意这里的 I 是共模电流，不是工作电流。而在差模辐射里这个 I 是工作电流，工作电流在一般情况下不可能减小，工作电流是功能方面的设计。在给出的计算公式中其电流的单位值是有很大差异的。

为了便于了解差模辐射和共模辐射在电路设计时的实际影响，可以通过某物联产品的一个实际案例进行辐射发射测试结果分析，如图 5-34 所示。

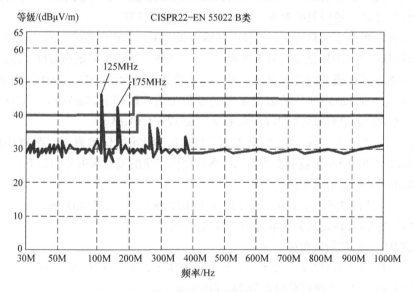

图 5-34 某物联产品的辐射发射测试结果

从图 5-34 所示的频谱图可以看出，该产品的辐射超标点为 125MHz 和 175MHz，并且是时钟引起的超标。该产品的内部电路板的结构如图 5-35 所示，产品由两块 PCB 构成，PCB 采用互连的连接器连接，同时 PCB 还有一根通信电缆。PCB 互连的连接器中所传输信号的频率为25MHz，电压为2.5V，工作电流约为25mA；连接器中间的间距为2mm，连接器的高度为2cm，长度为5cm，连接线对外连接的长度为3m。

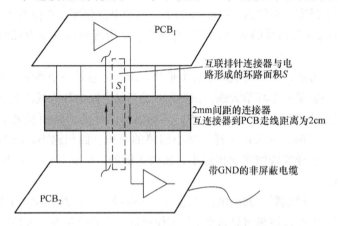

图 5-35　产品结构图及信号环路

如图 5-35 所示，连接器中的信号针与其回流针所组成的环路面积为 0.4cm^2。对于高速信号来说这是一个较大的环路，根据电磁场的理论，交变电流流过环路就会产生交变的磁场，并引起电磁辐射。因此图中的环路会产生一定的辐射。这种环路在自由空间中产生的辐射强度可以用式（5-24）进行计算。

通过产品的基本信息可知，信号的基频为 25MHz，工作电流为 25mA，其超标的频点 125MHz、175MHz 是基频的 5 次谐波、7 次谐波。25MHz 的矩形波可以通过傅里叶级数分解法求出周波内各次谐波含量。偏差系数取最大值 45%，25MHz 频率的工作信号电流。在 125MHz 处的谐波电流有效值为 $I_5 = 0.45 \times 25\text{mA}/5 = 2.25\text{mA}$；在 175MHz 处的谐波电流有效值为 $I_7 = 0.45 \times 25\text{mA}/7 \approx 1.61\text{mA}$。

通过式（5-24）计算电路的环路在 125MHz 和 170MHz 频率下，距离环路 3m（EN 55022 标准中 3m 法辐射发射测试距离）处所产生的差模辐射分别如下：

125MHz 处的辐射发射强度为

$$E_5 = 2.6f^2IA/D = 2.6 \times 125^2 \times 0.00225 \times 0.4/3 \approx 12.2\mu\text{V/m}$$

将 $12.2\mu\text{V/m}$ 转化成分贝值为 $21.73\text{dB}\mu\text{V/m}$。

175MHz 处的辐射发射强度为

$$E_7 = 2.6f^2IA/D = 2.6 \times 175^2 \times 0.0016 \times 0.4/3 \approx 16.98\mu\text{V/m}$$

将 $16.98\mu\text{V/m}$ 转化成分贝值为 $24.6\text{dB}\mu\text{V/m}$。

从上面的实际计算结果可知，这种环路引起的辐射也没有超过该产品相关标准所规定的限值（3m 处该限值为 $40\text{dB}\mu\text{V/m}$）。通过实际的理论分析，这种长 2cm、间距为 2mm 的信号环路直接传输 25MHz 的矩形波信号时，它的辐射发射并没有超标。

但从实际的测试数据看，该点是超标的，是因为在该产品电路中除了以上环路引起的差模辐射之外，还有另一种辐射发射更值得关注，那就是共模辐射。下面对产品共模辐射的产生原理进行分析。

图 5-36 中，C_P 为 PCB$_1$ 中 GND 平面与参考接地板之间的寄生电容；Z_{COM} 为线缆阻抗，它由电缆的寄生电感 L_{cable} 和电缆对参考地之间的寄生电容 C_{cable} 决定，$Z_{COM} = (L_{cable}/C_{cable})^{1/2}$。

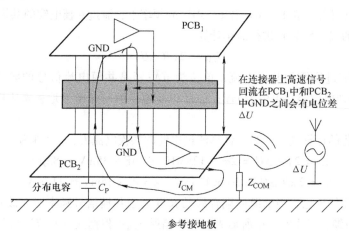

图 5-36 产品共模辐射产生的原理

通常 $L_{cable} \approx 1\mu H/m$，$C_{cable}$ 在 $20 \sim 50pF/m$ 之间，与电缆的位置及布置有关。

I_{CM} 为电缆中共模电流大小，ΔU 为 PCB$_1$ 中 GND 和 PCB$_2$ 中 GND 之间的电位差，这个电位差是由 25MHz 信号及其谐波电流信号回流产生的。ΔU 可由式（5-25）来进行近似计算。

$$\Delta U = 2\pi f L I \tag{5-25}$$

式中，ΔU 为地电位差，单位为 mV；f 为电流信号的频率，单位为 MHz；I 为该信号频率下的电流或者谐波电流，单位为 mA；L 为地走线的寄生电感，单位为 nH。

根据图 5-34 和图 5-35，超标的频率点为 125MHz 和 175MHz，是 25MHz 矩形波的 5 次谐波和 7 次谐波，其谐波电流根据前面可计算出 $I_5 = 2.25mA$，$I_7 = 1.61mA$；L 是 2cm 长连接器地线的寄生电感，约为 20nH（1mm/1nH 进行估算）；则 PCB$_1$ 和 PCB$_2$ GND 之间的电位差通过式（5-25）近似计算。

$$\Delta U_5 = 2\pi f L I = 2\pi \times 125MHz \times 20nH \times 2.25mA \approx 35mV$$

$$\Delta U_7 = 2\pi f L I = 2\pi \times 175MHz \times 20nH \times 1.61mA \approx 35mV$$

ΔU_5、ΔU_7 通过 PCB$_1$、PCB$_2$ 中的 GND、电缆、电缆对参考地之间特性阻抗 Z_{COM}（由电缆的寄生电感和对地的寄生电容形成）和 PCB$_1$ 中 GND 平面与参考接地板之间的寄生电容 C_P 形成了一个共模电流路径，该路径中的共模电流流过了电缆，电缆较长时，具有天线的特性，电缆的长度与信号波长可以比拟。

C_P 的大小取决于 PCB_1 中 GND 平面的大小和 PCB_1 到参考接地板的距离，在图 5-36 中，PCB_1 的 GND 平面尺寸约为 $10cm \times 8cm$，PCB_1 到参考接地板之间的距离按测试标准为 0.8m，可以通过计算式（5-13）~式（5-15）估算出 $C_P \approx 3pF$。

$L_{cable} \approx 1\mu H/m$，$C_{cable}$ 在 $20 \sim 50pF/m$ 之间，通过 $Z_{COM} = (L_{cable}/C_{cable})^{1/2}$ 计算出其阻抗在 $150 \sim 250\Omega$。

为了简化计算，在 125MHz 和 175MHz 的频率下，流过共模电缆的共模电流 I_{CM} 可以运用下面的式（5-26）进行简化计算。

$$I_{CM} = 2\pi f C \Delta U \tag{5-26}$$

式中，I_{CM} 为流过线缆的共模电流，单位为 μA；f 是共模电流信号的频率，单位为 MHz；ΔU 为地电位差，单位为 mV；C 为 PCB 地平面与参考接地板寄生电容，单位为 pF。

通过简化的计算式（5-26）计算流过电缆的共模电流 I_5、I_7 分别为

$$I_5 = 2\pi f C \Delta U = 2\pi \times 125MHz \times 3pF \times 35mV \approx 82\mu A$$

$$I_7 = 2\pi f C \Delta U = 2\pi \times 175MHz \times 3pF \times 35mV \approx 115\mu A$$

根据电磁场理论，当电缆或耦合线的长度大于共模信号频率所在波长的 1/4 或 1/2 时，其电缆在自由空间中所形成的共模辐射 E_{CM} 可根据式（5-27）进行计算。

$$E_{CM} = 120 I_{CM}/D \tag{5-27}$$

式中，E_{CM} 为距离 D 处电缆产生的辐射电场强度，单位为 $\mu V/m$；I_{CM} 为电缆中共模电流大小，单位为 μA；D 为距离电缆的距离，单位为 m。

在 125MHz 和 175MHz 的频率下，电缆在 3m 处所产生的共模辐射电场强度 E_5、E_7 分别为

$$E_5 = 120 I_{CM}/D = 120 \times 82\mu A/3m = 3280\mu V/m$$

$$E_7 = 120 I_{CM}/D = 120 \times 115\mu A/3m = 4600\mu V/m$$

$3280\mu V/m$ 转换成分贝值为 $70.3dB\mu V/m$，$4600\mu V/m$ 转换成分贝值为 $73.26dB\mu V/m$，通过计算结果可以很明显看出共模辐射超过了该产品相关标准所规定的限值。

通过对这个产品的差模辐射与共模辐射的分析可知共模辐射更为重要。根据经验，200MHz 以下的频率，$1cm^2$ 以下的环路，对于数字电路数字信号基本上不会产生差模辐射的问题。如果出现产品的辐射发射超标，则需要关注共模辐射的问题。

通过对差模辐射和共模辐射中具体等效计算的各个参数的详细说明，在需要进行理论计算时可用上面的方法进行分析。

对于解决此类共模辐射问题的答案是比较明确的，因此解决思路可以从两方面进行优化，即分布电容与回路地阻抗的问题。

1）减小信号源中 GND 平面与参考接地板之间的寄生电容 C_P 就可以减小共模电流，比如增加地针，给产品增加金属外壳，与 PCB 的地平面多点接地连接等。

2）减小 PCB$_1$ 与 PCB$_2$ 之间 GND 的互连阻抗，即减小地阻抗，比如增加 GND 针的数量，以及用长宽比较小的金属板与 GND 针并联。

实践经验总结：分析差模辐射时，不要忽略了更为重要的共模辐射。1cm^2 差模环路带来的辐射是可以接受的，如果这时出现辐射的问题就要分析共模辐射。对于 EMS 的问题，比如静电 ESD 的设计，1cm^2 以下的环路在测试中就不能忽略了。对于产品的 EMC 问题，需要根据测试的项目对产品的架构和电路进行分析和设计。

5.2.4　两种典型干扰源

辐射发射是能量以电磁波的形式由源发射到空间的现象，满足电磁兼容问题的一般规律，前面章节中有对电磁兼容的三要素进行分析。形成 EMC 问题具备三个要素，即干扰源、耦合路径、敏感设备，具体到辐射发射问题时，敏感设备是天线测试接收系统，因此重点需要考虑干扰源及耦合路径。

图 5-37 所示为某物联产品进行实际测试的辐射发射频谱，在电路中的任何信号都可以通过傅里叶变换来建立其时域与频域的关系。产品中典型的干扰源一般为开关电源干扰源和系统时钟干扰源。这两种干扰源的特征都会有工作的梯形波，开关电源中梯形波一般具有高电压和大电流，但其频率一般在几十 ~ 几百 kHz，属于低频信号；时钟信号中，梯形波电压和电流相对较小，传输信号的频率在 MHz 以上，属于高频信号。

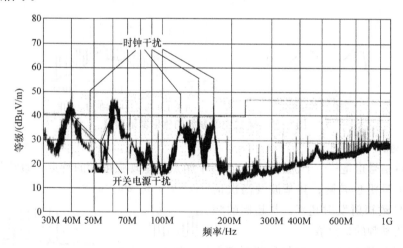

图 5-37　两种干扰源的辐射发射频谱

对于梯形波脉冲函数，通过傅里叶变换的频谱可知其由主瓣与无数个副瓣组成，每个副瓣虽然也有最大值，但是总的趋势是随着频率的升高而下降的。比如，一个上升时间为 t_r，脉冲宽度为 t 的梯形波脉冲频谱峰值包含有两个频率转折点，一个是 $1/\pi t$，另一个是 $1/\pi t_r$。频谱幅度低频端是常数，由梯形波的电压电流幅度决定，经

第 5 章

过一个转折点后以 –20dB/10 倍频程下降，经第二个转折点后以 –40dB/10 倍频程下降。

电路设计时，在保证逻辑功能正常的情况下，尽可能增加上升时间和下降时间，这有助于减小高频噪声，由于第一个转折点的存在，使那些上升沿很陡且频率较低的周期信号不会具有较高电平的高次谐波噪声。

周期信号由于每个取样段的频谱都一样，所以它的频谱呈离散形，通常称为窄带噪声。比如在一般系统中，时钟信号为周期信号。

非周期信号由于其每个取样段的频谱不一样，所以它的频谱变宽，通常称为宽带噪声。比如一般的开关电源系统、数据线、地址线中通常为非周期信号。

1. 开关电源干扰源

开关电源是一个比较明显的干扰源头。主要是由于 PWM 开关信号本身以及其相关信号的振荡，非常容易导致产品的传导与辐射发射超标。

如图 5-38 所示，开关电源的频谱是连续的频谱，是宽带噪声。实际产品中开关电源系统和时钟电路都是同时存在的，因此，产品系统中连续的频谱和离散的频谱将同时存在，共同决定了对外的辐射发射强度。但是，对于产品发射主要是哪个部分导致的超标，通过发射频谱是可以进行区分的。对于 30MHz～1GHz 的辐射问题应去找发射天线，从而分析问题的源头并找到解决方案。

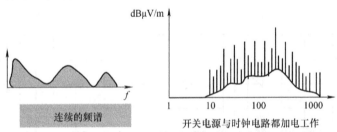

图 5-38　开关电源系统的辐射发射频谱

2. 时钟干扰源

时钟信号也是一个干扰的源头，在各个频点上呈现强度大的特点，通常其频率较高，上升沿也较陡，其基波及高次谐波都会导致辐射发射超标，其超标的频点通常为基频的整数倍。

如图 5-39 所示，时钟信号的频谱是离散的频谱，是窄带噪声。通常其时钟的各次谐波振荡会通过相关走线或连接线缆导致辐射超标。

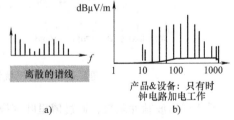

图 5-39　时钟信号的辐射发射频谱

注意：时钟信号除了有奇次谐波外还会有偶次谐波超标的问题。对于方波信号，可以通过傅里叶变换分析，如果当占空比为 50% 时其对称性好，则说明只有奇次谐波,如果占空比不等于50%,则说明存在偶次谐波,也会在测试时发现有偶次谐波的频点超标。

5.2.5 产品辐射发射的耦合路径

产品辐射发射问题最终的耦合路径类似等效天线空间辐射耦合,但能量在传递到等效天线之前是有可能存在多种耦合路径的。

1)产品结构缝隙泄漏路径。前面描述了两种典型的干扰源,一个是开关电源,一个是时钟源,再结合三要素理论,把干扰源和耦合路径同时对应起来才会说这个干扰源带来了 EMI 的问题。假如有了时钟干扰源是否就一定导致辐射超标呢?不一定的,干扰源能发射出去,它要有一个耦合路径。假如干扰源是时钟源 CLK 或者是开关电源噪声源,再或者两者都存在,那耦合路径是什么呢?通常的说法是空间辐射,这样回答也对。但是这样的回答不利于解决实际问题,比如时钟源 CLK 产生辐射的过程是怎样的?

如图 5-40 所示,假如金属结构产品电路 A 中有一个 CPU 系统,它有一个时钟 CLK 走线,这个 CLK 走线有时钟能量并对外辐射发射,这个辐射发射从①的路径走,正好产品的结构有缝隙,它的辐射发射通过缝隙泄漏出去,再产生二次辐射发射。

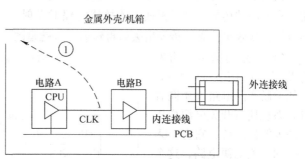

图 5-40　产品结构缝隙耦合路径

这是由于在 PCB 板走线中 CLK 有高次谐波,然后通过 PCB 走线辐射到结构的缝隙,再通过结构的缝隙对外发射,从而导致发射超标。这就是由产品结构缝隙泄漏的路径。结构缝隙的辐射机理可以参考第 7 章的内容。

2)产品辐射转传导再发射路径。通过上面的分析,同样的结构如图 5-41 所示,金属结构产品电路 A 中有一个 CPU 系统,它有一个时钟源 CLK 走线,这个 CLK 走线有时钟能量对外辐射发射,这个辐射发射到金属外壳即屏蔽壳体,金属屏蔽壳体会有反射。如果机箱内部有裸露的连接线走线,那么就会通过它接收,既然

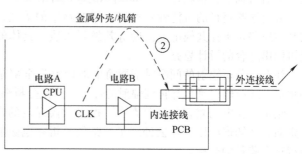

图 5-41　产品机箱反射再到连接线的耦合路径

磁场有发射，那么连接线及走线就有接收。图中的连接端子内部有一段连接线，最后再通过连接线的辐射发射。它的机理是先辐射接收再传导，传导出去后再辐射，这就是图 5-41 所示的②的路径。

3）产品内部近场耦合转传导再发射路径。如图 5-42 所示，假如塑料外壳产品电路 A 中既有 CPU 系统也有开关电源变压器的大能量系统，它有 CLK 走线和开关电源感性器件，这个 CLK 走线和感性器件的能量由于与内部的连接线距离较近，因此会发生近场耦

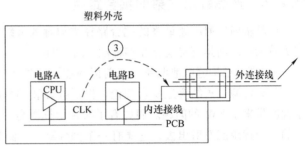

图 5-42　产品内部近场耦合再到连接线的耦合路径

合，辐射能量耦合到产品内部有裸露的连接线走线。耦合能量在图中的内部连接线端子有一段的传导，最后再通过连接线的辐射发射。它的机理是先近场耦合到内部连接线，接收再传导，传导出去后再辐射，这就是图 5-42 所示的③的路径。

4）产品内部传导再发射路径。如图 5-43 所示，假如物联产品电路 A 中既有 CPU 系统还有开关电源变压器的大能量系统，它有 CLK 走线和开关电源电路，这个 CLK 走线和开关电源电路噪声源通过内部走线或连接线走到连接端子有一段的传

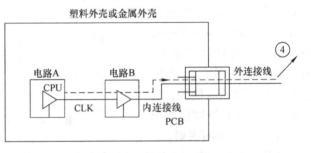

图 5-43　产品内部连接线传导再到外连接线的耦合路径

导；最后再通过外连接线的辐射发射。它的机理比较简单，仅仅是内部的传导，传导出去后再辐射，这就是图 5-43 所示的④的路径。

分析这些路径的可能性就可以了解电路中的等效发射天线模型。解决辐射问题的基本思路是不让共模电流流向等效发射天线。具体的问题通过噪声源及其耦合路径再给出适合的设计思路。

注意：分析辐射的问题时不能简单地理解为全部是辐射的路径。它可能有传导到辐射，还有辐射到传导再到辐射的过程，这是分析辐射发射的一个关键的要点。

结论：在电磁兼容的三要素中，很多时候强调的是路径；有了路径就有了电流的走向，就知道应该怎样去处理了。路径分析在电磁兼容中是非常重要的一环，要重视这个路径的分析。

再比如前面章节中的静电 ESD 问题、EFT 问题、浪涌问题、传导问题等。这些测试的问题都需要进行噪声信号路径的分析，这对于解决问题很重要。

第 ⑥ 章

产品PCB的问题

PCB 上的电磁兼容问题主要体现在 PCB 的辐射发射，外界电磁场对 PCB 的干扰，PCB 的接地设计，地线引起的公共阻抗耦合，PCB 走线之间的串扰问题等。在 PCB 的 EMC 设计中，实际上就会包含接地设计、去耦滤波设计等。一个良好的地平面设计的 PCB，不但可以降低共模电流产生的压降，同时也是减小电路中环路面积的重要手段。本章重点在于接地设计和 PCB 的辐射发射设计。一个好的 PCB 设计可以解决大部分的电磁兼容 EMI 问题，同时在接口电路 PCB 布局时适当增加瞬态抑制器件和滤波电路就可以同时解决大部分的抗扰度问题及干扰问题。

6.1 PCB 的两种辐射机理

在进行 EMI 设计时，最有效的方式是考虑到 EMI 辐射的实际来源，并且一一处理。大多数在 PCB 层面的 EMI 源头是可以区分的，并且可以一项一项地解决，而不会增加其他源头的辐射。

在 PCB 上首先要关注开关电源部分及时钟部分的梯形波信号，这一类是强干扰源信号。在 PCB 的设计阶段，设计工程师自然应该要考虑到这个固有的梯形波信号，并且要小心设计信号布线以将它们由源头传输到目的地。

这个梯形波信号具有一定的速率及上升沿和下降沿时间，因为 EMI 辐射的限制值是以频域来表示的。同时一个脉冲波信号是由许多不同振幅及相位的正弦波组成的。比如说，典型的时钟信号是一个方波，而方波是由一个基本频率的正弦波以及所有的奇次谐波和偶次谐波组成的，当方波的占空比为 50% 时，只考虑奇数谐波，其中所有的正弦波皆为同相位，但是振幅大小不同，如图 6-1 所示，从正弦波中产生方波。

图 6-1 给出了由同相位的基波、3 次、5 次、7 次、9 次谐波组成的一个总和波，虽然只计算了几个谐波，但其总和已经很近似方波的样子，只是还有些纹波的成分。

对方波及梯形波进行傅里叶变换，得到一个典型的梯形波的包络线，变化的参数为脉冲波的宽度以及上升沿及下降沿时间。因为越高的频率越能有效地从 PCB 线路板布线上以及从产品外壳小的开口辐射出去，所以高频谐波的振幅越小越好。如图 6-2 所示，脉冲波的频率振幅会随着频率的增加而衰减。

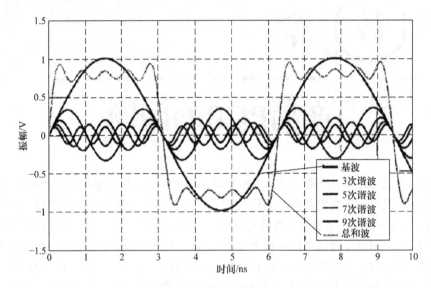

图 6-1　方波的谐波成分

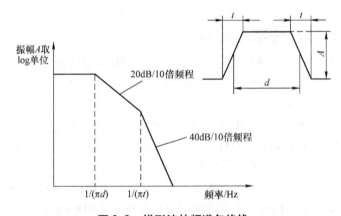

图 6-2　梯形波的频谱包络线

在图 6-2 中，A 为梯形波的振幅；t 为梯形波的上升沿及下降沿；d 为梯形波脉冲的宽度。在脉冲波宽度频率以上的频谱会以 20dB/10 倍频程下降，而在上升沿及下降沿的时间频率以上会以 40dB/10 倍频程下降。上升/下降时间越缓慢，第二个转折点就会在越低的频率段发生，因此就会降低高频信号的强度。很明显，脉冲的上升时间及下降时间越长，该信号中所包含的高频谐波成分就越少。

以一个 30V 振幅的梯形波为例，若上升时间是 30ns，则其上升速率为 1V/ns。如果这个脉冲波振幅变为 3V 且边沿的速率不变，则其上升时间变成为 3ns。上升时间变短一般会引起较多的问题，但在此例中并不会增加高频成分，这是因为其边沿的速率是相同的。降低信号的振幅可以降低整体信号的频谱。

如图 6-3 所示，一般来说，当考虑上升时间与下降时间，以及它们对信号频谱的效应时，会将信号的振幅设为定值。当上升沿及下降沿的速率改变时，几乎不会影响高频谐波的大小，将上升沿时间由 30ns 增大到 300ns 时，长的上升沿及下降沿时间对 EMI 高频段振幅会造成显著影响。

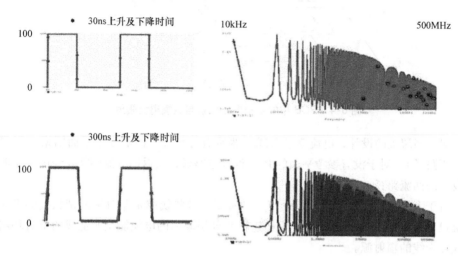

图 6-3　不同上升及下降时间与振幅的脉冲频谱的比较

在实际状况下，特别是开关电源系统中，脉冲波很少是纯净的矩形波。如果在波形上不理想，比如尖峰或毛刺，就会造成高频谐波振幅很大的变化。一般来说，对重要信号所做的信号完整性分析是以电压波形为主的，对在波形的上面或下面的杂讯裕量情况通常要进行信号完整性分析。

对 EMI 的应用来说，电流才是最重要的考虑因素。电流产生辐射，而非电压。在自由空间中电流环路产生电场强度，一个是差模电流环路，另一个是共模电流环路。在目前的 IC 技术下，电流与电压并不会像在简单电阻性回路里为同样的波形。因此对于 EMI 问题，当完成电压波形的信号完整性分析以后，还应该对有 EMI 影响的重要回路做电流波形的信号完整性分析。

产品中 PCB 的两种辐射机理的等效天线模型为环天线和棒天线模型。

如图 6-4 所示，差模辐射对应的是环天线，对地的共模辐射对应的是棒天线；在 PCB 设计时任何的信号都有环路，如果信号是交变的，那么信号所在的环路都会产生差模辐射。PCB 中共模辐射的等效天线模型是单极子天线或对称的单极子天线（偶极子天线），即图中的棒天线模型，这些被等效成单极子天线（棒天线）的导体通常是产品中的电缆或者是其他尺寸较长的导体。这种辐射产生的源头是电缆或其他尺寸较长的导体中流动着的共模电流信号。它通常不是电缆或长尺寸导体中的有用工作信号，而是一种寄生的干扰噪声信号。对于共模辐射，可以研究其共模电流

第 **6** 章

的大小来分析其辐射发射的问题。

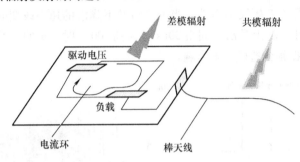

图 6-4　PCB 中的差模电流辐射与共模电流辐射

对于多层板的设计，电流流过布线，然后沿着布线下面的参考平面回来（微带线回流路径）。对于没有参考平面的 PCB 设计电路板，其返回电流必须要经由一条明确设计的回流路径。

对于大多数的高速信号，不论使用微带线、带状线或是非对称的带状线的 PCB 叠层设计，其散发出来的辐射都是来自 PCB 外层暴露的电流能量所造成的电流环路模式环天线的辐射源。

电流路径在电路布线与其下方的参考平面间建立一个小的环路，可以用简化的环天线方式来分析。分析应该局限在近场，产品中的 PCB 都会有一些金属屏蔽机壳环绕或是有长导线连接出来。远场的辐射特性通常是受这些连出来的长导线信号控制，而非来自 PCB 布线上的直接辐射。

近场辐射，即在 PCB 上面，可以是一个能量的来源耦合到其他内部导线，然后传递到金属外壳的外面去。这种辐射也可以是一个能量的来源在金属机壳内激励出共振，然后可能经由缝隙、孔洞、通风口等泄漏出去。分析近场的影响时不能被其他，如外部导线谐振长度等原因的可能性掩盖真正的结果。因此在第 5 章中分析产品中辐射发射的耦合路径是很重要的。

注意：产品 PCB 对外辐射与干扰源相关，主要来自时钟或开关信号的高次谐波频率的电流分量。从源头处理，关键是降低高次谐波的电流，或通过降低电压幅度达到降低电流幅度，从而达到降低对外辐射能量的目的。

6.1.1　减小差模辐射

前面已经对图 6-5 所示的表达式进行了说明，图中给出减小差模辐射的方法。

产品中有两种等效天线所产生的辐射信号，第一种是等效天线的环天线，信号环路是产生辐射的等效天线，这种辐射产生的源头是环路中流动着的电流信号，这个电流信号通常为正常的工作信号，它是一种差模信号，比如时钟信号及其谐波。而实际电路中的信号传输每时每刻都伴随着流动的返回电流，这些电流成为 EMI 的

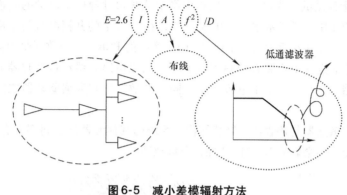

图 6-5　减小差模辐射方法

原因。

一个信号的传输意味着一个电流环路的存在，所以在大多数产品中，主要的发射源是 PCB 上电路（时钟、视频信号、数据驱动器、振荡电路及开关回路）中流动的电流。其中电流在传递路径与返回路径中形成的环路是 PCB 辐射发射的一个原因，其可以用小环天线模型描述。小环是指尺寸小于信号频率的 1/4 波长（如 50MHz 为 1.5m）。当发射频率到几百 MHz 时，多数 PCB 环路仍然认为是小的。当其尺寸接近 1/4 波长时，环路上不同点的电流相位是不同的。这个结论在指定点上可降低场强，也可增大场强。

在自由空间中，辐射强度随着离发射源的距离按正比例下降。当距离固定为 10m 的标准测试距离时，可以估算辐射发射。对于最坏的情况，由于地平面的反射，要将辐射场强增加一倍。当一个环路在地平面上时，考虑到地面反射所产生的叠加效应，在距离环路 10m 处的最大电场强度就可以按图 6-5 中的评估表达式计算。

进行 PCB 设计后，公式中的环路面积是已知的，这个环路是由信号电流传递路径和回流路径构成的环路。电流 I 是单一频率上的电流分量。通常方波有丰富的谐波，因此电流 I 的谐波需要应用傅里叶级数进行计算。如果环路面积为 A 的环路中流动着电流强度为 I、频率为 f 的信号，那么在自由空间中，距离环路 D 处所产生的辐射强度为 $E = 2.6f^2IA/D$，从而可以粗略地预测已知 PCB 的差模辐射情况。

例如，若 $A = 10\text{cm}^2$，即有一个很大的信号环路，电流 $I = 20\text{mA}$，对应的工作频率 $f = 50\text{MHz}$，计算其电场强度 $E = 42\text{dB}\mu\text{V/m}$，它超过了 EN 55022 标准中规定的 B 类的限值要求。对于图 6-5 中的解决方法，如果工作频率是固定的，则可以采用在信号源上增加低通滤波器的设计，减小其高频电流。还有一种方法是重新进行 PCB 的设计，以减小 PCB 信号的回路面积，这是比较直观的解决方法。假如频率和工作电流是固定的，并且环路面积不能减小，则屏蔽是必要的。

当发现产品电路中辐射发射超标，但利用差模辐射的预测公式预测 PCB 的差模辐射不超标时，要引起注意，因为 PCB 上小环路的差模电流绝不是仅有的辐射发射源。在 PCB 上流动的共模电流，特别是电缆上或长尺寸导体上流动的共模电流对辐射会起更多的作用。通过基尔霍夫电流定律，在 PCB 上的共模电流与差模电流相比是很难预测的。图 6-6 所示为一个典型的 TV 产品的 PCB，一个数据驱动器驱动一条电路，该电路靠近一个安装有散热器的 CPU。当该电路布线经过散热器时，在电路布线与散热器之间有一个寄生电容产生。同时在散热器与数据驱动器之间也有寄生电容存在。

注意：在散热器与接收器、屏蔽结构、系统的其他元器件之间都会有寄生电容，只是影响很小，不会影响 EMC 的特性，所以忽略。

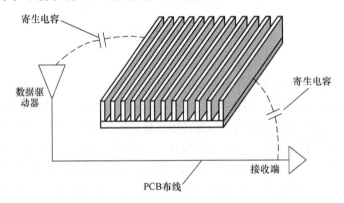

图 6-6　散热器寄生电容的电流通道

如图 6-6 所示，寄生电容的大小取决于其几何结构。其阻抗会随着频率的不同有所差异，在相同结构下，谐波频率越高，其阻抗越低。

根据信号回流，所有电流都必须流经完整的环路以回到其源头。对于所有的谐波电流，其电流路径都是通过数据驱动器，经过 PCB 走线到接收端，然后再经由 PCB 的地参考平面回到数据驱动器。但是在 PCB 布线与散热器之间有寄生电容，在散热器与数据驱动器之间也有寄生电容。在高频下，提供了比上述路径阻抗还要低的路径，造成了有一部分电流流经散热器。如果没有注意到这一条返回电流路径，则散热器在体积上是比电路布线要大得多的辐射导体。因此散热器会成为一个辐射导体，特别是对于高频谐波，造成了不必要的辐射发射，导致辐射发射超标。

信号要返回其源，强调电流必须要经过一条封闭的环路以回到其源头，回路可能有好几条路径，不能让电流流过非期望的路径是设计的重点。如图 6-7 所示，假如某物联产品 PCB 上有排线连接器，电路板上有数据驱动器，如果数据驱动器与排线之间有足够大的寄生电容存在，就会有一些电流从此路径经过。

如图 6-7 所示，数据驱动器与排线的寄生电容大小由数据驱动器与排线的位置决定，通常电路布线在有些位置必须要改变布线层，以避让其他的布线或元器件，或者将数据驱动器的走线埋到 PCB 板的不同层之间，以改善电场耦合效应。所以会

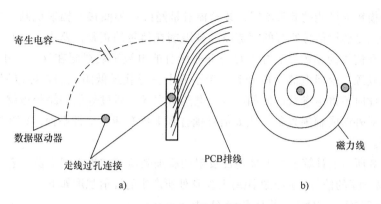

图 6-7　连接线寄生电容的电流通道

有电流流经过孔，图中第二个过孔连接到 PCB 的非屏蔽排线线缆。第一个过孔的电流会产生磁力线，假如有磁力线被第二个过孔摘取，如图 6-7b 所示，此磁力线在第二个过孔感应出电流，从而传导至 PCB 的排线中。类似寄生互感对较高次谐波有较低的阻抗，因此会较容易传导电流到造成潜在辐射的路径，而不走原先设计的路径。

　　如图 6-7 所示，数据驱动器走线的寄生互感与寄生电容组合时会有较大的高频谐波电流流经这个非屏蔽的排线，因此排线线缆会成为一个辐射导体，对外发射造成辐射超标。

　　共模电流的返回路径通常是经杂散的寄生电容（位移电流）到其他邻近的导体，因此一个完整的预测方案还要考虑 PCB 和其他导体连接线、外壳的机械结构及对地和对其他导体的接近程度。

　　环路的存在也是产品抗扰度问题存在的原因之一，因为这些环路都是接收天线，对于其在电磁场的感应电压可以运用第 1 章中的公式进行计算分析。所以，对于设计工程师来说尽可能地减小环路设计对 EMC 的设计是非常有帮助的。

6.1.2　减小共模辐射

　　前面章节已经对图 6-8 所示的表达式进行了说明，图中还给出减小共模辐射的方法。

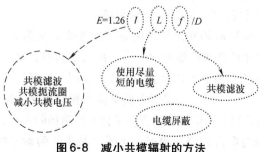

图 6-8　减小共模辐射的方法

与差模辐射可能的源头不同，共模辐射是经由一种间接的辐射机制。差模辐射可能的源头是假设信号所有的回流路径被限制在信号的正常回路中，当然大部分的返回电流在信号的回流路径中，可是并非所有的电流都被局限在这一个小区域中。信号返回其源，返回电流会散开到参考平面上去寻找最低阻抗的路径以回到源头。在高频下此时被寄生参数，比如电容、电感所主导，通过等效的路径也就是等效的发射天线对外形成辐射发射。比如信号耦合到 I/O 布线、电源平面、PCB 线缆、板上结构等。

图 6-8 所示的计算公式考虑地面反射的叠加效应，如果天线上流动着电流强度为 I、频率为 f 的信号，那么在距离天线 D 处所产生的辐射强度如下：

当 $f \geq 30\mathrm{MHz}$，$D \geq 1\mathrm{m}$ 并且 $L < \lambda/4$ 时

$$E = 1.26ILf/D$$

当 $f \geq 30\mathrm{MHz}$，$D \geq 1\mathrm{m}$ 并且 $L > \lambda/4$ 时

$$E \approx 120I/D$$

式中，E 为电场强度，单位为 $\mu\mathrm{V/m}$；L 为线缆长度，单位为 m；I 为电流强度，单位为 $\mu\mathrm{A}$；f 为信号频率，单位为 MHz；D 为观察点到辐射源的距离，单位为 m；λ 为信号的波长，单位为 m。

通过上面的简化计算公式可知，当产品中等效天线的长度大于天线中信号频率波长的 1/4 时，等效天线产生的辐射强度只与天线上的共模电流大小有关。因此，分析产品中连接线缆或长尺寸导体中的共模电流大小，对控制产品的辐射发射具有重要的意义。

减小电缆上共模高频电流的一个有效方法是合理地设计电缆端口电路或者在电缆的端口处使用共模滤波器或抑制电路，滤除或减小电缆上的高频共模电流。使用屏蔽电缆也能解决电缆辐射的问题，但是在使用屏蔽电缆的情况下，屏蔽层合理的接地是解决电缆 EMC 问题的关键。猪尾巴（Pigtail）及不正确的接地点选择等问题都将使屏蔽电缆线出现 EMC 问题。

干扰通过空间传输实质上是干扰源的电磁能量以场的形式向四周空间传播。场可分为近场和远场。近场又称感应场，远场又称辐射场。判定近场远场的准则是以与场源的距离 D 来决定的，λ 为信号源波长，如图 6-9 所示。

$D > \lambda/2\pi$，则为远场；$D < \lambda/2\pi$，则为近场。

通常用波阻抗来描述电场和磁场的关系，波阻抗定义为 $Z_0 = E/H$，在远场区，电场和磁场方向垂直并且都和传播方向垂直，称为平面波，电场和磁场的比值为固定值，$Z_0 = 120\pi = 377\Omega$。电磁波的辐射发射在远场时，磁场天线的两端就好比被固定在一个接收电路上，可以用环天线引入的电流来探测磁场。磁场一般垂直于场的传播方向，因此环面应该与电磁波传播方向平行来检测场的大小。

（1）近场和远场与电流回路的辐射　电子产品中任何信号的传递都存在环路，

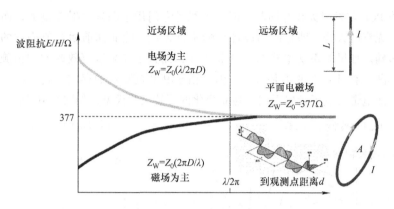

图 6-9　近场、远场及波阻抗

如果信号是交变的，那么信号所在的环路就会产生辐射，当产品中信号的电流大小和频率确定后，信号环路产生的辐射强度就与环路面积有关，因此控制信号的环路面积是控制 EMC 问题的一个重要课题。

（2）近场和远场与导线的辐射　电场强度与磁场强度之比称为波阻抗。在近场区，$D < \lambda/2\pi$，波阻抗由辐射源特性决定。小电流高电压辐射体主要产生高阻抗的电场，而大电流低电压辐射体主要产生低阻抗的磁场。如果辐射体阻抗正好约 377Ω，那么实际在近场会产生平面波，这取决于辐射体形状。当干扰源的频率较低时，干扰信号的波长 λ 比被干扰对象的结构尺寸长，或者干扰源与干扰对象之间的距离 $D < \lambda/2\pi$，则干扰源可以认为是近场，它以感应场的形式进入被干扰对象的通路中。这时近场耦合用电路的形式来表达就是电容和电感，电容代表电场耦合关系，电感或互感代表磁场耦合关系。这时要注意辐射的干扰信号就可以通过直接传导的方式引入电路、设备或系统中，这就是近场耦合的路径。

在 $D = \lambda/2\pi$ 附近或 1/6 波长的区域是近场和远场之间的传输区域。对于 30MHz，平面波的转折点在 1.5m 左右；对于 300MHz，平面波的转折点在 150mm 左右；对于 900MHz，平面波的转折点在 50mm 左右。进行辐射测试时，这是远场辐射的问题。在设计应用时，这些数据可供参考。

对于大多数 PCB 的设计问题，近场耦合是值得注意的。

6.1.3　实际 PCB 电路的辐射理论

1. PCB 中存在大量天线同时也是驱动源

当物联产品中高速信号的 PCB 布局走线的长度与其信号的波长可以比拟时，PCB 可以通过自由空间直接辐射能量。即使 PCB 布局走线的长度远小于信号的波长，它也可以通过近场耦合，或者在第 5 章中的耦合路径对外辐射能量。同时，地平面上的共模压降驱动与其连接的电缆通过电缆向外辐射能量。

当将 PCB 与发射天线等同起来时，天线是专门用于向外辐射能量的，而大多数 PCB 都是无意的天线，即它们的设计目的不是天线，除非如前面章节描述的用它来做能量传输。如果 PCB 无意中成为理想天线，而且不能采取有效的抑制措施，则需要进行屏蔽。有时 PCB 并不是天线，但是由于其共模噪声的存在，其存在是电缆的驱动源，故电缆就成了发射天线。建立简化的等效天线模型，如图 6-10 所示。

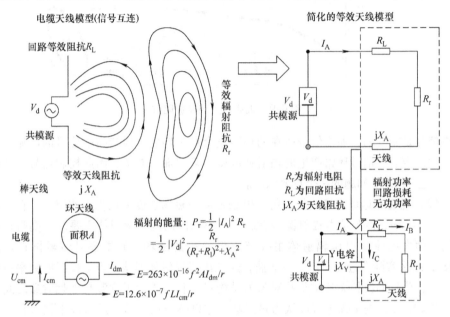

图6-10　建立简化等效天线模型

如图 6-10 所示，无论是故意还是偶然，天线的效率是频率的函数。当一个天线被一个电压源驱动时，它的阻抗会有明显的变化。当天线处于谐振状态时，它的阻抗会变高并且主要呈电感性。阻抗方程 $Z = R_r + j\omega L$ 中的电阻 R_r 部分称为辐射电阻。辐射电阻是天线在一定频率辐射 RF 趋向的量度。大多数天线在一个特定的频谱上辐射效率比较高。这些频率一般为 200MHz，因为 I/O 线最长大约 2~3m，比波长要长一些，所以若频率再高一点，则一般可以看作是从产品的外壳缝隙出来的辐射更明显。

对于被共模电压驱动的共模辐射来说，降低驱动电压是最简单可行的抑制技术。RF 驱动电压存在的原因主要有 PCB 电路的布线阻抗、地回路阻抗、用来降低无用天线驱动电压的旁路或屏蔽设计。

在实际的电子产品中，PCB 还存在非常多的未知参数，比如信号线与信号线之间的寄生电容、寄生互感，信号线与参考地之间的寄生电容，信号线的引线电感等。这些参数都会是与频率相关的参数，而且数值都很小，在直流或低频情况下，通常是设计工程师所忽略的，如果是 EMC 设计，则在辐射发射的高频范围内，这些参数将会产生非常重要的影响。在实践中，有大部分产品的辐射发射问题是由等效的单偶极子（棒天线）产生的。在不考虑产品 PCB 成本的情况下，PCB 设计采用多层板的架构，其信号的环路面积可以控制得较小，从而减小信号环路所产生的辐射问题。因此，等效单偶极子天线（棒天线）所产生的辐射随着产品的复杂化，将会是设计时关注的重点。

为了减小 PCB 上的辐射效率，需要采取 EMC 设计和抑制措施，除了屏蔽外，还包括建立良好的接地系统以及合理的布局布线，另外，选择合适的滤波器也能降低不想要的 RF 辐射，得到想要的最好结果。

2. 差模辐射的频谱

在实际电路中，开关电源的 PWM 开关信号和时钟电路都是脉冲信号，其脉冲信号差模辐射的频谱和理论计算如图 6-11 所示。前面有对脉冲信号的频谱及差模辐射的预测公式进行分析，可知来自这些可能源头的辐射发射通常都不是辐射的主要来源，所以可以很单纯地控制这类辐射。主要的策略就是要控制信号源的频谱，也就是说，除非电路运行的需要，否则绝不要制造出电流波形的高频谐波成分。一般来说，脉冲的上升时间都比功能上的需要快很多，因此需要尽可能延迟上升时间，一个基本的设计规则是要达到良好的上升时间通常只需要 5～7 个谐波。更高的频率成分可以达到更快的上升时间，这时会花费更高的 EMC 辐射控制代价。

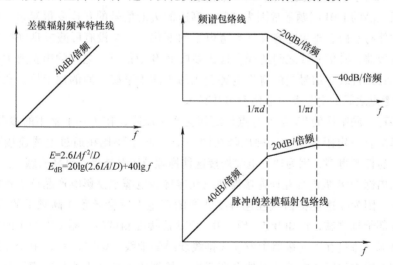

图 6-11　脉冲信号差模辐射的频谱

一旦控制了电流谐波成分的大小，就只有另一个方式来控制辐射。控制 PCB 关键布局布线（脉冲信号、时钟、视频信号、数据驱动器、振荡电路及开关回路）暴露出的走线长度。对于物联产品中有高速信号的系统，可采用多层板的设计。高速信号应该要布线在 PCB 多层板的内层，埋在完整平面之间。以带状线回流方式布线（距离两个参考平面相同的距离），或者是不对称的带状线布线结构，都会比将高速信号布线电路暴露在顶层或者底层时要好。当然，线路中一些走线的暴露是必需的，以便连接表面的器件焊盘，此部分的布局布线应该要尽可能的短，一般不要超过 10mm 的长度。

注意：在实际电路中有相同的脉冲电路环路的辐射 E_{dB}，若有 N 个这样的环路辐射，那么总的辐射为 E_{dB} 乘以 $N^{1/2}$（N 的二次方根）。因此，对于实际的应用可以采用分散时钟频率的方案设计。

在实际的产品设计应用中，系统的噪声源是比较容易知道的，或者说比较容易判定，比如噪声源可以是开关电源系统、时钟及高频信号源系统。一个重要的概念是所有干扰源的可能源头几乎都是来源于这个开关电源信号或时钟信号，不论是直接还是间接的。如果将这些信号控制妥当，让它只含有使功能正常动作所需要的谐波，则在高频段的 EMC 辐射问题就会降低甚至是消除。

大多数可能的辐射来源都是直接相关到返回电流路径，或是缺少足够短的返回电流路径。EMC 的设计考虑信号要返回其源，就是要明确地设计出返回电流路径。电路板 PCB 的布局布线设计并不是仅仅将电路连通，更重要的是要考虑信号布线的回流路径。这是 PCB 设计中最重要的项目，它会影响到许多可能的辐射源问题。

3. PCB 之间的互连是产品 EMC 的薄弱环节

物联产品的 EMI 问题常常因为高频、高速的边沿信号的互连变得复杂，互连的过程常常伴有互感、寄生电容和地参考电平的变化。一个没有屏蔽或良好接地平面的互连连接器，其信号线之间的耦合远比多层 PCB 中信号线之间的串扰要大，互连的插针或者是排线的信号线的寄生电感造成的不同子系统之间的地阻抗，及其带来的 0V 参考点之间的电位差也远比 PCB 中的大。

在各种不同结构的 0V 与参考点地之间会产生压降，作为一个常用的参考电压，这个压降是有一定限制的。这种压降在同一个 PCB 上要比在通过电缆连接不同的 PCB 上容易控制得多，因为通过电缆连接这种物理结构对外界有更高的感应。

产品内部 PCB 板内部互连连接器件或互连排线电缆也是影响产品抗干扰能力的主要原因，因为互连连接器或互连排线线缆的寄生电感会导致在高频下的高阻抗。当进行外部干扰测试，比如 BCI、EFT/B、ESD 抗扰度测试时，测试中产生的共模瞬态干扰电流会流过互连连接器中或互连排线线缆的地线（0V 参考），由于互连连接器或互连电缆中地线的阻抗，必然会在互连连接器中的地线上产生共模压降，如果互连连接器或互连排线线缆中地线两端的电位差 ΔU 超过了互连连接器或互连电缆两端电路或 IC 器件噪声电压的限制要求，就会出现故障现象。

实际的应用案例：某物联产品为了实现产品标准化，将产品的主控部分 PCB_1 和显示部分 PCB_2（显示部分按客户功能要求不同而有差异，属于易变动器件）分别用连接排线互连，在 PCB 上同时还有连接线电缆连接。对产品进行 EMI 测试时，该产品不能通过标准 EN 55022 中规定的 B 类的辐射发射限值要求，超标的频点为水平极化 177.5MHz 和垂直极化 30MHz。互连排线中信号的最高频率为 3MHz 左右，PCB$_1$ 与 PCB$_2$ 的排线长度为 10cm，其连接的 PCB 结构如图 6-12 所示。长度为 10cm 左右的普通线缆，其寄生电感为 100nH 左右，使用的线缆的导线直径估计为 0.65mm，在 177MHz 的频率下，根据第 3 章中的表 3 – 3 可知其阻抗约为 120Ω。在 30MHz 的频率下，它的阻抗约为 25Ω。在高频时，互连排线的寄生电感 L（100nH）是该连接线缆阻抗的主导因素。

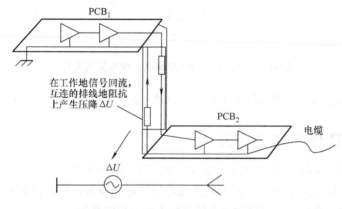

图 6-12　PCB 互连辐射产生的原理

如图 6-12 所示，辐射发射的问题在于 PCB$_1$ 中的工作地与 PCB$_2$ 中的工作地互连线阻抗 Z_R 较大。当互连信号的回流流过此地信号电缆时，将产生 ΔU，其电缆连线的高频阻抗已经得知，其寄生电感是该连接线缆阻抗的主导因素。因此将产生 $\Delta U = L(\mathrm{d}i/\mathrm{d}t)$ 的压降，这是一个典型的电流驱动模式的共模辐射发射。在第 5 章中有预测过差模环路的辐射影响。在此例中，很显然差模辐射的直接影响是很小的。

通过分析可以看出 PCB$_1$ 和 PCB$_2$ 之间的信号中的地阻抗 Z_R 是问题点，降低 Z_R 就可以解决问题。可以增加排线中地线的数量以减小总体的寄生电感。

另外，该产品在对 I/O 线缆进行 EFT/B 测试时，发现只要测试电压超过 1kV，产品就会出现误动作现象。建立如图 6-13 所示的 EFT/B 的抗扰度测试分析原理图，可以看到产品的接地点在 PCB$_1$ 上，I/O 信号线缆在 PCB$_2$，当在 I/O 电缆上注入 EFT/B 共模干扰时，共模电流必将通过 PCB$_2$、PCB$_1$，最终流向参考接地板。

如图 6-13 所示，出现 EFT/B 抗扰度测试的问题在于 PCB$_1$ 中的工作地与 PCB$_2$ 中的工作地互连线阻抗 Z_R 较大。互联排线的长度为 10cm，其电感约为 100nH，当 EFT/B 的共模干扰电流流过地阻抗时产生压降 $\Delta U = L(\mathrm{d}i/\mathrm{d}t)$。进行 1kV 的耦合共模电压测试时，假设有 1A 的瞬态共模电流流过回路，其 $\Delta U = L(\mathrm{d}i/\mathrm{d}t) = 100\mathrm{nH} \times 1\mathrm{A}/5\mathrm{ns} = 20\mathrm{V}$。

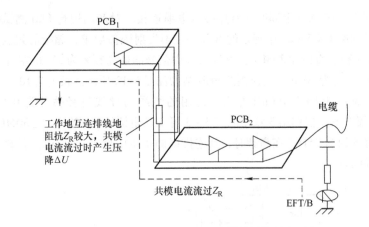

图 6-13　EFT/B 抗扰度测试共模电流的路径

当 20V 的电压超过器件的噪声承受能力时，就会产生干扰，导致误动作。

6.2　PCB 信号源的回流

PCB 设计需要提供良好的高频电流回路，如果回路接地平面有缝隙、布线、参考面换层等，则高频电流将不能经最优化的路径返回源头，那么高频电流将寻找替代的回流路径。此时，将导致回流电流产生不可预期的路径。

许多高速信号产生 EMI 问题都是在于返回电流路径的不正确设计。PCB 设计者通常花费时间在仔细考虑适当的信号路径、适当的传输阻抗等，但是忽略了完成电流环路的返回电流路径，如果对返回电流路径多加注意，则 EMI 问题通常可以避免。

6.2.1　不同频率信号源路径

1. 测试实验装置

通过探究信号源回流路径的测试实验如图 6-14 所示。分析一个电流返回回路，该回路的信号源输入不同的信号工作频率，回路的路径阻抗用 Z 来表示。在图中 $Z = R + j\omega L$，R 为直流阻抗；L 为走线电感；Φ 为磁通量；A 为该回路的回路面积；I 为回路电流。测试实验中采用信号发生器，以便产生不

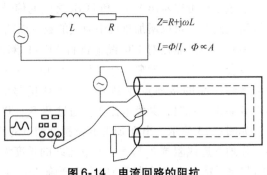

图 6-14　电流回路的阻抗

同频率的工作信号源，信号源通过同轴电缆连接，在同轴电缆的另一端串联 $R = 50\Omega$

的负载电阻，然后用一根导线直接连接同轴电缆的外层，再用检测仪器探测一下流过导线的电流。

2. 装置的测试数据分析

图 6-15 所示，由测试数据发现信号源经过电阻后有两种路径方式，一种是通过同轴电缆外层的连接导线流回源端，另一种是当信号发生器的频率慢慢升高时高频信号的回流选择同轴电缆的外层路径。在图中看到当信号源的频率从 100 ~ 500kHz 时其电流慢慢减小了，这说明频率升高时大部分的电流开始从同轴电缆的外层流回去，而不选择流过连接的导线。

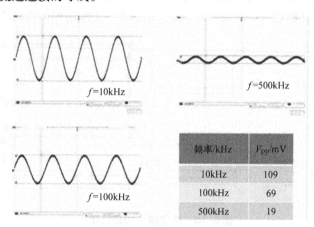

频率/kHz	V_{pp}/mV
10kHz	109
100kHz	69
500kHz	19

图 6-15　50Ω 负载电阻电流回路的电压降

3. 信号源的电流回流路径

图 6-16 所示为测试信号源的电流密度分布图，当信号源频率低时电流几乎是走外连接导线 50Ω 电阻的路径。当频率升高到 500kHz 时有一部分电流通过外连接导线流回，还有一部分通过同轴电缆的外层流回。当频率升高到 10MHz 以上时信号源电流就不走外连接导线回流，而全部通过同轴电缆外层流回去。

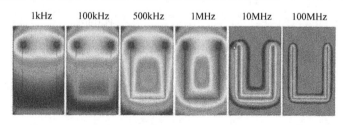

图 6-16　高频信号源的电流回流路径

4. 信号源电路等效分析

回路等效图如图 6-17 所示，低频信号源回流选择阻抗最低的路径，阻抗最低

$Z = R = 50\Omega$ 意味着路径最短，即外连接导线的回流路径；高频信号源回流选择感抗最低的路径。感抗等于磁通量 Φ 除以回路电流 I，而磁通量正比于回路面积 A，选择感抗最低也就是选择环路面积最小的路径。

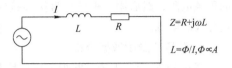

$$Z=R+j\omega L$$

$$L=\Phi/I, \Phi \propto A$$

图 6-17　信号源的电路等效

5. 信号源的回路面积

如图 6-18 所示，信号源从同轴电缆的外层流回时，其回路面积是最小的。因此，高频信号 ≥10MHz 的信号源一般会选择紧贴信号线流回去的路径。

结论：在设计高频信号的回流时需要给信号源一个能镜像回流的通路。

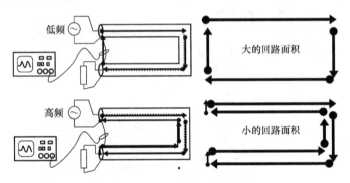

图 6-18　信号源的回路面积

了解实际的高频高速传输线后，对电流的理解就可以扩展到 DC 领域之上。电流并不是单纯地从源头开始，沿着传输线的信号导体到达接收端，然后由接地参考平面流回到源头端。传输线传输的是 TEM（Transverse Electric and Magnetic Field）波。当传输线的长度比信号波长时，在传输线上的某些区域会有 TEM 波存在。存在 TEM 波的区域会有变化的电场存在于信号路径与接地参考平面之间。如图 6-19 和图 6-20 所示，分析微带线布线及带状线布线的情况。

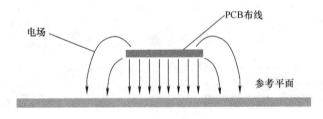

图 6-19　微带线布线的电场

图 6-19 所示为微带线回流路径，当使用电源平面、地平面作为参考平面时，微带线因为信号线布线与参考平面之间紧密耦合的原因，返回电流会在参考平面布线

的直接正下方或正上方流动。

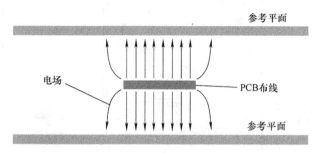

参考平面

电场

PCB布线

参考平面

图 6-20　带状线布线的电场

图 6-20 所示为带状线回流路径，对称带状线返回电流平均使用上下两个平面，非对称带状线常见于多层板，大部分的返回电流流经靠其最近的参考平面。

电场会使得两个导体间有一个电流，此电流方向相反，且会与信号波同步存在。当信号波沿着路径移动时，该电流会在两个导体内流动。不管信号路径还是返回路径上的电路不连续或是中断都会影响这个电流，而该电流必须存在流动，以使 TEM 波传递下去，如果 PCB 设计时没有给它设计路径，那么它就可能会自己找到一个较远的路径进行传递。这时就会出现信号完整性，或者是 EMI 的问题。

注意：返回电流被中断的原因大致有三种：在参考平面跨分割，信号路径上变换参考面，以及信号由连接器连接两块不同的电路板。

要设计好返回电流是因为 TEM 波沿着传输线移动。这个信号的返回电流并不会因为参考平面在 DC 电路图上的供电电压不同而受到影响。也就是说，不管此平面是地平面还是 DC 电源平面，返回电流都是一样的。在高速电路的设计中，地平面及电源平面都可以当作信号返回电流的参考平面。地参考平面通常需要保持完整以提供好的电流返回路径。

电源平面通常会区分成几块以使用不同的电压，或是 DC 电源供电同时在一块电路板上。当一个信号电路布线横跨过两个不同的 DC 电压产生裂缝时，信号返回电流是没有办法流过去的。图 6-21 所示为一个常见的信号线横跨过参考面的例子。

如图 6-21 所示，无论这个裂缝在电源平面还是地平面，高速信号布线都不应该横过其参考平面上的裂缝。注意，当使用电源平面来当作参考平面时，返回电流仍然必须回到其驱动 IC 的接地参考引脚。此电流必须流经去耦电容，再从电源平面回到接地参考面。

很明显，高速信号布线不应该横过参考面上的裂缝，但有时设计上有限制，当没有办法避免，特别对于复杂的系统，比如使用 6 层板及以上系统时，要完全避免高速信号横越电流区块的分裂处是不容易的。通常还由于集肤效应的缘故，有些电流会保持在层的不同表面。那么可以采用缝补电容来连接两个不同的参考平面的区

第 **6** 章

141

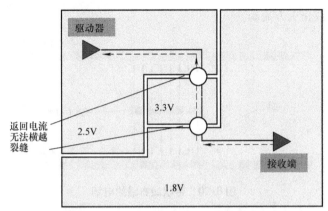

驱动器

3.3V

返回电流
无法横越
裂缝

2.5V

接收端

1.8V

图6-21 信号线穿过参考平面的裂缝

块，并且放置在靠近信号路径横越裂缝的地方，以提供返回电流的横越裂缝的路径。

当使用缝补电容提供横越裂缝的返回路径时，必须考虑到此路径上的阻抗问题。很明显当没有裂缝时，沿着此平面的阻抗很低。因此增加的缝补电容也必须要提供足够低的阻抗以使返回电流跨越裂缝。如果是相同参考平面的区块，那么对应的方法是增加缝补过孔设计，同样增加的缝补过孔也必须要提供足够低的阻抗以使返回电流跨越裂缝。

6.2.2 PCB单层板和双层板减小回路面积

对于整体 EMC 设计来说，最初的 PCB 布局布线是很重要的部分。高速高功能的系统通常使用多层板。其中的几个层可使用为 DC 电源或是接地参考平面，这些通常是完整平面，且没有裂缝和分割。因为通常会有足够的不同的平面层，所以不需要在单一平面提供不同的 DC 电压，不管这些层怎么命名，这些层应该都可以作为直接相邻传输线信号的返回电流的路径。对于这些平面层来说，如何设计出一个良好低阻抗的返回电流路径就是其最重要的工作。

PCB 多层板的选择通常由目标价格、制造技术以及需要多少布线层才能完成所需的功能这三个因素决定。其中有很多冲突的要求，比如价格要求受限。PCB 设计时可以选择双面板及单面板的设计来实现功能的要求，这时 EMC 的设计是一个挑战，要格外小心。通常在不完整的平面，所有的信号以及电源的返回电流都是以布线的方式走线。

在 PCB 的单层及双层中，主要关切点是保持信号电流的回路面积越小越好，不允许大的电流回路存在，如图 6-22 所示。

通常这些 PCB 上的信号速度一般会比多层板的要慢，但是图 6-22 所示的大的环路面积还是有可能造成 EMC 的问题。采用图 6-23 所示的 PCB 布线就会有小的回路面积。

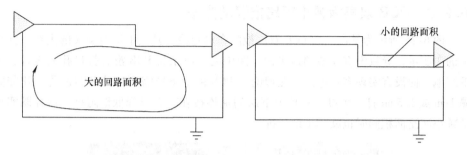

图 6-22　PCB 走线大的回路面积　　　　　图 6-23　PCB 走线小的回路面积

如图 6-23 所示，在信号布线旁边应该配置信号返回电流的布线，以缩小回路面积，并且因此可以降低辐射，但同时会增加外部干扰而带来的产品抗扰度测试的问题。

注意：使用去耦电容的设计也很关键，去耦电容要尽可能靠近 IC，并且连接到电源以及接地引脚。

对于单面板及双面板的设计，图 6-24 给出一个设计策略，使得短的信号布线也可以缩小回路面积。

如图 6-24 所示，单层板设计时可以将电源与地，信号与地相伴走线，以达到减小环路面积的目的；双层板设计时可以采用上下层敷地通过间隔 10mm 或 15mm 间距上下层打过孔的方法减小回路面积。

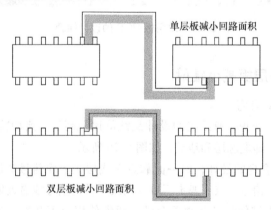

图 6-24　单层板及双层板减小回路面积的方法

采用单面板及双面板的设计，小心的布局布线并不会增加 PCB 的成本，这可能会稍稍增加电路板布线所花费的时间，但是与所降低的 EMC 问题相比是非常值得的。PCB 设计中，返回电流路径的考虑是非常重要的，在良好的 EMC 设计中可能是最值得费心的观念。

6.2.3　PCB 双层板减小回路错误的方法

图 6-25 所示为某产品的 PCB 双层板的布局走线，其上下层有交叉的走线，如图中的①所示，导致没有完整的地平面。图中的②所示为 PCB 没有打过孔的设计，上下层地平面没有实现多点连接。在理论上 PCB 的上下层需要打较多的过孔（比如间隔 1cm 或 1.5cm 打一个过孔）把上下层的地连接在一起以降低地阻抗，这样既实现了减小回路面积同时也减小了地阻抗。

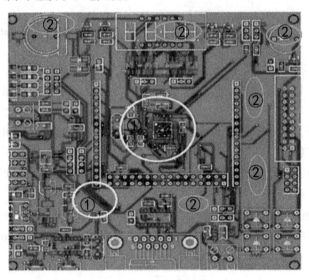

图 6-25　双层板 PCB 的设计问题

6.2.4　PCB 多层板减小辐射

1. 四层板的设计参考

目前四层板对于一些高速系统的设计是性价比最高的。典型特点是只有两个信号层和两个平面层，即电源层和地层，如图 6-26 所示。

图 6-26 所示为合理的设计，地平面靠近布线层，上面信号 2 层与地层要靠近，电源层要靠近地层；信号 1 层一般走不重要的线，关键信号线靠近地层。

尽量将走线通道最佳化是非常重要的，通常使用上下和左右方向的布线策略，此时就不可能让返回电流保持在相同的平面。去耦电容应该尽可能地靠近过孔以提供返回电流路径。电容的焊盘与过孔之间的连线应该尽可能短且宽，以使电感/阻抗最低。

参考平面通常指定为接地参考平面以及电源平面，而此电源平面又可能会分割为多个不同电压。它是 PCB 内部临近信号层的一层完整的敷铜平面层。主要作用在

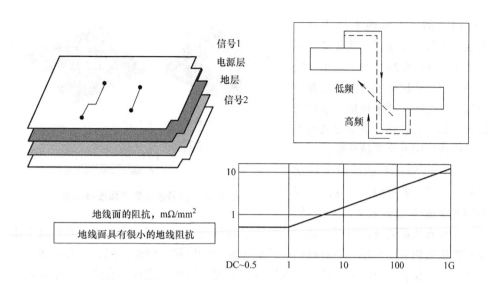

信号1
电源层
地层
信号2

低频
高频

地线面的阻抗，mΩ/mm²

地线面具有很小的地线阻抗

10

1

DC~0.5　　1　　10　　100　　1G

图 6-26　四层板的堆叠方式

于阻抗控制、信号回流路径控制、信号电平稳定、电源稳定。电源和地平面都能用作参考平面，且对内层走线具有一定的屏蔽作用。相对而言，电源平面具有较高的阻抗，与参考电位存在较大的电位差，同时电源平面的干扰相对较大。从屏蔽的角度，地平面一般做了接地处理，并作为基准电位参考点，其屏蔽效果要远优于电源层。

当使用电源平面作为信号的参考平面时，非常重要的是要确保布线只在完整平面上走线，而不会跨越分割。如果跨越的状况发生了，则必须使用缝补电容在靠近布线跨越分割处放置，以提供返回电流路径。此外，电容的焊盘与过孔之间的连线应该尽可能的短且宽，以使电感/阻抗最低。

注意：地层平面有更小的等效电感和等效电阻，从而能够大幅度减小地线上的干扰电压。在层设置时，尽可能使电源平面和布线层与地平面紧邻，从而可以有效地减小电源和信号回路面积。

2. 关键信号线避免换层

如图 6-27 所示，信号换层参考面维持不变，在这种情况下返回电流将在同一参考平面层流动，对于辐射发射是可以接受的，可以不需要增加处理措施。

如图 6-28 所示，信号在两个参考面换层，图中为其返回电流的走向。返回电流从底部的参考平面走到上层的参考平面有两种路径：对低频来说，其路径为经过附近的去耦电容；对高频来说，其路径为经过这两个平面间电容的位移电流；对任一频率来说，哪一条路径有主要的电流流过，就要看哪一条路径有较低的阻抗。如果有一些电流变成共模电流，在参考平面的上表面流动，就可能会造成直接辐射。

（1）信号参考地平面从一个地层换到另一个地层　此种情况下返回电流在两个地平面上流动，则必须在布线换层的过孔附近设置一个缝补过孔连接两个地层。增加的缝补过孔也必须要提供足够低的阻抗，以使返回电流跨越裂缝。

（2）信号参考地平面从地层换到电源层　此种情况下返回电流分别在电源平面和地平面上流动，

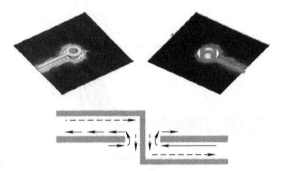

图6-27　信号换层参考面维持不变

则必须在布线层的过孔附近设置去耦电容，将地层与电源层连接起来。若经过去耦电容的阻抗仍大于两参考平面间的位移电流路径的阻抗，则此去耦合电容的作用就不大了。当位移电流的路径是一个低阻抗路径时，这些电流就会造成两个平面间大分布面积的噪声信号。

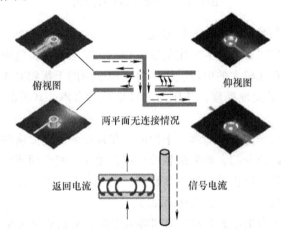

图6-28　信号在两个参考面换层

很显然，最好的办法是不换参考平面，但是这并不是说电路布线一定要在单一的布线层，而是需要在变换布线层时要小心处理。如果参考平面一定要变换的话，则去耦电容的位置应该要靠近参考平面变换的过孔。比如用两个电容放置在很靠近过孔处可以更好地降低辐射，同时也应该选用在信号频率及谐振频率范围内都为低阻抗的电容设计。

通常时钟信号线、复位信号线、驱动信号线等应避免信号线换层，因为信号线穿过两个参考平面会形成边缘辐射。

在实际应用时，高速信号线换层时附近要有地过孔提供回流环路，整板要有地孔阵列以保证整板阻抗小，回流环路小。如果换层的两个参考平面是相同电位的（同为地平面或电源平面），则在信号过孔附近增加缝补过孔。如果换层的两个参考平面是不同电位的（一个为地平面和一个为电源平面），则在信号过孔附近增加缝补小贴片（0603 封装）的 104 电容设计。

3. PCB 多层板设计的原则

PCB 多层板设计的中心思想为：信号环路面积最小化、信号回流路径完整性、参考电位波动最小化。

1）元器件面、焊接面下面应为完整的参考地平面，需做好信号回流路径控制。

2）PCB 叠层设计时应避免两信号布线层的相邻，预防串扰。

3）电源层、信号层应紧邻地平面层，确保参考电位的稳态性和信号回流路径的可控性。

4）对于时钟信号、高速驱动信号、数据驱动器的布线层应紧邻参考地平面，同时保证参考电位的稳定性及信号回流路径的可靠性。

关于 PCB 叠层设计需要注意的问题：

1）PCB 叠层设计时，应使高速信号尽量不换层，或者最少次数地换层走线，同时注意走线回流路径的阻抗和寄生参数的大小。

2）信号参考优先选择地平面，次选电源平面，优选电压较低的电源平面，次选电压较高的电源平面，以保证参考电压的稳定性。

3）PCB 叠层设计时，应避免出现无参考平面，或者不规划参考平面的情况，同时应关注层与层之间的层间距设计规则。

4. 信号跨分割及设计缝补电容的近场辐射

当使用缝补电容提供跨分割的裂缝的返回电流路径时，必须要考虑到这个路径的阻抗。很明显当没有裂缝存在时，沿着这一平面的阻抗就很低。图 6-29 所示为一个 PCB 外露的微带线有裂缝和完整平面的近场辐射场强波形。

如图 6-29 所示，当 PCB 上回流路径有裂缝时，在 20 ~ 1000MHz 的情况下，如预期的分析，此跨越裂缝的布线所造成的电场辐射比没有裂缝时增大了 20dB 以上。

图 6-30 所示为将一个或是两个 0805 封装的 0.1μF 的缝补电容放置在裂缝处的结果。在频率 100MHz 以下，辐射会降低到与没有裂缝时差不多。在只使用一个缝补电容的情况下，从 100MHz 往上的辐射会逐步增加。在使用了两个缝补电容后，辐射在 1GHz 以下都可以维持很低。

在实际应用时，电容在连接处以及连接到 PCB 的走线部分需要总体来考虑，在这两个连接处会增加 1.5nH 的电感量。这就会使得高频时有较高的阻抗，也就是说会增加辐射的状况。图 6-31 所示为将连接的过孔等电感因素考虑进来。其测试结果显示辐射状况会比只考虑理想电容器时要高一些。但是，其结果仍然会比不加缝补电容时的状况要好。

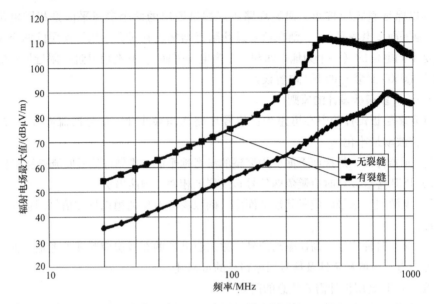

图 6-29　在参考平面有裂缝和无裂缝的微带线近场辐射

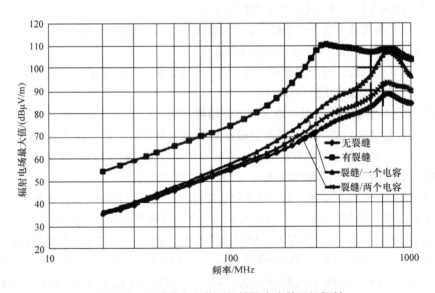

图 6-30　在裂缝上安装理想缝补电容的近场辐射

　　最佳的方式是高频的信号线布线不要跨越裂缝。如果 PCB 的叠层上需要有裂开的电源平面，则要小心地处理高速信号的布线。使它们只参考到连续的或实体的地平面设计，或是没有裂开的电源平面，才是最佳的 EMC 设计。

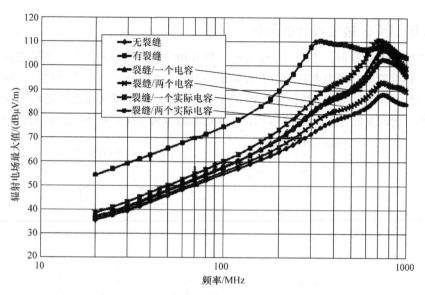

图 6-31　在裂缝上实际缝补电容（包括 PCB 的走线电感）的近场辐射

6.2.5　PCB 多层板减小回路错误的方法

如图 6-32 所示，某一产品的 PCB 设计是一个多层板，它有分割模拟地和数字地，同时在另一边看不到数字地。如果看不到数字地，就没有数字地的设计，也就没有有效的回路，实际上是由于没有规划信号的电流返回路径。讨论环形天线辐射时，所谓的回路可以是信号与地的回路，也可以是电源与地的回路。在信号旁边如果看不到相应的地或返回电流路径通道，就不可能有小的回路面积，这样回流电流会产生不可预期的路径，它的回流阻抗及环路面积就会比较大。这样的 PCB 设计是典型的失败参考案例。

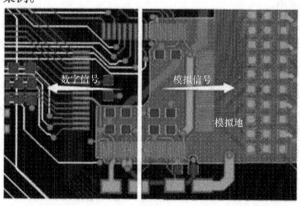

图 6-32　实际的多层板 PCB 布线案例

6.2.6 PCB 边缘设计的问题

进行 PCB 设计时，当有印制线布置在 PCB 边缘时，该印制线与参考接地板之间将形成相对较大的寄生电容，因为布置在 PCB 内部的印制线与参考接地板之间形成的电场被其他的印制线挤压，而布置在边缘的印制线以及参考接地板之间形成的电场则相对比较发散。如图 6-33 所示，PCB 边缘的布局布线会对外产生较强的辐射。

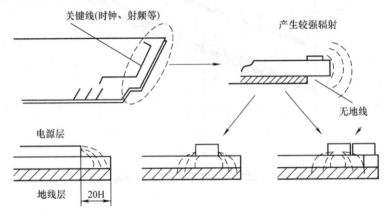

图 6-33   边缘印制线的电场分布

前面分析了 PCB 走线的耦合电容问题，PCB 中的印制线与参考接地板之间存在分布电容。图 6-33 变相给出了 PCB 边缘设计、相关准则及需要注意的问题和方法。在边缘的元器件及布线都会导致对参考接地板产生更大的分布电容，当印制线与参考接地板之间的寄生电容较大时，对于抗扰度测试来说这个印制线会产生较高的干扰电压，比如，ESD 测试时，会导致系统故障。对 EMI 来说，印制线对地的寄生电容越大，产生的共模电流越大，当共模电流流过电缆时，电缆产生的辐射发射也就越大，反之辐射越小。

注意：对于高 du/dt 的 PCB 印制线或器件，应远离 PCB 边缘 1cm 以上。

1）离 PCB 边缘较近时，与参考接地板之间的容性耦合会产生 EMI 问题，敏感的印制线或器件在 PCB 的边缘会产生抗扰度的问题。

2）如果设计中由于其他一些原因一定要布置在 PCB 的边缘，那么可以在印制线边上再布一根工作地（GND）线，并通过过孔将此工作地（GND）线与工作地（GND）平面相连。

6.2.7 高速时钟和开关电源的 PCB 回路

图 6-34 所示为高频时钟源和低频驱动开关电源电路电流回路。高频电流走感抗最低的环路，即高频信号回流路径通过镜像回流。开关电源布局布线要选择最短的

环路。对于高频高速信号，采用双面板及多层板的敷铜地架构设计是为了满足关键信号的最小回流面积。对于开关电源系统的 EMI 辐射，需要优化开关噪声回路面积，同时降低高频噪声共模电流强度的设计思路。

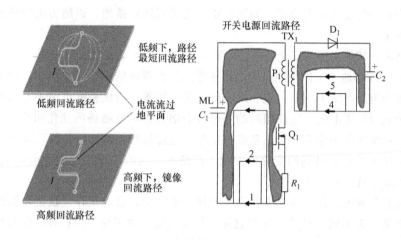

图 6-34　开关电源工作回路与高频信号线的回流路径

6.3　PCB 接地分析设计

通常 EMC 设计的三大方法为滤波、屏蔽、接地。因此，接地对 EMC 设计以及产品的安全安规都非常关键。当设计一个产品时，EMC 接地设计是最经济的办法。一个设计良好的接地系统，不仅从 PCB 的角度，而且能从系统的角度防止辐射和进行电路敏感度的防护。如果在设计阶段没有过多的考虑接地系统，那么可能会导致系统 EMC 设计失败。

接地技术最早应用在强电系统（电力系统、输变电设备、电气设备）中，为了设备和人身的安全，将接地线直接接在大地上。由于大地的电容非常大，所以一般情况下可以将大地的电位视为零电位，后来接地技术延伸应用到弱电系统中。对于电力电子设备，可以将接地线直接接在大地上或者接在一个作为参考电位的导体上，当电流通过该参考电位时，不应产生电压降。在实际应用中由于不合理的接地，反而会引入电磁干扰，比如共地线干扰、地环路干扰等，从而导致电力电子设备工作不正常。接地技术是电力电子设备电磁兼容技术的重要内容，为物联产品内部 PCB 的接地分析设计提供理论依据。

6.3.1　接地的分析思路

1. 电力电子设备的几种接地分析

（1）安全接地　安全接地即将机壳接大地。一是防止机壳上积累电荷，产生静电放电而危及设备和人身安全；二是当设备的绝缘损坏而使机壳带电时，促使电源的保护动作而切断电源，以便保护工作人员的安全。

（2）防雷接地 当电力电子设备遇雷击时，不论是直接雷击还是感应雷击，电力电子设备都将受到极大危害。为防止雷击应设置防雷接地，以防雷击时危及设备和人身安全。

上述两种接地主要为安全考虑，均要直接接在大地上。

（3）工作接地 工作接地是为电路正常工作而提供的一个基准电位。该基准电位可以设为电路系统中的某一点、某一段或某一块等。当该基准电位不与大地连接时，视为相对的零电位。这种相对的零电位会随着外界电磁场的变化而变化，从而导致电路系统工作不稳定。当该基准电位与大地连接时，基准电位视为大地的零电位，不会随着外界电磁场的变化而变化。但是不正确的工作接地反而会增加干扰，比如共地线干扰、地环路干扰等。

为防止各种电路在工作中产生相互干扰，使之能兼容地工作，根据电路的性质将工作接地分为不同的种类，比如直流地、交流地、数字地、模拟地、信号地、功率地、电源地等。不同应用的接地应当分别设计。

（4）信号地 信号地是各种物理量的传感器和信号源零电位的公共基准地线。由于信号一般都较弱，易受干扰，因此对信号地的要求较高。

（5）模拟地 模拟地是模拟电路零电位的公共基准地线。由于模拟电路既承担小信号的放大，又承担大信号的功率放大；既有低频的放大，又有高频放大；因此模拟电路既易接受干扰，又可能产生干扰。所以对模拟地的接地点选择和接地线的敷设更要充分考虑。

（6）数字地 数字地是数字电路零电位的公共基准地线。由于数字电路工作在脉冲状态，特别是脉冲的前后沿较陡或频率较高时，易对模拟电路产生干扰。所以对数字地的接地点选择和接地线的设计也要充分考虑。

（7）电源地 电源地是电源零电位的公共基准地线。由于电源往往同时供电给系统中的各个单元，而各个单元要求的供电性质和参数可能有很大差别，因此既要保证电源稳定可靠地工作，又要保证其他单元稳定可靠的工作。

（8）功率地 功率地是负载电路或功率驱动电路的零电位的公共基准地线。由于负载电路或功率驱动电路的电流较强、电压较高，所以功率地线上的干扰较大。因此功率地必须与其他弱电地分别设置，以保证整个系统稳定可靠地工作。

（9）屏蔽接地 屏蔽与接地应当配合使用才能起到屏蔽的效果，比如静电屏蔽。

若用完整的金属屏蔽体将带正电导体包围起来，则在屏蔽体的内侧将感应出与带电导体等量的负电荷，外侧出现与带电导体等量的正电荷，因此外侧仍有电场存在。如果将金属屏蔽体接地，则外侧的正电荷将流入大地，外侧将不会有电场存在，即带正电导体的电场被屏蔽在金属屏蔽体内。

再比如交变电场屏蔽，为降低交变电场对敏感电路的耦合干扰电压，可以在干扰源和敏感电路之间设置导电性好的金属屏蔽体，并将金属屏蔽体接地。只要设法使金属屏蔽体良好接地，就能使交变电场对敏感电路的耦合干扰电压变得很小。

2. 接地方式的分析

工作接地按工作频率不同可采用以下几种接地方式，产品设计要依据其设计目标来选择使用的方式。然而不论设计者的意图为何，几乎所有的高频电路都是使用多点接地参考的电路设计。最佳的设计需要设计者依据不同电路所牵涉的频率范围来慎重决定采用哪种接地方式较为合适。

（1）单点接地　工作频率低于 1MHz 的信号采用单点接地式，即把整个电路系统中的一个结构点看作接地参考点，所有对地连接都接到这一点上，并设置一个安全接地螺栓，以防两点接地产生共地阻抗的电路性耦合。

单点接地的方式使用一个接地点在系统中或 PCB 上，所有电路都参考到该点，对于 DC 及低频电路来讲一般可以运行得很好。

如图 6-35 所示，多个电路的单点接地方式又分为串联和并联两种，由于串联接地产生共地阻抗的电路性耦合，所以低频电路最好采用并联的单点接地式。各芯片或功能电路的电源供电设计为防止工频和其他杂散电流在信号地线上产生干扰，信号地线应与功率地线和机壳地线相绝缘，且只在功率地、机壳地和接往大地的接地线的安全接地螺栓上相连（浮地方式除外）。

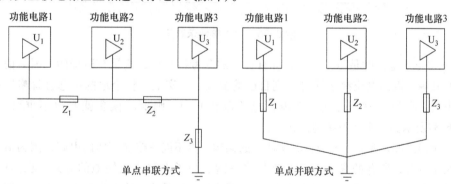

图 6-35　单点接地示意图

地线的长度与截面的关系为

$$S > 0.83L$$

式中，L 为地线的长度，单位为 m；S 为地线的截面面积，单位为 mm^2。

在目前的物联产品系统中，实际上一旦系统的工作频率升高到 100kHz 以上，寄生电容与寄生电感变得足够大，以至于会让电流流到不是规划的路径上，或者当返回电流流到非规划的路径时，EMC 问题就会体现出来了。根据前面的描述，大部分辐射问题的起因都可以追溯到返回电流流到不是规划的路径。

因此需要根据产品的工作特性，当频率增加到100kHz以上时，单点接地就必须要改成多点接地了。与其强调一定要使用单点接地，倒不如考虑将电路区分开来的方法，为电路提供适当的接地参考路径。这样需要对每一个信号分别考虑其返回电流，比如DC电源以及低频、中频、高频电路。

单点接地方式的特点为：串联单点接地简单，但存在公共阻抗耦合；并联单点接地布线较多，但在高频信号下接地线存在寄生电感效应。

（2）多点接地　如图6-36所示，工作频率＞10MHz的信号采用多点接地式（即在该电路系统中，用一块接地平板代替电路中每部分各自的地回路）。因为接地引线的感抗与频率和长度成正比，工作频率高时将增加共地阻抗，从而增大共地阻抗产生的电磁干扰，所以要求地线的长度尽量短。采用多点接地时，尽量找最接近的低阻抗接地面接地。

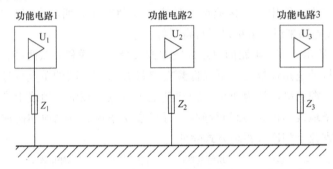

图6-36　多点接地示意图

多点接地指的是每一个电路都有自己的参考接地点，这是有道理的，因为信号返回其源，返回电流都必须要回到自己的源头。事实上，整个地的概念会忽略掉返回电流。在设计时，若把这个返回电流放在心中，则地的概念就变得不重要了。图6-37所示为一个多点接地的例子。

如图6-37所示，不能忽略实体上的架构，也不能忽略非实体的电路，因为最终在某个位置，所有的参考点都会连接在一起。为了理解多点接地的方式，在图中，假设有两个高速电路与其信号线及DC电源连接。信号线旁边的虚线部分表示高速信号的返回电流路径。此路径最有可能是相邻于信号线的DC接地参考平面，但也可能是其他的平面。

多点接地的优点是高频信号下应用有较好的表现，缺点是接地形式简单，但对系统中众多接地线的布局布线要有更高的要求，多点接地容易产生共地环路干扰的问题。

（3）混合接地　图6-38所示为工作频率介于1～10MHz的电路采用混合接地方式。当接地线的长度小于工作信号波长的1/20时，采用单点接地方式，否则采用多点接地方式。

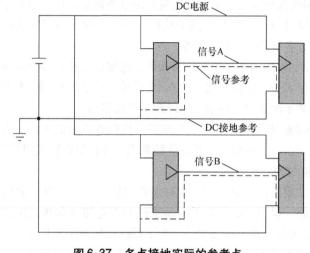

图 6-37　多点接地实际的参考点

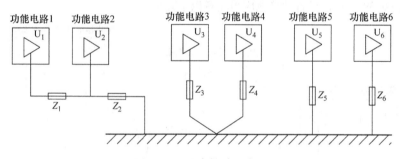

图 6-38　混合接地示意图

　　单点接地和多点接地的优缺点使得设计工程师想到的一个解决方案是混合接地，高频信号采用多点接地，低频信号采用单点接地，这样对于复杂的工作系统，设计工程师可以根据对电路特性的了解进行优化设计。

　　（4）浮地　浮地方式即该电路的地与大地无导体连接。其优点是该电路不受大地电性能的影响；其缺点是该电路易受寄生电容的影响，导致该电路的地电位变动并增加了对模拟电路的感应干扰。由于该电路的地与大地无导体连接，易产生静电积累而导致静电放电，可能造成静电击穿或强烈的干扰。因此，浮地的效果不仅取决于浮地的绝缘电阻的大小，还取决于浮地的寄生电容的大小和信号的频率。

　　3. 屏蔽接地的分析

　　（1）电路的屏蔽罩接地　各种信号源和放大器等易受电磁辐射干扰的电路应设置屏蔽罩。由于信号电路与屏蔽罩之间存在寄生电容，因此要将信号电路地线末端与屏蔽罩相连，以消除寄生电容的影响，并将屏蔽罩接地，以消除共模干扰。

　　（2）电缆的屏蔽层接地

1）低频电路电缆的屏蔽层接地。低频电路电缆的屏蔽层接地应采用单点接地的方式，而且屏蔽层接地点应当与电路的接地点一致。对于多层屏蔽电缆，每个屏蔽层应在一点接地，各屏蔽层应相互绝缘。

2）高频电路电缆的屏蔽层接地。高频电路电缆的屏蔽层接地应采用多点接地的方式。当电缆长度大于工作信号波长的0.15倍时，采用0.15倍工作信号波长的间隔多点接地式。如果不能实现，则至少将屏蔽层两端接地。

（3）系统的屏蔽体接地　当整个系统需要抵抗外界电磁干扰，或需要防止系统对外界产生电磁干扰时，应将整个系统屏蔽起来，并将屏蔽体接到系统地上。

4. 设备接地的分析

一台设备要实现设计要求，往往含有多种电路，比如低电平的信号电路（如高频电路、数字电路、模拟电路等）及高电平的功率电路（如供电电路、继电器电路等），并且要安装电路板和其他元器件，为了抵抗外界电磁干扰还需要设备具有一定机械强度和屏蔽效能的外壳。典型设备的内部电路单元接地如图6-39所示。

如图6-39所示，设备的接地应当注意以下几点：

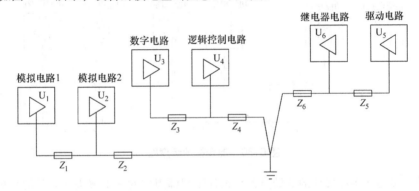

图 6-39　设备接地示意图

1）50Hz电源零线应接到安全接地螺栓处，对于独立的设备，安全接地螺栓设在设备金属外壳上，并有良好电连接。

2）为防止机壳带电，危及人身安全，不许用电源零线做地线代替机壳地线。

3）为防止高电压、大电流和强功率电路（如供电电路、继电器电路）对低电平电路（如高频电路、数字电路、模拟电路等）的干扰，应将它们的接地分开。前者为功率地（强电地），后者为信号地（弱电地），而信号地又分为数字地和模拟地，信号地线应与功率地线和机壳地线相绝缘。

4）对于信号地线可另设一个信号地螺栓（和设备外壳相绝缘），该信号地螺栓与安全接地螺栓的连接有三种方法（取决于接地的效果）：一是不连接，而成为浮地式；二是直接连接，而成为单点接地式；三是通过0.1～3μF电容器连接，而成为直流浮地式或交流接地式。

其他的接地最后汇聚在安全接地螺栓上（该点应位于交流电源的进线处），然后通过接地线将接地极埋在土壤中。

5. 接地电阻的分析

（1）对接地电阻的要求 接地电阻越小越好，因为当有电流流过接地电阻时，其上将产生电压。该电压除产生共地阻抗的电磁干扰外，还会使设备受到反击过电压的影响，并使人员受到电击伤害的威胁。因此一般要求接地电阻小于 4Ω，对于移动设备，接地电阻可小于 10Ω。

（2）降低接地电阻的方法 接地电阻由接地线电阻、接触电阻和地电阻组成。降低接地电阻的方法有以下三种：

1）降低接地线电阻，为此要选用总截面大和长度短的多股细导线。

2）降低接触电阻，为此要将接地线与接地螺栓、接地极紧密又牢靠地连接，并要增加接地极和土壤之间的接触面积与紧密度。

3）降低地电阻，为此要增加接地极的表面积和增加土壤的导电率（如在土壤中注入盐水）。

（3）接地电阻的计算 垂直接地极接地电阻 R 可以通过以下简化公式进行计算：

$$R = 0.366(\rho/L)\lg(4L/d)$$

式中，ρ 为土壤电阻率，单位为 $\Omega \cdot m$；L 为接地极在地中的深度，单位为 m；d 为接地极的直径，单位为 m。

例如，黄土 ρ 取 $200\Omega \cdot m$，L 为 2cm，d 为 0.05m，则垂直接地极接地电阻 R 为 80.67Ω。如在土壤中注入盐水，使 ρ 降为 $20\Omega \cdot m$，则接地极接地电阻 R 为 8.067Ω。

6.3.2 接地的重要性

产品"地"的设计对产品电磁兼容性能以及可靠性影响很大，也是产品电磁兼容设计的难点。

1. 产品开关电源系统宜采用单点接地

一般情况下，高频电路应就近多点接地，低频电路应单点接地。

在低频电路中，布线和元器件间的电感并不是大问题，然而接地形成的环路的干扰影响很大，因此，常以单点作为接地点；但单点接地不适用于高频，因为高频时，地线上具有电感，因而增加了地线阻抗，同时各地线之间又产生电感耦合。一般来说，频率在 1MHz 以下时，可用单点接地；高于 10MHz 时，采用多点接地；在 1～10MHz 之间可用单点接地，也可用多点接地。

2. 交流地与信号地不能共用

由于在一段电源地线的两点间会有数 mV 甚至几 V 电压，对低电平信号电路来说，这是一个非常重要的干扰，因此必须加以隔离和防止。

3. 浮地与接地的比较

产品地浮空，即系统各个部分与大地浮置起来，这种方法较简单，但整个系统与大地绝缘电阻不能小于 50MΩ。这种方法具有一定的抗干扰能力，但一旦绝缘下降就会带来干扰。还有一种方法就是将机壳接地，其余部分浮空。这种方法的抗干扰能力强，安全可靠，但实现起来比较复杂。

4. 模拟地

模拟地的接法十分重要。为了提高抗共模干扰能力，对于模拟信号可采用屏蔽技术。对于具体模拟量信号的接地处理要严格按照操作手册上的要求设计。

5. 屏蔽地

在控制系统中，为了减少信号中电容耦合噪声，以准确检测和控制，对信号采用屏蔽措施是十分必要的。根据屏蔽目的不同，屏蔽地的接法也不一样。电场屏蔽解决分布电容问题，一般接大地。电磁场屏蔽主要避免雷达、电台等高频电磁场辐射干扰，利用低阻金属材料高导流制成，可接大地。磁场屏蔽用来防磁铁、电机、变压器、线圈等磁感应，其屏蔽方法是用高导磁材料使磁路闭合，一般接大地为好。当信号电路是单点接地时，低频电缆的屏蔽层也应单点接地。如果电缆的屏蔽层地点中有一个以上时，将产生噪声电流，形成噪声干扰源。当一个电路中有一个不接地的信号源与系统中接地的放大器相连时，输入端的屏蔽应接至放大器的公共端；相反，当接地的信号源与系统中不接地的放大器相连时，放大器的输入端也应接到信号源的公共端。

对于电气系统的接地，要按接地的要求和目的分类，不能将不同类接地简单、任意地连接在一起，而是要分成若干独立的接地子系统，每个子系统都有其共同的接地点或接地干线，最后连接在一起，实行总接地。

电磁干扰的频谱分布有以下几种：

1）工频干扰：频率 50～60Hz，主要是输、配电系统以及电力牵引系统所产生的电磁场辐射。

2）甚低频干扰：30kHz 以下的干扰辐射、雷电、核爆炸以及地震所产生的电磁脉冲，其能量主要分布在这一频段。

3）长波信号干扰：频率范围 10～300kHz，包括高压直流输电谐波干扰、交流输电谐波干扰及交流电气铁道的谐波干扰等。

4）射频、视频干扰：频谱在 300kHz～300MHz，工业医疗设备（ISM）、输电线电晕放电、高压设备和电力牵引系统的火花放电以及内燃机、电动机、家用电器、照明电器等都在此范围。

5）微波干扰：频率为 300MHz～300GHz，包括高频、超高频、极高频干扰。

6）核电磁脉冲干扰：频率由 kHz 直到接近直流，范围很宽。

从物联产品电磁干扰的分布对接地问题提出的一些建议和看法再回到产品 PCB 的接地分析设计。

6.3.3　产品 PCB 接地的定义

大多数产品都要求接地，虽然接地可以是真正接地、隔离地、浮地等，但接地结构必须存在。实际中，部分接地问题是与 PCB 有关的。在实际的产品设计及应用中，这些问题可以归结为在模拟及数字电路之间提供参考连接及在 PCB 的地层和金属外壳之间提供高频连接。每个电路最终都要有一个参考接地源，因此，电路设计之初就应该考虑到接地设计。接地的概念比较广泛，对于 EMC 设计来说接地是使不希望的噪声及干扰最小化，并对电路进行隔离划分的一个重要方法。适当应用 PCB 的接地方法可避免许多噪声问题。

"地"在产品中对电磁兼容的意义重大，电磁兼容的问题大多与地线相关。设计良好的接地系统的优点就是用很低的成本来防止不希望出现的干扰问题和发射问题。

电路工程师：地通常是"电路电压的参考点"。

系统设计师：地常常是机柜或机架。

电气工程师：关注安全，地是安全地线。

接地在 EMC 设计中还有一个重要目的就是电流返回其源的低阻抗通道。

比如，模拟电源要回到它的模拟地，就要从其低阻抗通道回到模拟电源的地端；数字电源的地返回数字电源地的低阻抗通道，而不能回到模拟地的通道源头。如果是就会有问题，即数字会干扰模拟通道。这就是从理论上讲的模拟和数字要分开的原因，也就是说所有电流都要回到它自己的源头。这时可以看到地是一个低阻抗通道，电流返回其源端。

从产品的角度来说，产品要防静电 ESD，防静电的地是什么地呢？模拟人体静电放电，静电测试是参考大地，人体对大地之间有大的电压作用在产品上，因为是对大地的参考，所以要回到大地。静电放电因此首选接大地，而大地在很多产品是外壳地，故首选外壳地，这就是一个设计方案。

再比如说产品内部的干扰，其源头在内部，其接地要回到内部的地上来，这就是要分清楚功能电路部分电流的性质，从而给这个功能电路创造一个从哪里来，要到哪里去的低阻抗通路。这个设计实施过程就是电流要返回其源的低阻抗通路。在这个过程中，接地不是一个等电位的问题，而是一个回路的问题。

总结一下，接地实际上有两个条件：

1）电流返回其源端；

2）低阻抗通道。

对于电磁兼容问题的解决，接地有三个目的：

1）为有用信号提供零电位基准；

2）为电噪声流入大地提供低阻抗通路；

3）保护人员和设备安全，防止电源电压、雷电、静电或其他高能瞬态信号对人

第 **6** 章

员、设备的电击危害。

解决电磁兼容的问题主要体现在为电噪声电流流入大地提供低阻抗通路。

6.3.4 产品 PCB 接地线的阻抗

随着电子产品信号速率的不断提高，设备的信号回流也被列入"地"的概念当中，干扰信号的回流也是地的概念。如图 6-40 所示，这两个地是要连接在一起的，同时也是图中虚线电流的回路；地走线或者地平面上有返回电流，如果这个地走线上有阻抗就会有地电位差，那么这个地电位差就会产生系统的 EMC 问题。

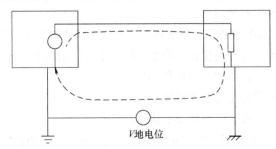

*V*地电位

图 6-40 产品 PCB 地走线产生的地电位差

地走线阻抗的大小由哪些因素决定？地导线越短，截面积越大，其阻抗越小，反之越大。当地平面不完整、有裂缝时，也会存在较大的回流阻抗。

注意：

1）地线阻抗指的是交流状态下导线对电流的阻抗，这个阻抗主要是由导线的电感引起的。

2）当系统工作频率较高时，导线的阻抗远大于直流电阻。

3）对数字电路而言，电路的工作频率是很高的，因此地线阻抗对数字电路的影响是十分可观的。

对于逻辑电路，它指的是逻辑电路和元器件的参考电平，这个地也可以不连接到大地电位上，作为逻辑电压参考地，其电位的典型值必须要小于毫伏级别。

如图 6-41 所示，信号线 1 和信号线 2 分别在 PCB 的两端，典型的信号线 1 上进行 EFT/B 测试，将使共模电流由信号线 1 经过 PCB，在信号线 2 与参考接地板之间的分布电容到地，分布电容的大小可由 50pF/m 评估。在这种情况下，PCB 板必须要有良好的地平面设计，无裂缝。对于系统，如果工作电平是 3.3V 的 TTL 电平，则共模电流流过的接地平面引起的压降大于 0.5V，就有可能存在 EFT/B 的测试不能通过。

如图 6-42 所示，高速数字电路 PCB 中的地走线或地平面不完整，与地相连的电缆由于被地阻抗上的噪声电压驱动，就会产生 EMI 问题。

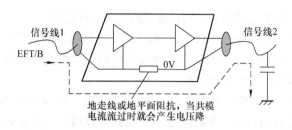

图 6-41　共模电流流向示意图

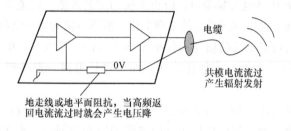

图 6-42　地回流阻抗产生 EMI 问题

结论：接地也是 EMC 设计的重要措施，是保证产品安全可靠工作的必要条件。不好的接地设计会通过地线产生电压和电流耦合进电路，从而使系统的功能受到影响，还会产生严重的电磁干扰，使产品的功能和可靠性受到影响。

接地不是简单地把线连接在一起，而是要考虑电流、地阻抗，以及它的上面有什么样的电流。

6.3.5　产品 PCB 常见接地分类

（1）模拟地　为单板内的模拟电路正常运行或工作设置的低阻抗回流通路或等电位平面。

（2）数字地　为单板内的数字电路正常运行或工作设置的低阻抗回流通路或等电位平面。

（3）功率地　为单板内的大功率电路或电力变换电路专门设置的低阻抗回流通路或等电位平面。

（4）安全地　为了保护人员和设备安全设置的等电位平面。

注意：前面的内容有进行接地分析，模拟电路的地要从模拟地走，数字电路的地要从数字地走，因此在进行地分割的时候应注意数字地不要走模拟地，功率地电流不要走模拟地。这个理论为有些系统的分地提供了方向，但是在数字与模拟中间有些信号无法划分模拟和数字地，这时就要注意分地的设计要点了。

产品接地是一个很重要的问题，接地目的有以下三个：

1）接地使得整个电路系统中所有单元电路都有一个公共的参考零电位，也就是各个电路的地之间没有电位差，从而保证电路系统能稳定工作。

2）防止外部电磁场的干扰。机壳接地为瞬态干扰电流提供泄放通道，也可以使因静电感应而积累在机壳上的大量电荷通过大地泄放。另外对电路的屏蔽体选择合适的接地，可以获得良好的屏蔽效果。

3）保证安全工作。当发生直接雷电的电磁感应时，可避免电子设备或产品的损坏；当工频交流电源的输入电压因绝缘不良或其他原因直接与机壳相通时，可避免人员触电。

因此产品 PCB 接地是抑制噪声，防止干扰的主要方法。接地可以理解为一个等电位点或等电位面，是电路或系统的基准电位，但不一定为大地电位。

为了防止雷击可能造成的损坏和保护工作人员的人身安全，电子设备的机壳和机房的金属结构件等必须与大地相连接，而且接地电阻一般要很小，不能超过规定值。

大多数产品都要求接地，虽然接地可以是真正接地、隔离或浮地，但接地结构必须存在，接地也不能与为信号提供返回电流的回路相混淆。实际中部分接地问题是与 PCB 相关的，这些问题归结为在模拟及数字电路之间提供参考连接及在 PCB 的地层和金属外壳之间提供高频连接。

产品 PCB 中的接地分类是使不希望的噪声、干扰极小化并对电路进行隔离划分的一个重要方法。适当应用 PCB 的接地方法及电缆屏蔽将避免许多噪声问题。设计良好的接地系统的一个优点就是以很低的成本防止不希望有的干扰及发射问题。

对于高频地回流路径的设计，有一些基本的方法和思路：

1）电路中的导体一旦有电流流过，就会产生一定的电压降，利用欧姆定律可知电路中就没有 0V，其电压或电流可能在微伏或微安级别的范围内。

2）电流总是要返回其源，回路可能有许多不同的路径，每条路径上的电压电流幅值不同，这与该路径的阻抗有关。如果不希望某些电流在其中某条路径上流动，就需要在该路径上采取措施包含其源。

6.3.6 地走线对电磁兼容的影响

地走线或接地平面总有一定的阻抗，信号通过该阻抗会有一定的压降，从而引起接地干扰。同时，恰当的接地给高频干扰信号形成低阻抗通路，抑制了高频信号对其他电子设备的干扰。

可见，接地即存在接地阻抗而引起接地干扰，接地又是抑制干扰的一种技术措施。良好的接地是改善设备或系统电磁兼容性能的一种有效而经济的方案。

在第 4 章对产品外部的干扰进行了分析设计，这里通过 BCI 的测试来直接分析地对电磁兼容的影响。BCI 的测试是共模干扰，电流大小相等方向相同。在汽车电子中，BCI 测试是通用的标准测试要求，大电流注入同时把线束夹在电流钳里面，类似施加的共模干扰如图 6-43 所示，前面章节中产品外部的干扰做电快速脉冲群（EFT/B）测试时，通过容性耦合夹注入干扰也是图中的情况，还有传导敏感度 CS 测试也是按照这种方法注入的，这都是共模干扰。这类干扰施加到了产品连接线缆及接口，接口通常会有滤波电容。有些不方便接电容的地方就需要加共模电感等滤波器件进行设计。

假如电路中没有加滤波电容，这个干扰就会直接进入电路 A 干扰芯片电路 U_1，如果电路是 485 通信接口就会导致通信中断，如果是 CAN 接口通信就会导致 CAN 中断。通过滤波电容后就会使干扰到地了，由于共模电流是对大地，所以在远端会有路径对大地（可以通过寄生电容参数到大地），这就是电流路径。如图 6-43 所示，电流走 PCB 单板地时，单板地有阻抗 Z_1、Z_2，这里不是说的仅仅是直流阻抗，汽车电子 BCI 测试频率最高可以达到 400MHz。

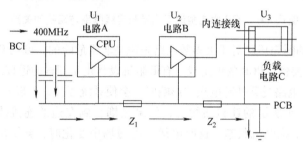

图 6-43　抗扰度测试与 PCB 地电流示意图

在进行 PCB 设计时，如果是双面板设计了几根走线来作为地设计，那么这时候 400MHz 的地线就会有地电位差，即在图中由于地线上的阻抗就会有地电位差。直观上看，U_1、U_2 两个地电位之间有地电位差就会导致系统电路的复位、死机、通信异常或者模拟量有跳变。这就是外部传导干扰，通过地阻抗形成地电位差，带来产品性能下降。这是从 PCB 电路的角度来进行分析的。

通过测试发现，在 PCB 上由于地阻抗总是较低的，所以大部分的电流将从 PCB 中的工作地上流过。当共模干扰电流流过 PCB 时，如果在两个逻辑电路之间的地阻抗过大，则将影响逻辑电路的正常工作。图 6-44 所示为 PCB 中完整地平面及长走线的频率与阻抗的关系。

如图 6-44 所示，一个完整无裂缝的地平面，在 100MHz 的频率时，只有 4mΩ 左右的电阻，当有 100A 的电流流过时，也只有 0.4V 左右的压降，这对于 TTL 逻辑电平来说是可以接受的。这就相当于具有很高的抗干扰能力了。

如果流过 EFT/B 干扰的地平面存在 1cm 的裂缝，那么这个裂缝将会有 10nH 的电感。这样，当有 100A 的 EFT/B 共模电流流过时，产生的压降为

$$\Delta U = L \cdot \mathrm{d}i/\mathrm{d}t = 10\mathrm{nH} \times 100\mathrm{A}/5\mathrm{ns} = 200\mathrm{V}$$

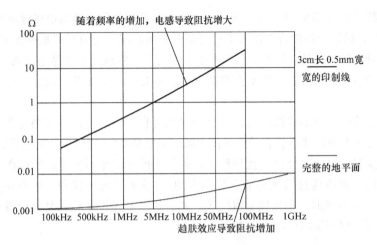

图 6-44 PCB 中完整地平面及长走线频率与阻抗的关系

这个 200V 的瞬态压降对于大多数电路来说是非常危险的，可见 PCB 中地阻抗对抗干扰能力的重要性。PCB 的地走线要有低阻抗设计也是同样的道理。

当产品 PCB 电路受到外部电磁波影响时，会使系统复位，一般有两种耦合方式。比如耦合到图 6-45 所示的连接线缆上，如果是耦合到左边的连接线缆，则回到图 6-43 所示的共模干扰电流状态。这时电缆在电磁场中变化时，会切割磁力线，从而产生感应电流。

耦合到 PCB 单板上，如图 6-45 所示，电路有走线环路，U_1、U_2 之间有回路电流，在复杂的电磁场变化环境中，就会有感应电动势，因此会有感应电压。当这个感应电压超过了系统的输入电平要求时就可能会误触发，让程序跑飞、复位、死机等。这个回路是由于地线与信号线形成的环路带来的干扰，所以跟地有关。

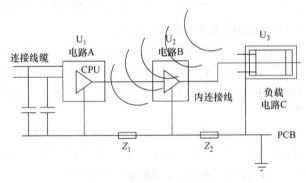

图 6-45 外部电磁场对 PCB 的影响

一个是地阻抗，一个是回路。这是产品中简单的两个模型设计。这个干扰是由外部来的，对产品形成干扰。

1）外部传导干扰，通过地上阻抗形成地电位差，导致产品性能下降。

2）外部辐射干扰，通过地与信号环路形成环路干扰，导致产品工作异常。

如果 PCB 地走线通过地上阻抗形成地电位差，则通过地与信号回路形成环路的同时也会带来 EMI 的问题。图 6-46 所示为 PCB 对外的辐射发射。

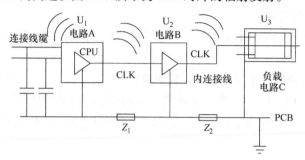

图 6-46　PCB 对外的辐射发射

如图 6-46 所示，在地线上有阻抗，就会存在地电位差。假如在图中的远端是等电位的 0V，在连接线电缆的近端地上就会有共模电压，这个共模电压作用在电路 A 的 U_1 芯片上，这个 U_1 的 CPU 芯片工作电路上有电缆，这时就会形成对外的辐射发射。这是由于地阻抗形成地电位差产生的共模电压，这也是共模电压产生的一种形式。这会导致系统 EMI 传导发射超标，也会导致 EMI 辐射发射超标。

所有的地都具有一定的阻抗，电流流经地时，同样会产生压降。流经工作地中的电流主要来自两个方面：

1）信号回流的同时电源的电流需要沿工作地返回。

2）地走线形成地阻抗产生的地电位差。

物联产品的接地设计思路为：接地技术对电磁兼容的影响较大，需要掌握接地技术要点，提供参考设计方法。

1）接地线尽量短而粗，接地线的长宽比小于 3 将取得更好的效果。

2）设备内的各种电路，如模拟电路、数字电路、功率电路、噪声电路等都应设置各自独立的地线（分地），最后汇总到一个总的接地点。

3）低频电路（$f < 100 \text{kHz}$）一般采用树权形放射式的单点接地方式。

4）高频高速电路（$f > 1 \text{MHz}$）一般采用多点接地方式或混合接地方式。

5）悬浮接地（工作地线与金属机箱绝缘）仅适用于小规模设备（电路对机壳的分布电容较小）和工作速度较慢的电路（频率较低）。

6）采用光电耦合、隔离变压器、继电器、共模扼流圈等隔离措施切断设备或电路间的地环路，抑制地环路引起的共阻抗耦合干扰。

7）强干扰电路应备有单独的接地系统，低能量信号应与其他接地隔离。

6.3.7 地电位差及地线阻抗带来的电磁兼容问题

接地平面应是零电位，它作为系统中各电路任何位置及所有信号的公共电位参考点。良好的接地平面与布线间应有大的分布电容，而地平面本身的引线电感将很小，力求减少它的阻抗。

要尽量减少公共接地阻抗上所产生的干扰电压，同时还要尽量避免形成不必要的地回路。

1. PCB 设计地电位差（地电位干扰问题）

图 6-47 中，U_1、U_2、U_3 为产品的功能电路；I_1、I_2、I_3 为信号电路中的工作电流；G_1 为电流 I_1 回路的地阻抗；G_2 为电流 I_2 回路的地阻抗；G_3 为电流 I_3 回路的地阻抗。

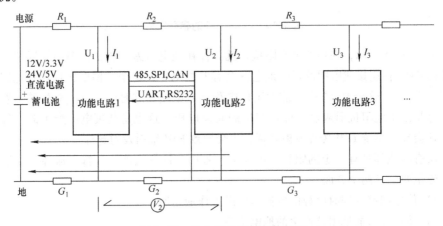

图 6-47 单电源供电的接地回路

图 6-47 中，电路的架构是某物联产品电动汽车的控制器电路板结构，电路板用直流 DC 蓄电池 12V 给所有的电路供电。通常一根线接 12V，地接在车架上，最后回到蓄电池的地端。如果 I_3、I_2 都从机架地线上过来，在图中的机架点就会产生一个电位差 V_2，这个电压作用在功能电路 U_1 和功能电路 U_2 上，这两个点的电位不相等，就存在一个额外电压 V_2。假如在功能电路 U_1 和功能电路 U_2 上用功能 CAN 通信，这个电压就会加在 CAN 通信线上形成共模电流，大小相等方向相同，而这个共模电流的产生就是因为地电位差。它产生的根本原因是在电动汽车车架接地点都有地阻抗，工作电流作用在地阻抗上形成了共模电压。在直流低频 <100kHz 时，其产生的地电位差用下面的计算方法，其值会较小。

U_1 的地电位 = $G_1(I_1 + I_2 + I_3)$

U_2 的地电位 = $G_1(I_1 + I_2 + I_3) + G_2(I_2 + I_3)$

U_3 的地电位 = $G_1(I_1 + I_2 + I_3) + G_2(I_2 + I_3) + G_3 I_3$

以上计算是以直流来计算的，在设备内部，大部分是高频干扰。而对于高频信号来说，随着频率的增加，电感导致阻抗增大。如图 6-44 所示，长 3cm 宽 0.5mm 的 PCB 走线在 100MHz 时，其阻抗有几十欧姆。

因此，在高频下由于电感的影响是主要部分，计算电压按照 $U = L \cdot \mathrm{d}i/\mathrm{d}t$ 进行分析。其电感与地走线粗细、长度、面积、形状有关；$\mathrm{d}i$ 为电流的大小变化；$\mathrm{d}t$ 表示电流变化的时间；工作频率越高，电流变化越快，时间越短，相应产生的地电压也越高。

在如图 6-47 所示的功能电路 U_1 与功能电路 U_2，在高频状况下，如果工作电路有一个较大的电位差 V_2，这个电压 V_2 就会作用在功能电路 U_1 和功能电路 U_2 上，假如在电路上有 SPI、485、RS232 等通信电路的逻辑电平变换，就可能导致系统的复位死机和系统工作异常等。

2. 地线阻抗带来的 EMI 问题

第 5 章分析过环天线电路和棒天线电路的模型及原理，在实际的产品电路中就有很多这样的电路模型。

图 6-48 所示为一个物联产品的电磁兼容问题的分析实例。PCB 地的设计非常关键，由地阻抗产生地电压的 EMI 共模辐射发射模型，它不仅对输入电源线，还对输出的长信号走线或信号电缆都有共模辐射发射。这时需要降低地阻抗来降低干扰电压，图中的电压是与阻抗成正比的，阻抗越小，电压越小。对外的 EMI 传导发射和辐射发射也就越小。这个阻抗是解决 EMI 的关键。

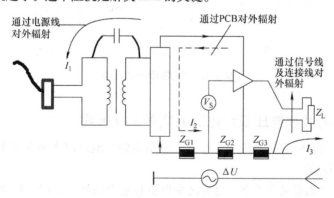

图 6-48 地电位差带来的 EMI 辐射发射

在图中的电流、电压都是与阻抗有关系的，低的阻抗和小的返回电流环路面积对电磁兼容影响非常大。

因此共模电压和环路设计是关键，共模电压等于低阻抗乘以共模电流。环路主要是信号和地的回流面积以及电源和地的回流面积。这是 PCB 单板对外的干扰，同样地阻抗及信号的回路面积对产品抗扰度影响也很大。抗干扰就是要抵抗外部噪声信号对产品内部敏感电路的干扰。

因此，地线阻抗越小，电路的对外辐射发射和传导发射也就越小，在 PCB 设计中，减小地线阻抗是一个关键要素。

6.3.8　地回路及回路面积－环天线

物联产品电路的电源与地、信号与地之间形成电流回路，从而形成环形天线。

如图 6-49 所示，电源与地本身就要形成返回电流回路，而实际电路中的信号传输无时无刻不伴随着流动着的返回电流。在设计产品时，无意之中就会有很多这样的环路。比如通信电路为了传递数字信号，有时无意间会形成环路。等效在图右侧就是一个环路天线，环路天线用差模辐射的表达式，与回流面积成正比，这个面积是 PCB 设计可以控制的。假如在返回电流路径上由于 PCB 上的分割和裂缝都会中断电流环路，而在实际设计中理想的回流路径经常被破坏，导致其返回电流会经过无法预测且很可能发生问题的路径，最终造成干扰到其他电路。因此，其中电流在传递路径与返回路径中形成的环路是 PCB 辐射发射的一个原因。

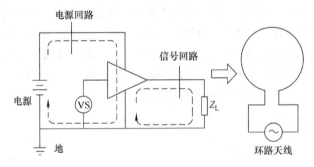

图 6-49　PCB 中的环天线

6.3.9　地与共模电压及地电压的辐射－棒天线

物联产品电路中所有的信号连接线及设备电缆与地之间产生共模电压，形成棒天线（单极子天线）。

电缆产生的辐射最为严重。电缆之所以会辐射电磁波，是因为电缆口处有共模电压存在，电缆在这个共模电压的驱动下，如同一个单极子天线。

图 6-50 中，U_1、U_2、U_3 为产品的功能电路；I_1、I_2 为信号电路中的工作电流；Z_{G1} 为电流 I_1 回路的地阻抗；Z_{G2} 为电流 I_2 回路的地阻抗。回路电流在地走线或地平面上形成的电压差 ΔU。

假设产品 PCB 中 GND 如图 6-50 远端接地。如果 U_2 是 CPU 电路，则它的工作频率是 100MHz（这个 100MHz 可能是系统时钟的倍频，如果时钟是 25MHz，那么根据傅立叶变换的频谱可以到几百 MHz 及上 GHz，其 3 次谐波为 75MHz，4 次谐波是

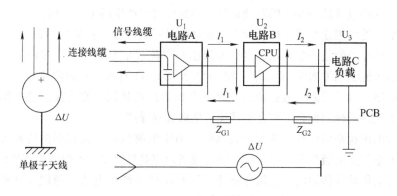

图 6-50　PCB 中线缆的辐射发射

100MHz，当占空比为 50% 时，其奇次谐波能量一般比较大），电路中的 I_1，I_2 都与 100MHz 相关。I_2 电流会从地 Z_{G2} 返回去，I_1 电流会从 Z_{G1} 返回去。在高频下地阻抗不为 0，走线的电感特性产生较大的阻抗。当返回电流流过地走线时就会产生电压差 ΔU。这是由于地阻抗形成地电位差产生的共模电压，这个共模电压就会与 100MHz 频率相关。

　　假如电路中电缆线的长度 $L = 75\text{cm}$，正好是 100MHz 的 1/4 波长（$\lambda = c/f$；100MHz 的频率的波长为 3m；其 $1/4\lambda = 75\text{cm}$），而实际的 USB 线及鼠标线与这个长度相似，这样的连接线缆就可能成为有效的发射天线，也就会有 100MHz 的能量干扰对外辐射发射。

　　这就是信号回流通过 PCB 单板在地走线上的阻抗产生的电压，作用在电缆上对外形成共模发射，这也是辐射发射超标的一个原因。既是共模辐射的天线，也是棒天线模型。

　　它有的理论计算公式与线缆的长度和产生的共模电流的大小相关，前面章节已经进行了分析和设计。

6.3.10　地串扰的影响

　　串扰在 PCB 设计中是相当重要的一部分，一个良好 EMC 设计的 PCB 能避免共模干扰电流流过产品内部电路，并将其导向大地、低阻抗的金属板（产品外壳），同时不能流经敏感电路区域。这时就需要考虑串扰的问题，即共模干扰电流流经区域与共模电流不流经的敏感区域。

　　如果出现串扰问题，那么这两个区域之间必然存在电场（容性耦合）或者是磁场（感性耦合）的耦合，从而会产生 EMC 的问题。

　　对于 PCB 内部的 EMI 噪声源电路，比如时钟发生电路、时钟传输电路、开关电源的开关回路、高频信号线路等，要避免与外围的电路或连接线缆产生耦合，同时还要注意这些电路的公共地回路及地阻抗的设计最终产生的 EMC 问题。

地最常见的用途是表示信号参考，或是信号返回路径。在简单的低速电路板上，返回电流路径可能是一条布线路径，所以信号电流经信号路径流出接收端并沿着信号返回路径流回到发射端/驱动器。图 6-51 和图 6-52 所示为这种电路布局。使用此种设计策略，如果返回电流路径是通过公共地走线连接的，则要注意这些路径不会中断或干扰到其他的电路，或是由其他电路耦合到噪声。

通常的串扰是信号在传输线上传播时，由于电磁耦合而在相邻的传输线上产生不期望的电压或电流噪声干扰，信号的边缘场效应是导致串扰产生的根本原因。

信号沿传输线传输时，在信号路径与返回路径将产生电力线与磁力线匝，电磁场会延伸到周围的空间，产生边缘场的问题。

当返回电流重叠或共用回流路径时，典型的情况是共用地的回流路径，这时容易引起地弹噪声，可理解为共路阻抗引起的干扰问题。产生问题的典型结构为过孔和连接器结构，在电路中的 PCB 布线时经常会出现。

如图 6-51 所示，假如 VS₁ 是一个功能电路，其 CPU 工作频率是 100MHz，它的信号要从地走线回到源端，由于在高频情况下，地

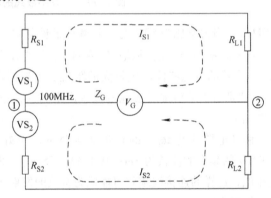

图 6-51　不同信号源共用返回路径布线

阻抗不为 0，故走线的电感特性会产生较大的阻抗。这样在图中所示的①点和②点之间就会有电压差。这个电压就会作用在下面 VS₂ 电路上，VS₂ 功能电路假如是跟上面 VS₁ 完全不相干，只是共地的电路而已，VS₁ 上面功能电路有 100MHz 的工作电流，就会干扰到下面 VS₂ 的工作电路，在下面也会有 100MHz 的干扰信号，这是由于共地而引起的串扰。这是一种地走线的共路阻抗引起的干扰问题，也是地弹的一种结构。

图 6-51 所示为共地阻抗引起的串扰，一个比较好的解决方案如图 6-52 所示，即让它不共地。在实际设计应用时，它的工作地是实际接在一起的。

如图 6-52 所示，将①点和②点的公共阻抗分开连接后，用最短

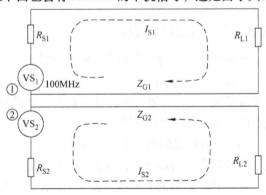

图 6-52　不同信号源分开返回路径布线

的距离在公共地源端低阻抗连接，消除共地的共路阻抗引起的干扰问题。

6.3.11　接地设计的关键

良好的参考接地平面是电路运行可靠和免除干扰的基本条件。理想的接地平面应在系统的任何地方都能为设备提供公共的参考电位点。接地平面应采用低阻抗材料制成（比如铜或钢板，在 PCB 中为铜平面层），且有足够的长度、宽度和厚度，以保证在所有频率上它的对边之间都是低阻抗。

1. 降低地阻抗

如果物联产品采用双面板设计，就不可能做成一个完整的平面，只有采用 4 层板才有可能有接地平面。如图 6-53 所示，这是一个多层板的设计，假如阻抗还是不够低，通常一个完整的没有过孔、没有裂缝的地平面的阻抗是 $4m\Omega$ 左右，但实际的 PCB 由于各种原因做到 $4m\Omega$ 还很困难。在图中可以看到它有很多的金属铜凸点，采用优化设计的方法，将 PCB 上的凸点通过结构件弹片与金属结构件之间进行多点的搭接，使得 PCB 板地阻抗降低，相当于一个完整的接地平面。

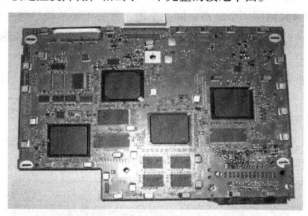

图 6-53　PCB 板降低地阻抗的设计图

比如，还有一些塑料壳的产品，如果 PCB 设计没有接地平面，则可以在 PCB 下面安装一个金属板，用金属板与 PCB 电路进行多点的搭接就可以形成一个完整的接地平面。还有很多的显示屏，比如液晶显示屏在背面有一个金属外壳盖板，它的 PCB 上有一个驱动板，为了降低驱动板的地阻抗，将驱动板上的地多点与反面的金属盖板多点搭接降低地阻抗。这就是在设计上，通过多点搭接金属面降低 PCB 单板的地阻抗的方法，相当于完整地布局了一个接地平面。

2. 降低接地阻抗与减小环路面积

图 6-54a 所示为双面板设计，在上下层走线的地线，应该多打过孔，目的是降低接地阻抗。通过仿真的方法，可以知道多打接地过孔会使接地阻抗大幅度下降。过

孔越密越好，但这与工程的复杂程度和加工工艺有关。参考建议是尽量在 1cm 或 1.5cm 左右间距多打地过孔，把上下层的地连接在一起，这样既降低了地阻抗，也降低了信号的回路面积。

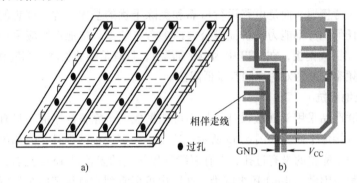

相伴走线
●过孔
GND ← → V_{CC}
a)   b)

图 6-54　PCB 设计降低地阻抗及环路面积

图 6-54b 所示为单面板设计，有多个电路 IC 芯片或单元，有共同的电源 V_{CC} 和 GND 参考，也就是共用同一个电源，同一个地。需要正确地设计每一个 IC 芯片或单元的 V_{CC} 与 GND 的回路面积。正确的 PCB 设计应该是电源与地电流通过芯片进去再返回来，相伴走线，这时电源与地走线的回路面积最小。

当采用双面板布局布线的时候，同样要考虑电源旁边的伴地设计，这样回路面积较小。

3. 减小环路面积 – 信号线与地、电源与地

图 6-55 所示为某物联产品的双面板 PCB 设计图，经过测试这个产品可以承受 15kV 的静电干扰。其 PCB 设计有几个典型特征：

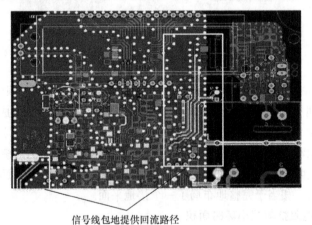

信号线包地提供回流路径

图 6-55　产品 PCB 设计减小环路面积

1）PCB 上下层空白的地方进行敷地铜设计，且通过打地过孔来降低地阻抗。

2）PCB 图中方框的部分，高亮的是地走线，中间有一根信号线比较细，这根线的旁边有包地，来给这个信号线提供返回电流路径。如果不包地，那么它反面的地是不完整的，反面的信号线通过过孔可以上来，即反面的地是过不来的，不能走近路过来，需要绕远过来，造成了很大的回流面积。这个设计目的是伴地后使它的回路面积减小。

3）图中 PCB 左下角是一根按键线，按键线一来一回的走线将它通过地包在一起，从而提高按键的抗干扰能力。

这个双面板 PCB 设计实例的防静电 ESD 能力非常强，满足了前面的设计理论，降低地阻抗，减小信号与地和电源与地的环路面积，这是设计的要点。

4. 多层板设计的地层平面

如图 6-56 所示，通常四层板 PCB 设计结构有三种方式，在实际应用中会根据需要灵活选择。

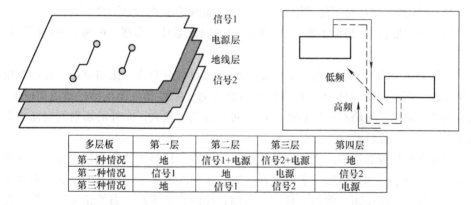

多层板	第一层	第二层	第三层	第四层
第一种情况	地	信号1+电源	信号2+电源	地
第二种情况	信号1	地	电源	信号2
第三种情况	地	信号1	信号2	电源

图 6-56 四层板堆叠地层平面的设计

1）第一种情况：是四层板中理想情况，因为外场是地层，对 EMI 有屏蔽作用，同时电源层同地层也可靠得很近，故使得电源内阻较小，取得最佳效果。

注意：当器件密度比较大时就不能保证第一层地的完整性，这样第二层信号会变得更差，信号层相邻层间串扰增大。

2）第二种情况：是常用的一种方式，因为在这种结构中，有较好的层电容效应，整个 PCB 的层间串扰很小。信号层能够映射完整的平面，能够取得较好的信号完整性。

注意：在此种结构中，由于信号线层在表层，空间辐射发射强度增大，有时需外加屏蔽壳才能减小 EMI。

3）第三种情况：电源和地层在表层，信号完整性较好。信号 1 层上信号线质量最好，信号 2 次之，对 EMI 有屏蔽作用，但回流环路较大，器件密度大小直接影响

PCB 的信号质量，信号层相邻不能避免层间干扰。

注意：总体上不如第一种叠层结构，除非是对电源功率有特殊要求。

对于四层板 PCB 设计结构，选择控制回路的基本要点是地平面要靠近布线层，布线层 1 与地层要靠近，电源层要靠近地层，这是通用的设计方法，建议选择第二种情况。在实际设计经验中，布线层 2 和电源层如果对调就会对静电问题非常敏感，一定要注意。通常建议选择第二种情况的四层板结构，信号 1 即布线层 1 一般走不重要的线，关键信号线靠近地层。

地层平面有更小的等效电感和等效电阻，从而能够大幅度减小地线上的干扰电压。在层设置时，尽可能使电源平面和布线层与地平面紧邻，可以有效地减小电源和信号的回路面积。

5. 高速电路不同地之间的设计要点

1）分地设计首先要保证信号以及电源的按规划的返回路径回流，不能有电源、信号跨分割。

2）不同地之间尽量不使用增加高阻元件（如磁珠）的设计方法。

3）不同地之间投影面不能重合，相同属性的元器件、布线、电源、地在同一投影面。

如果 PCB 设计中有两个地，两个地之间有明显的分割带，比如有孤零零的几根线跨分割，则可以认为这个 PCB 设计是不合格的。原因是电源或信号线有跨分割，跨分割就代表信号回路路径比较远，这时回流面积比较大，对外的辐射发射能力强和抗干扰能力就比较差。

比如在模拟地和数字地之间加磁珠用来阻挡数字信号干扰跑到模拟电路，这是一种错误的方法。如果阻断数字电流到模拟，那同时数字地与模拟地是需要有数字信号要回流的，这反而会阻挡工作信号返回，导致系统不稳。当然还可能有其他的原因，总的来讲走线要降低地阻抗，就不能加高阻元件。如磁珠和 0Ω 电阻，0Ω 电阻在高频时其阻抗也是比较高的。在高频领域中电路的感抗是主要问题，高频情况下的地阻抗要考虑电路和元器件的电感参数，因此重点是地阻抗要低。

不同地之间投影面不能重合，在高频电路中的 PCB 设计，通常地是给信号回流的，不同地之间投影面重合有什么问题呢？因为它们之间有分布电容会产生耦合，不同属性之间会有串扰。相同属性的元器件、布线、电源、地均在同一投影面，信号容易回流。

在实际的 PCB 设计中，物联产品并不是所有电路都是高速电路或高速数字信号，经常看到在 PCB 上局部有裂缝，I/O 信号通过磁珠连接的应用设计。事实上裂缝本身没有好坏，要清楚理解在哪种状况下需要它们，只在正确的条件下使用裂缝，如果让一条高速布线横跨参考平面的裂缝，则意味着返回电流必须去找其他的返回路径，而此新返回路径很可能会造成辐射干扰的增加，因此绝不允许在高速布线旁边有参考平面的裂缝。然而，当低速 I/O 接口连接器区域靠近高速电路时，使用参考平面的裂缝可以有效隔离高速返回电流与低速 I/O 连接器的接地脚。如图 6-57 所示，某物联产品上有许多的低速 I/O 连接器，所有的 I/O 脚都有接地脚，且通常是连接在主机板的接地平面。I/O 口的信号如果低于 5MHz 就可以认为是低速 I/O 接口。比如时钟信号的布线靠近低速 I/O 连接器，将低速 I/O 区域的参考平面加上裂缝，可以有效隔离在参考平面上散布的返回电流，让它不会影响到 I/O 连接器的接地脚。为了让 I/O 参考平面上的裂缝的策略成功，分裂出来的 I/O 参考平面必须要小心地以低电感（低阻抗）的方式连接到屏蔽机壳上。如果忽略了这一连接，或是间断，或是阻抗不够低，则辐射干扰反而会在某些频率段增加。外部导线、电缆上的信号，其最终的参考点是在机壳屏蔽上面的。在机壳内 I/O 连接器旁边 I/O 信号参考必须与外部机壳同一电位。

　　如图 6-57 所示，低速 I/O 信号也必须要有返回电流路径，否则会出现其他问题。通过在裂口处放置铁氧体磁珠可以提供此返回路径。此铁氧体磁珠可以允许低频的返回电流流过，但是会阻挡高频接地参考返回电流的扩散。不建议使用电容跨越裂缝口，因为此时电容会让高频杂讯通过，并且会阻挡低频信号的回流。铁氧体磁珠是提供在低频的返回电流路径。

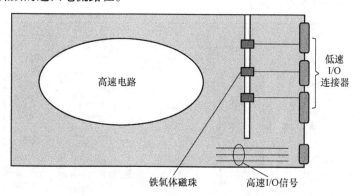

图 6-57　参考平面裂缝使用铁氧体磁珠横跨裂口

6. 接口地（机壳地）与数字地不能重合

　　如图 6-58 所示，接口地（机壳地）与数字地不能重合是典型的设计原理参考图，数字地和接口地（机壳地）之间在电路中有光耦隔离器件、变压器、Y 电容等，这两个地之间不要重叠，在电路的所有层都要隔离。这在物联产品信息类设备中是比较常见的。

7. 数字地与模拟地之间的连接

　　在通常情况下，一般模拟地和数字地是不进行分割的。则需要进行分地处理，如图 6-59 所示，则模拟区域和数字区域有明显的划分，并且在模拟地和数字地之间

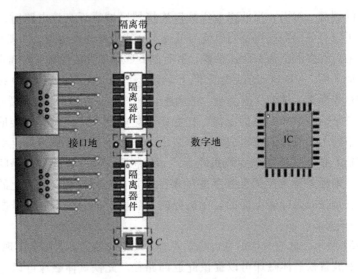

图 6-58　隔离器件区域的地示意图

会有信号线贯穿过来，在图中有三根信号线，其走线下面要有地通道可以让信号电流返回，这个设计就变得合理了。

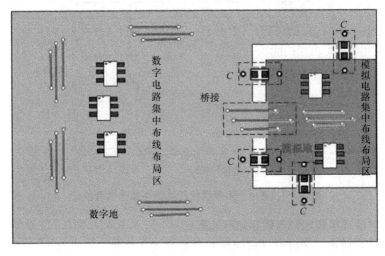

图 6-59　数字地与模拟地的连接示意图

假如图中没有设计的桥接回流通道，通过电容单点连接，那么从电容 C 回来的路径就比较远，不符合最小的回路路径设计，会给系统带来电磁兼容问题。

如果在三根信号线的投影下面有地桥接，那么桥的宽度有什么标准呢？这时要以走线的宽度为参考进行接地的桥接设计。

注意：模拟地与数字地连接时，数字电路地与模拟电路地可采用"分区但不完全分割地"的形式，即为保证两者之间的信号回流通畅，可以在被分割的地之间进行单点连接，形成两个地之间的连接桥，然后通过该连接桥布线。数字电路地与模拟电路地之间通过多点的电容相连，电容值可根据实际情况进行调整，一般推荐值为 1000pF。

同时，上面的电容可以是预留的，当系统静电能量不易泄放时可以通过电容泄放到数字地。

8. 射频地与数字地之间的连接

图 6-60 所示为某物联产品的一个 GPS 天线射频地的设计实例。分为 GPS 数字地和主板的数字地，其中信号走线通过磁珠滤波，通过地桥接设计思路，在信号线上面 5 个磁珠（信号线串联磁珠）相同宽度的下面有一个投影，在这个投影面通过敷地铜连接（对于多层板，其他所有层都按这样的地划分），然后在敷铜两边使用电容滤波。信号线穿过，地桥接是信号的回流设计，这是合理的设计方法。

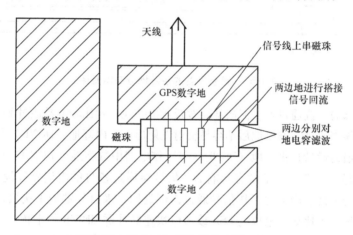

图 6-60　数字地与射频地的连接示意图

9. 系统地设计

图 6-61 所示为某物联产品（信息类设备）通用的结构模型。它有 AC – DC 开关电源设计、EMI 滤波器电路、隔离电源 DC – DC 变换，DC 电压给产品的数字芯片供电、数字芯片接口通信等。系统地是金属背板或者是金属机架，对图中的地结构进行分析，假如系统的地平面足够大，接口的部分有接口地，接口通过电容滤波，当外部有干扰时，通过电容到地而不会到数字地。

假如滤波器有干扰接地，开关电源通过滤波器降低产品传导干扰的幅度是把滤波器的地和接口地分开，滤波器的地和接口地都连接到金属背板或机壳。

开关电源的干扰通过滤波器到地，把数字地分开，同时数字地也接到金属背板或机壳上去，外部的干扰都是到金属背板或外壳。滤波器的地很重要，要能让外部的干扰流向金属背板或机壳地，同时数字地阻抗要小、环路要小。

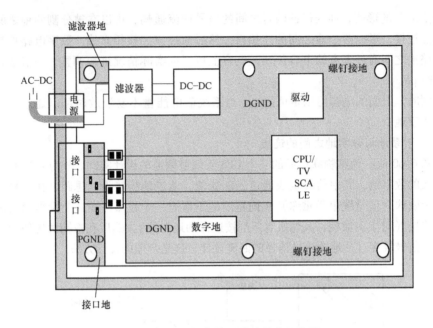

图 6-61   信息设备的系统地分布示意图

来自外部的干扰通过电容流向金属背板或机壳地，就比较容易通过 EMS 的设计，同时内部的噪声通过滤波接地后不容易辐射发射出去。内部地（DGND）是内部信号的回流路径通道设计，机壳地（PGND）与工作电路中数字地（DGND）最终在产品中连接在一起。这样连接是没有影响的，信号会通过各自的电流路径返回其源头。比如说内部的干扰、内部的工作信号通过内部返回，来自外部的干扰快速流入金属背板或机壳地。再比如静电放电 ESD 或者电快速脉冲群 EFT/B 的干扰测试，为达到电磁兼容的要求，外部的干扰电流无法进入内部的敏感器件和电路，有很强的抗干扰能力。内部的干扰通过滤波接地后对外影响较小，这样传导、辐射发射就不容易超标。这就是电磁兼容所追求的，让外部的干扰不影响或不进入内部的电路，内部的电路工作时产生的干扰不影响外部电路或外部的其他设备，这是接地的设计关键。

产品系统两边分地各走各的电流路径，没有信号线跨分割区域，最后 PGND、DGND 同时连接金属背板或机壳都是合理的设计，信号可以各走其道。

10. 显示屏 PCB 接地问题带来的辐射发射案例

某物联产品依据 EN 55022 A 类的测试要求，辐射发射试验频段范围在 30 ~ 1000MHz 时测试结果不能通过，主要超标频点在 180MHz、220MHz 附近余量不够，测试结果如图 6-62 所示。

从产品的结构分析，该产品自带一个数字显示屏，接口有外接的监控信号，开关电源 AC 输入电源线等接口，对于电磁兼容的问题按照三要素理论，即干扰源、耦

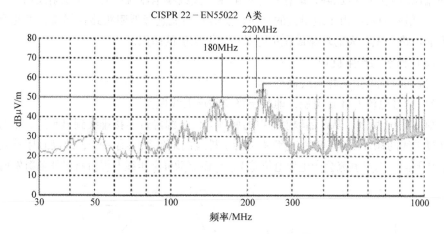

图 6-62　显示屏辐射发射测试频谱图

合路径、敏感设备去解决问题。这里提供一种思路和方法来分析问题和解决问题：首先分析查找路径，其次按照辐射发射的路径找到相应的干扰源头，解决问题。

（1）查找路径。

1）先拔掉测试设备的外接电缆（除了电源线），若测试结果没有改善，则说明干扰路径不是以外接的信号线缆为路径的对外辐射发射。

2）在电源线上外挂多个规格的磁环，测试结果没有变化，说明电源线不是干扰路径。

3）该物联产品是金属外壳，用频谱分析仪测试金属外壳没有发现相应的干扰频点，因为产品带有数字显示屏的结构，干扰可能以显示屏为路径对外辐射发射，不排除显示屏本身存在问题。

4）通过铜箔或者使用金属物体遮挡显示屏，有明显的改善。

5）最后通过频谱分析仪使用近场探头测试显示屏的正面，能够找到相对应的干扰频谱点。

（2）路径到源头的分析　如图6-63所示，拆解显示屏，同时分析产品内部，显示屏与其内部的 PCB 是通过软性排线连接的。

分析其原理：PCB 板信号线连接到显示屏，其信号线的回流路径通过排线中的地线回到 PCBA 的源头。

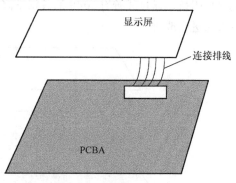

图 6-63　显示屏内部结构

1）显示屏的排线上只有一个接地线，可能存在较高的地阻抗，高频回流时会在此回流地线上产生电压降，即存在噪声电压，其共模电流流通时产生辐射发射。

2）信号回路中由于地阻抗的存在，使信号回流选择低阻抗路径回流，可能会存在大的环路面积，大的环路面积也是噪声辐射发射的原因。

（3）辐射的产生机理。

1）地阻抗产生的棒天线模型。

2）信号电流的环路面积，即回流路径的环天线模型。

如图6-64所示，从产品辐射发射的原理，信号源经过连接排线到显示屏，信号回流通过排线的地线回到PCBA的源头，由于排线的地针脚只有一个，故高频阻抗比较大，高频信号返回电流会产生地电位差V，从而驱动屏上走线及屏自身对外辐射发射。

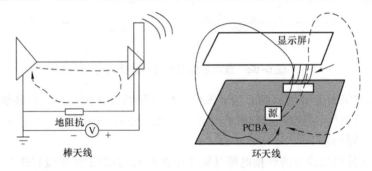

图6-64 显示屏产生辐射发射的两种天线模型

在此案例中，如果能够知道产品中驱动屏的工作频频、对应的工作电流、屏的等效长度、线缆的长度等基本信息，则可以利用第5章中差模与共模辐射的预测公式及对差模与共模辐射的分析理论计算式进行评估。

（4）解决方法 如图6-65所示，解决这个辐射发射超标的方法是在显示屏的背面金属盖与PCBA之间通过四个导电泡棉搭接，加强搭接点，降低显示屏与PCBA之间的接地阻抗。通过改善有20dB的数据下降。同样，还可以在连接排线上多增加地线的方法进行改善。

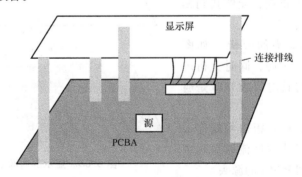

图6-65 显示屏改善辐射发射的示意图

注意：这个案例在物联产品设计中非常普通，有很好的参考价值。对显示屏器件要设计地的搭接点，给信号提供地阻抗搭接措施。

对产品进行 PCB 接地设计时，需要考虑信号与地的回流路径，给信号提供低的地阻抗通道。

6.4　PCB 容性耦合串扰问题

在产品的 EMC 设计中，对 PCB 和物理结构的 EMC 评估是非常重要的一环，这往往还具有决定性作用。一个比较优秀的设计应该可以较大程度地避免干扰电流流过产品内部电路，并将其导向大地。容性耦合串扰在整个干扰路径中起着决定性作用，而线间寄生电容在容性串扰中又起着关键作用。

1. 电磁兼容在 PCB 的设计问题——电感性耦合

电感是电流与围绕电流的磁通量之间关系的比例因子。导体上有电流，周围会产生磁场，电流变化，磁场也变化，磁通量 $\Phi \propto I$。

变化的磁场在它环绕的导体上产生感应电压 $U = -\Delta\Phi/\Delta t$，感应电压和激起磁场的电流通过磁链建立联系，电感 $L = \Phi/I$，只要能确定电流和磁通量间的关系，就能完全描述磁感应现象，电感即纽带。电感性耦合也是磁场耦合。

如图 6-66 所示，当信号在干扰线上传播时，由于信号电流的变化，在信号跃变的附近区域，通过分布电感的作用将产生时变的磁场，变化的磁场在受害线上将感应出噪声电压，进而形成感性耦合电流，并分别向近端和远端传播。

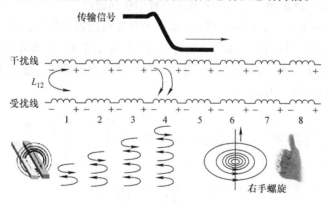

图 6-66　感性耦合示意图

2. 电磁兼容在 PCB 的设计问题——电容性耦合

被介质包围的任意两个导体构成电容，电容描述一定的电位差下，导体系统存储电荷的能力。电容 $C = Q/U$，式中，C 单位为 F；Q 单位为 C；U 单位为 V。

电容仅仅与导体系统结构和周围介质特性有关，电容反映的是导体系统本身固有的特性，不论两个导体形状如何，都会存在电容，导体的形状可能会影响电容的大小，但并不决定电容的有无。电容性耦合也是电场耦合。

如图 6-67 所示，当干扰线上有信号传输时，由于信号边沿电压的变化，在信号边沿附近的区域，干扰线上的分布电容会感应出时变的电场，而受害线处于这个电场里，所以变化的电场会在受害线上产生感应电流。

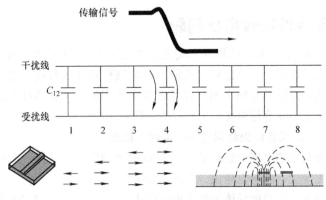

图 6-67　容性耦合示意图

传输线上的变化信号耦合到不应存有该信号的导体上，造成该导体上的耦合干扰信号。在信号完整性分析时，通常会对重要信号的串扰进行检测和分析，以确保适当的信号品质，但是从 EMC 的观点来看，重要信号间的串扰并不需要特别留意。而需要关注的重点在重要信号串扰到 I/O 布线的状况，因为 I/O 布线有时会连接到外部，特别需要关注时钟线与 I/O 布线的容性串扰问题。

图 6-68 所示为重要信号时钟信号布线与 I/O 布线的容性耦合。这个重要的信号线布线并没有直接连接到 I/O 布线，但是走线的位置很靠近，因此串扰很容易发生。串扰现象可能是水平的，也可能是垂直的。对于多层板的设计，容性耦合串扰也会发生在 PCB 的不同布线层之间。

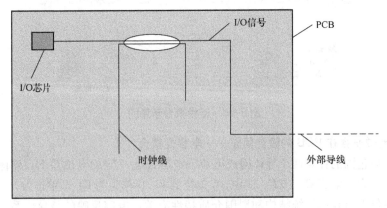

图 6-68　PCB 上时钟信号耦合到 I/O 布线的例子

多层次的，或是一连串的耦合串扰也是要重点关注的。因为只要一点点来自重要信号布线上的电流，就可以造成机壳外部无法承受的干扰。

如图 6-69 所示，重要的时钟信号布线靠近一条无辜的布线，有一点点信号电流耦合到了这个无辜的布线，然而这个无辜的信号布线靠近 I/O 布线信号，这时二次串扰耦合发生，将原始的时钟信号的一部分电流耦合到 I/O 布线上，变成了干扰信号而带到外部辐射出去。

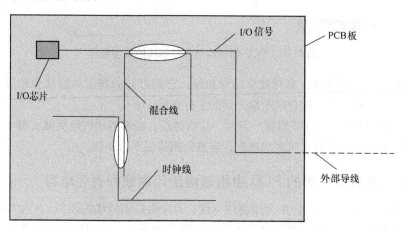

图 6-69　PCB 上一连串耦合到 I/O 布线的例子

因此，要将高速及其谐波信号远离 I/O 区域，特别是没有屏蔽的 I/O 连接器及电缆。根据理论经验，在长的连接线及导线长度大于 1/4 信号波长时，只要有大约 $100\mu V$ 的共模噪声电压出现在外部未屏蔽的导线及电缆中，就会造成辐射发射干扰超过限值要求。

很明显，控制容性串扰的最佳方法是让高速信号布线和 I/O 布线彼此远离。在多层 PCB 板的叠层设计上，最有效隔离这些布线的方式是将这两类信号分别放置在不同的布线层，中间以完整平面将其隔开。若是没有中间分隔的完整平面，则不同布线层间的串扰还是常常会发生。

可以通过四个不同的模型，在不同情况下进行 PCB 设计时，对线间寄生电容的影响进行分析并提供设计依据。

6.4.1　相邻层 PCB 印制线平行布线间寄生电容

如图 6-70 所示，图中 W 为印制线宽度；h 为 PCB 的厚度。提供参考数据分析两条 PCB 印制线形成的平板电容。在实际 PCB 板中，一般情况下的印制线线宽是小于 PCB 厚度的，更不太可能两条走线有很长的平行布局，因此相邻层从顶层和底层来看，线间电容是很小的。以下情况需要注意：

1）将 PCB 印制线看作平面时面积较大，这时模拟地和数字地、电源走线和数字

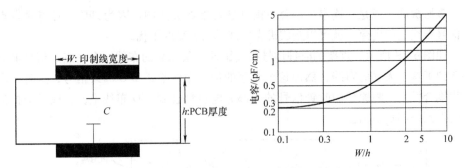

图 6-70   PCB 相邻层两条印制线的寄生电容

地、电源走线和模拟地、多对数字信号和地,它们之间的寄生电容就会比较大,所以应该避免不希望产生耦合的平面之间的平行布线。

2)多层板中,当 PCB 厚度一定时,层数越多,相邻两层的厚度就会很小,这时一般的印制线宽也会有比较大的电容,应避免相邻层平行布线。

6.4.2   没有地平面的 PCB 中相邻两条印制线间寄生电容

如图 6-71 所示,图中 W 为印制线宽度;d 为两条印制线的间距;h 为 PCB 的厚度。提供参考数据分析,寄生电容可能存在于单面板中,也可能存在于多层板的相邻层间,因为不可能每层都有相邻的大面积参考层。由数据图看出,起决定性作用的因素是线间距,而与线宽关系不大。至于 PCB 厚度基本是个定量,可以不用着重考虑。

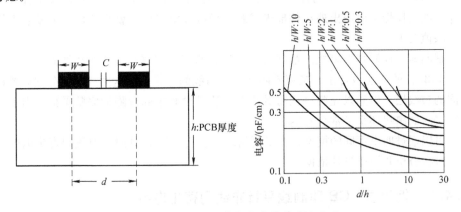

图 6-71   PCB 上两条相邻布线的寄生电容

一个重要的结论:在 PCB 布线时,不希望有串扰的两个信号,故应避免靠近和平行走线。

6.4.3　带一层地平面两条 PCB 印制线间寄生电容（微带线）

如图 6-72 所示，图中 W 为印制线宽度；d 为两条印制线的间距；h 为 PCB 的厚度；C_2 为两条印制线的寄生电容；C_1 和 C_3 分别为印制线和地平面的寄生电容。提供参考数据分析，寄生电容在双面板和多层板比较常见，相比没有地平面的情况有两点大不同：

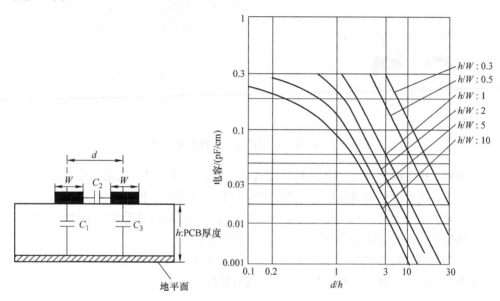

图 6-72　PCB 微带线的相邻布线的寄生电容

1）在相同线距情况下，线宽开始起着很大的作用，线宽越大，电容越大。

2）曲线变化非常陡峭，此时线距有着更大的影响。

3）增加地平面后，不仅降低了线间寄生电容，而且 C_2 与 C_3（$C_2 \ll C_3$）形成的分压可以降低串扰。

一个重要的结论：增加地平面有利于降低容性串扰耦合。

6.4.4　双层地平面时线间寄生电容（带状线）

如图 6-73 所示，图中 W 为印制线宽度；d 为两条印制线的间距；h 为 PCB 的厚度。提供参考数据分析，寄生电容在实际中存在于多层板、带屏蔽的多芯线缆或者带金属屏蔽罩的布线中。

由曲线图可以看出，带双层地平面对于线间寄生电容和串扰的控制具有更大的作用。

一个重要的结论：对于一些需要高度隔离的信号线，应该采取此类措施。

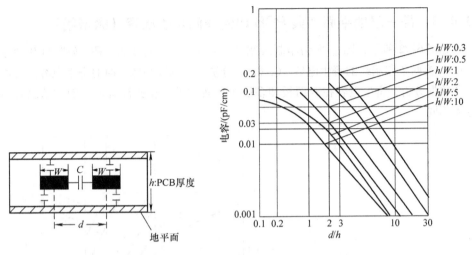

图 6-73　PCB 带状线的相邻布线的寄生电容

　　总结：以上四个模型在设计 PCB 时有着实际的参考意义，无论是单层、双层、多层板中，这四种模型都会存在，不会独立存在。要将元器件、走线、线缆、平面都看成是其中的元素。设计时无法完全避免耦合，却可以通过设计减小耦合，通过这些模型对存在的电磁兼容问题分析干扰路径非常重要。

　　"规划并控制返回电流、选择参考平面、控制耦合"是高度关联的。既要有整体规划上的安排，又要对 PCB 布局设计细节进行监控。

6.5　PCB 的电磁辐射发射设计

　　对于物联产品的电子设备，尽量减小 PCB 的电磁辐射对通过电磁兼容测试非常重要，物联产品电子设备为了获得良好的人机界面，外壳上通常有很多的显示、操作器件，甚至有触摸屏，即使采用带金属外壳的设计也很难具有较高的屏蔽效能，所以降低内部 PCB 电路的辐射强度非常重要。

6.5.1　数字电路中的几个辐射源

　　图 6-74 所示为 PCB 架构的数字电路 A 的输出端与接收端或负载电路 B 端构成的输出回路，由于数字电路输出的都是变化的脉冲电压，因此在电流返回回路中也是脉冲电流，这样就构成了一个环形的辐射天线，如图 6-74 中环路①所示的辐射发射源。

　　在数字电路的电源和地线之间也有回路。数字电路在工作时，它在输出端发生变化，数字电路从高到低或者从低到高都会在电源和地上形成短暂的短路状态，这时电源和地线上也会形成一个短路电流，这个电流虽然时间很短但是它的幅值可能

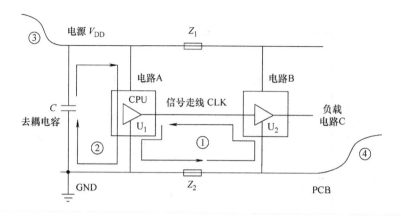

图 6-74　PCB 中的几个辐射源示意图

比较大，也就是说它会有比较大的 di/dt。因此也包含了比较多的高频成分，这时就会在如图 6-74 中②所示的回路里面有高频电流，形成辐射源。

供电电源连接线和 PCB 是连接的导体，即 PCB 会与外部的电源线连接起来，这时在电源线上产生的噪声电压就构成了这个导体驱动电压，从而构成了一个单偶极子天线。输入连接线如图 6-74 中③所示的辐射发射源。

类似于输入连接线，对于如图 6-74 中④所示的辐射源，它是与地线连接的。由于地线上流过脉冲电流，也会在地线上形成噪声电压。因此在这个噪声电压的驱动下，这个导体就形成了一个单极子辐射天线。

在数字电路中产生辐射发射的主要原因是上面四个辐射源。

6.5.2　信号源回路的设计

图 6-75 所示的辐射源①是驱动信号的回路，这是环天线辐射模型，根据前面的差模辐射理论公式，设计思路如下：

1）通过布线，控制信号电流的回路面积。环形天线是与它的面积成正比的。如果环路面积为 0 它就没有辐射，控制信号回路面积是首先需要考虑的。

2）通过增加磁珠，衰减高频电流，通过吸收高频成分的器件减小电路上的高频电流。环形天线的辐射效率是与频率的二次方成正比的，如果能对高频进行衰减也会改善辐射的情况。

3）改变信号的形状，延长脉冲上升沿、下降沿及扩谱时钟的方式等。

改变时钟的上升沿会减小高频的成分。时钟信号之所以能产生最强的干扰，主要是它的能量在频域上面表现得非常集中，导致能量集中的原因就是它是周期性的信号。如果让时钟的周期性信号不是那么好，也就是说它的频率发生抖动，就可以使它的能量在频域内扩散开来，如果条件允许，那么这也是一种很好的设计方法。

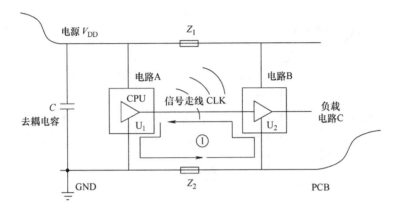

图 6-75　PCB 中驱动信号的环天线辐射

6.5.3　电源回路的设计

图 6-76 所示的辐射源②是数字电源回路，这是环天线辐射模型，根据前面的差模辐射理论公式，设计思路如下：

1) 优化去耦电容的 PCB 位置，缩小短路电流的回路面积。当数字电路导致电源线和地线瞬间短路时，这个短路电流可以使用一个电容来提供，这个电容和器件组成的回路面积也要越小越好，因此这个电容要靠近这个器件，也就是要形成一个尽量小的回路面积。

2) 使用高频特性好的去耦电容，减小高频电流。电容有很多的种类，有些电容的种类其高频特性不是太好，也就是它对高频的阻抗电流比较大，因此它就不能提供很高频的电流回路来作为短路电流。

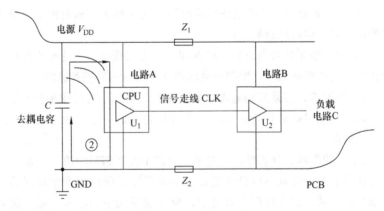

图 6-76　PCB 数字电源回路的环天线辐射

6.5.4　信号电源输入的设计

图 6-77 所示的辐射源③是输入电源线，这是单极子天线辐射模型，根据前面的共模辐射理论公式，设计思路如下：

1）在连接电源线的位置可以放置共模滤波电容，比较常用的是在电路 PCB 的输入端安装一个滤波器件，这个器件就包含共模滤波电路。

2）PCB 上做好电源去耦，降低电源线上的噪声电压，噪声电压小了辐射也会降低。

3）使用带屏蔽功能或整层铜箔做电源线，降低电源线的阻抗，电源线的噪声本质上是由于电流流过电源线时在阻抗上形成的噪声。如果阻抗是 0，那么这个噪声电压就为 0。

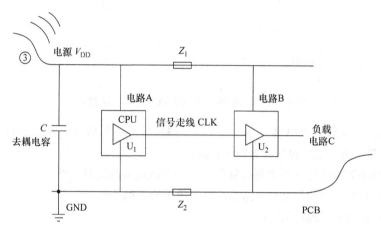

图 6-77　PCB 连接的电源线的单极子天线辐射

6.5.5　地走线噪声的设计

图 6-78 所示的辐射源④是信号回流在地阻抗上产生噪声电压，这是单极子天线辐射模型，根据前面的共模辐射理论公式，设计思路如下：

1）使用整层铜箔做地线，降低地线阻抗；地线上的噪声也是由于地线电流在流过地线的时候在地线阻抗上产生的，降低这个阻抗就能减小这个噪声。

2）在有外接地线的位置与金属背板或者金属机壳连接起来（或者用电容连接起来），而在有些场合是不允许 PCB 与机壳连接的，这时可以用电容连接。电容对高频来说仍然是连通的，而在低频时断开。

3）设计好电源去耦，减小地线电流（注意：这里电源和地线的性质是一样的，只是习惯性的人为定义电源的负端是地，电源的正端是电源线）。做好电源的去耦，降低电源线的噪声，地线上的噪声也会减小。比如说将这个电容噪声电压限制在一个小的范围，其他地方的噪声电压也会减小。

4）把 I/O 接口设置在 PCB 的同一侧。当电路板上有很多的 I/O 接口时，尽量把同功能的连接线放在同一侧。对于噪声电压，如果在地线的另一端再出现一个长导体，则系统就会构成一个更好的辐射天线，它就会产生更强的辐射。

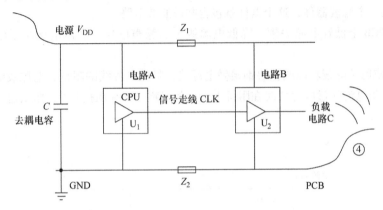

图 6-78　PCB 地噪声电压的单极子天线辐射

总结：实际的 PCB 虽然十分复杂，但是降低信号线与地和电源与地的辐射的设计原则比较简单，主要包括以下四个方面：

1）减小周期信号（典型是时钟信号）的负载电流的回路面积。

2）做好包含周期信号的电路芯片的电源线的去耦处理。

3）尽可能降低地线的阻抗。

4）外部功能性相同的连接线电缆尽量布置在 PCB 的同一侧。

EMI 设计的成功与否，主要因素在于高速信号路径的返回电流。这些返回电流的路径必须是经过有意设计出来的，否则这些电流会走到不期望的路径上去，导致辐射发射或功能上的问题。

最常见的返回电流问题源自参考平面的裂缝、变换参考平面层、流经连接器线缆的信号等。采用缝补电容或是去耦的方式可能可以解决一些问题，但必须要考虑电容器件的过孔连接、焊盘及布线的总阻抗情况。

第 ⑦ 章

产品金属结构的EMC设计

屏蔽设计往往与搭接联系在一起。搭接是在两金属表面之间构造一个低阻抗的电气连接。当两边的结构体不能很好地完全搭接时，通常需要通过密封衬垫来弥补。这些材料通常包括导电橡胶、金属丝网、指形簧片、导电布材料等。选择材料主要考虑四个因素，即屏蔽效能、有无环境密封要求、安装结构、成本设计要求。从理论上，只有金属材料才可以作为屏蔽材料使用。在进行产品设计时会选择金属制作的外壳或者金属机箱进行屏蔽设计。但是很多设计工程师发现，这种金属外壳机箱对于改善产品的电磁兼容似乎并不是很有效。

图7-1所示为典型高速物联产品的屏蔽机壳。屏蔽金属机壳都要考虑成本，通常会有些其他方面的需求要求穿孔或孔洞，因而损失了屏蔽效能。因为机械结构所需的孔洞、接缝、开口将是主要的泄漏来源，此外贯通的导线以及导线上的共模电流造成的辐射会是所有辐射的主要来源。

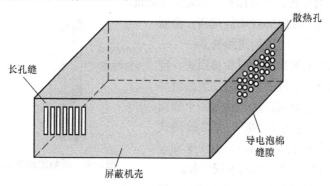

图7-1　典型的屏蔽机壳

首先，产品外壳机箱一定要用金属材料制作，这是一个最重要的因素。但是，还有一些其他的性能会影响机箱的屏蔽效能。

1）穿过机箱的导体，这个是指从屏蔽机箱的面板上面，由里看到外或者由外看到里的一些导线，这些导线会严重降低屏蔽机箱的屏蔽效能。

2）金属机箱上面的孔洞和缝隙，这些孔洞和缝隙都会导致电磁泄漏。

3）机箱内器件布局的内部位置，这主要是指器件相对于孔洞及缝隙的位置。

4）PCB 的接地方式对机箱的泄漏也会有影响。注意：接地与机箱本身的屏蔽效能是没有关系的。

因此，在实际应用中，往往有散热孔、出线孔、可动导体等，如何合理地设计散热孔、出线孔、可动部件间的搭接成为屏蔽设计的要点。

只有在孔缝尺寸、信号波长、传播方向、搭接阻抗之间进行合理的协调，才能设计出好的屏蔽体。

7.1　结构缝隙的设计

产品金属外壳机箱面板上的缝隙是电磁泄漏的主要原因，这类似于孔洞。一个机箱上有缝隙是不可避免的。两块不同的面板接合处就会形成一个缝隙，解决好缝隙的泄漏是机箱设计的主要内容之一。

7.1.1　衡量缝隙泄漏转移阻抗

图 7-2 中，I 为材料表面的感应电流；V 为材料表面的感应电压；Z_T 为转移阻抗。其简化的转移阻抗可以运用式（7-1）进行计算。

$$Z_T = V/I \tag{7-1}$$

屏蔽效能的计算公式如下：

$$SE = 20\lg（Z_W/Z_T) \tag{7-2}$$

式中，Z_W 为入射电磁波的波阻抗；Z_T 为转移阻抗。

波阻抗越高，缝隙屏蔽效能越高，泄漏越少。波阻抗越低，缝隙的泄漏越多。

衡量缝隙泄漏的物理量叫转移阻抗，屏蔽材料在上面有一个缝隙，如果在屏蔽材料的一个表面有一个电流流过，在另一个表面可以测试到一个电压 V，那么可以运用式（7-1）计算转移阻抗 $Z_T = V/I$，电压 V 和电流 I 是屏蔽材料的两个表面的不同参数。

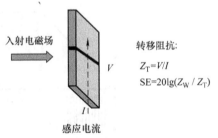

图 7-2　缝隙泄漏的转移阻抗

转移阻抗客观地反映了一个缝隙的电磁泄漏情况。一个入射电磁场，有一簇电磁波入射到这个屏蔽材料表面时就会感应出一个电流，这个电流在材料的另一个表面会有一个电压，这个电压实际上就构成了一个偶极子天线。

上面的金属板是偶极子天线的一个电极，在这个缝隙中会产生辐射发射，因此就说这个电磁场通过缝隙产生了泄漏。转移阻抗能代表一个缝隙的电磁屏蔽效能。

在实际的设计中，当结构的缝隙靠近产品电路时，这个缝隙就会泄漏得很严重，这是由于在这些电路中产生了波阻抗比较低的电磁波。

　　实际上有一种检测屏蔽房或者屏蔽柜的缝隙是否有泄漏的方法，就是在屏蔽房或屏蔽柜上施加一个电流，再用一个检测辐射的小天线环来检测缝隙是否在某个点有泄漏，如果有泄漏就可以知道局部的焊接不够牢固等。

　　电磁屏蔽的屏蔽效能如图 7-3 所示，表示对电磁波产生衰减的作用就是电磁屏蔽，电磁屏蔽作用的大小用屏蔽效能来度量，其表达式为 $SE = 20\lg\ (E_1/E_2)$，单位为 dB。

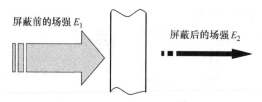

屏蔽前的场强 E_1

屏蔽后的场强 E_2

图 7-3　电磁屏蔽的屏蔽效能

7.1.2　缝隙的简单模型

　　缝隙的转移阻抗决定了缝隙的导电性，缝隙的导电性可以用图 7-4 所示的简单模型进行分析。在上面的缝隙中有些地方是接触的，有些地方是没有接触的，接触的地方相当于一个电阻，为接触电阻，没有接触的地方就相当于一个电容，电容的大小与缝隙的宽度有关系。靠得越近，电容越大，导通得越好，这个电阻与材料的表面涂覆有关系。

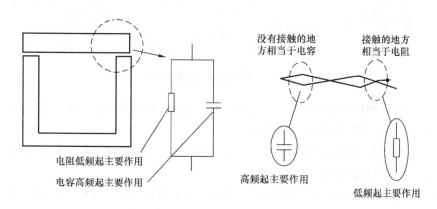

没有接触的地方相当于电容

接触的地方相当于电阻

电阻低频起主要作用

电容高频起主要作用

高频起主要作用

低频起主要作用

图 7-4　结构缝隙的简单模型

　　事实证明一些比较软的金属涂覆会有比较低的接触电阻。

　　上面的模型很重要，通过实践会发现有些缝隙经过比较长时间后，它在低频的泄漏比较严重，而高频几乎没有什么变化，这是因为金属经过比较长时间的使用后表面会氧化，这样它的接触电阻会比较大，而这个接触电阻主要在低频起作用，而高频的时候主要通过电容来连通，所以即使金属表面的导电率降低，高频也没有发生很明显的变化。

7.1.3 缝隙的处理

如图7-5所示，有一些简单的方法，如在缝隙处填充一些表面导电的弹性材料，这好比装容器的盖子和容器之间的密封。这种能填充缝隙的材料叫电磁密封衬垫，常用的电磁密封材料如图7-6所示。

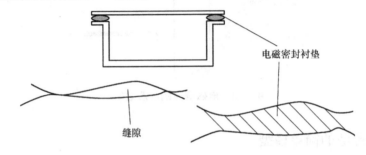

图7-5　结构缝隙的处理

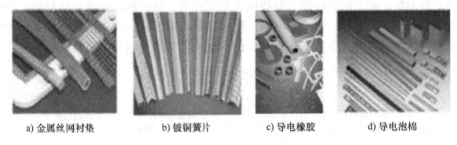

a) 金属丝网衬垫　　　b) 铍铜簧片　　　c) 导电橡胶　　　d) 导电泡棉

图7-6　结构缝隙的密封材料

1）金属丝网衬垫是在橡胶上包金属丝网，这就构成了表面是导电的带有弹性的屏蔽材料，它可以起到电磁屏蔽的作用。

2）铍铜簧片中的铍铜是一种导电非常好的材料，可以做成不同的形状填充到缝隙里面去，从而起到好的电磁兼容作用。

3）导电橡胶是在橡胶里面填充导电颗粒，使它具有一定的导电性，它可以屏蔽电磁波。如果要达到电磁屏蔽的程度则必须要填充非常多的颗粒。

4）在商业应用上的导电泡棉与金属丝网是比较像的，它是包了一层导电布，这样就具有弹性并且表面导电，这个材料的特点是成本比较低。

结构缝隙的设计总结：

1）缝隙的电磁泄漏情况可以用转移阻抗来表示，转移阻抗越低，电磁泄漏越小。

2）缝隙的泄漏与辐射源的位置、方位等因素有关。

3）解决缝隙电磁泄漏的简单方法是在缝隙处安装密封的衬垫材料。

7.2　结构开口孔的设计

尽管孔洞是导致机箱电磁泄漏的主要原因之一，但是任何一个机箱上均不可能没有孔洞。怎样处理好这些孔洞是屏蔽设计的重要内容。

根据前面的理论，当切线电场靠近导体时，电场大小必须为零。否则会在金属导体的表面产生电流。这一电流会在机壳的表面流动，若是在机壳上碰到了任何不连续性或是缝隙，此电流就必须要围绕缝隙流动。

如图 7-7 所示，围绕缝隙流动的电流增加了电路路径的长度。这个增加的路径包含有额外的电感与电阻，造成在缝隙处存在有效的电压。如果缝隙的长度接近信号频率的 1/2（或 1/4）波长，则在缝隙的中心点会得到最大电压值。这一电压可以从缝隙的外面看到来自于机壳内部的源头，进而会在机壳外面产生一个电流，外部的电流会造成辐射，这就是机壳内部的能量源头辐射到外界的方式。

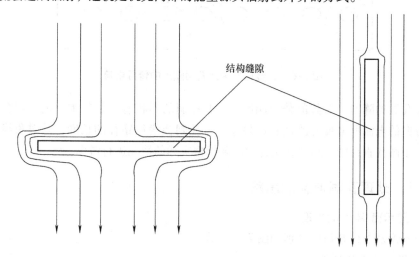

结构缝隙

图 7-7　在金属屏蔽缝隙周围的传导电流

当电场与缝隙极性相垂直时（相反方位），会增加最多的电流路径长度，也就是最大的路径阻抗，而造成最大的外部场强。缝隙越长，电流路径的阻抗越大，横过缝隙的电压就越大，因此得到的外部场强越大。减小缝隙的长度可以减小泄漏出去的场强。

当电流的方向与缝隙长边的方向一致时，电流路径的受干扰程度最低，导致的外部场强也最小。但是在设计时，无法预测或是控制内部电场的极性以及其所造成的电流。对于一个有效的缝隙设计，必须要假设电流会从最不想要的方向流过，要以最差状况的条件来设计。

如图 7-8 所示,在金属结构上经常有散热孔组成的阵列,可以让任意方向的电流都有最小的路径长度增加量,这时电流路径受到的干扰较少。小孔洞间的金属导体宽度是很重要的,如果在小孔洞间只有一点点的金属导体,则电流路径的阻抗会增加,因而这些小孔洞就无法有效地屏蔽。通常的经验方法是要让这些金属导体的宽度不小于孔洞直径的25%,以保持低的阻抗。在需要更强的屏蔽时,比如其他的应用,金属导体的宽度还要再根据具体的应用来增加。

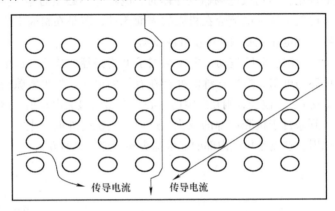

传导电流　　传导电流

图 7-8　在金属屏蔽上孔洞阵列的传导电流

小孔洞的阵列,对其屏蔽效能而言,其孔洞的形状有时是很重要的。圆孔对于任意方向的电流所增加的路径长度最短,方孔则会增加路径的长度,其对角线的长度是大于圆孔直径的。这些在设计时需要根据实际的情况进行考虑。

7.2.1　处理孔洞泄漏的思路

1. 显示窗/器件的处理

显示窗及器件开口的处理如图 7-9 所示。

2. 操作器件的处理

操作器件的处理如图 7-10 所示。

如图 7-9 与图 7-10 所示,隔离孔洞与内部辐射源、敏感源。外面是机箱,上面安装有显示器件和操作器件,必须要开孔洞,这样辐射源就会通过孔洞进行泄漏,敏感源就会受到耦合进来的电磁波的影响。

可以在孔洞的地方安装一个隔离舱,这个隔离舱与原来的机箱又构成一个完整的屏蔽体。当然上面会有贯穿的导体,也就是显示器件和操作器件与内部电路连接了一些导线,需要穿过这个屏蔽体,对于这些贯穿导体的处理,可以采用滤波的方式。

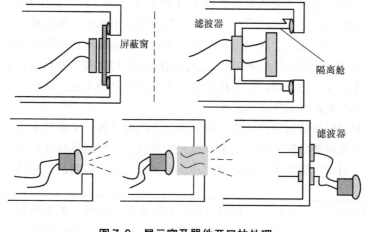

图 7-9　显示窗及器件开口的处理

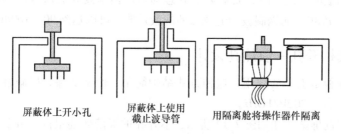

屏蔽体上开小孔　　　屏蔽体上使用　　　用隔离舱将操作器件隔离
　　　　　　　　　　截止波导管

图 7-10　操作器件的处理

第
7
章

采用这种处理孔洞的方式需要有一个前提条件，就是暴露在孔洞的这些器件本身不能是敏感源或者干扰源。

3. 通风口的处理

如图 7-11 所示，处理孔洞的另一种方式就是化整为零，保持同样的开口面积，降低电磁泄漏。当孔洞的尺寸比较小时，它的泄漏也会较小，因此可以把一个大的孔洞，拆成若干个小的孔洞，这样保证了同样面积的开口可以降低电磁泄漏。

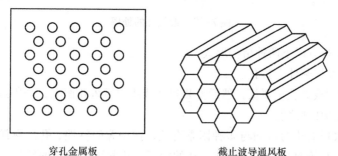

穿孔金属板　　　　　　　截止波导通风板

图 7-11　通风口的处理

有一个实际的案例，是在对设备做 EMI 辐射发射测试时，发现辐射发射超标，经过诊断和分析发现是从显示数码管的一个窗口泄漏出来的。采取措施，即在这个数码管上增加一些导电的金属丝，这样在外部看不到金属丝，再测试时整个窗口的泄漏减小了很多，经过这样处理以后，设备就能通过 EMI 辐射发射测试了。同时在旁边还有一个通风口的处理，把大孔化整为零变成很多的小孔，这样它能保持足够的通风量，同时电磁泄漏会减小很多。

截止波导通风板是利用截止波导的原理制作的通风板，工作频率小于波导管截止频率的电磁波在波导通风板传输中有很大的衰减。波导通风板在甚高频仍有较高的屏蔽效能，对空气阻力小，风压损失小，机械强度高，但其缺点是体积较大、成本高。

波导通风板的材料有铝合金和钢两种。铝制波导通风板一般是粘接制成的，因此需要导电处理（导电氧化、镀锡、镀镍等）后才能使用。而钢制波导通风板是采用钎焊方式制成的，使用时只要做防腐处理即可。铝制波导通风板的屏蔽效能一般可以达到 60～70dB，而钢制波导通风板的屏蔽效能则可以达到 90～100dB。

7.2.2 结构开孔 - 散热孔设计

穿孔金属板是主要的应用，这种方式结构简单、价格低廉、屏蔽性能稳定，一般屏蔽性能不高于 30dB/1GHz。

提升机箱的屏蔽效能如图 7-12 所示，不开孔的屏蔽效能最高，开长方形孔的屏蔽效能最差。兼顾散热和屏蔽效能的办法是在散热孔总开孔面积相同的情况下，开小圆孔。

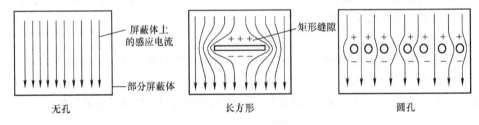

无孔　　　　　　　　　长方形　　　　　　　　　圆孔

图 7-12　散热孔的处理

穿孔金属板有以下两种结构形式：

1）直接在屏蔽体上打孔。

2）单独制成穿孔金属板，然后安装到屏蔽体的通风孔洞上，采用这种方式时需要注意安装缝隙的屏蔽。

穿孔金属板上孔的泄漏与多种因素有关，如场源的特性、孔离场源的距离、电磁场的频率、孔的面积、孔的形状、孔的深度、孔间距离和孔的数量，其中影响最大的是孔的最大尺寸和孔的深度。

表 7-1 给出穿孔金属板的屏蔽效能的参考数据。

表 7-1　穿孔金属板的屏蔽效能

板厚 /mm	孔尺寸 /mm	孔间距 /mm	屏蔽效能 30MHz	屏蔽效能 300MHz	屏蔽效能 1GHz	孔隙率 /(n/cm²)
2.0	4	6	65	50	40	0.35
	5	7	60	45	35	0.4
	6	8	55	40	30	0.44
	8	10	47	30	20	0.5
	4×4	6	60	45	33	0.44
	5×5	7	53	35	25	0.51
	6×6	8	47	30	20	0.56
	8×8	10	40	25	13	0.64
1.5	4	6	60	45	35	0.35
	5	7	55	40	30	0.4
	6	8	50	35	25	0.44
	8	10	43	25	15	0.5
	4×4	6	55	40	27	0.44
	5×5	7	47	33	23	0.51
	6×6	8	43	27	17	0.56
	8×8	10	35	20	10	0.64
1.0	4	6	55	40	30	0.35
	5	7	50	30	20	0.4
	6	8	45	27	17	0.44
	8	10	35	20	10	0.5
	4×4	6	47	30	20	0.44
	5×5	7	40	25	15	0.51
	6×6	8	37	20	10	0.56
	8×8	10	30	13	3	0.64

注：1. 计算条件为冷轧钢板，发射源距通风距离为 100cm，孔数为 50×50（表中类似于 "4×4" 的
为方孔，其他为圆孔）。

2. 孔隙率为单位面积上孔（孔隙）的个数，上表的孔隙率为每平方厘米内的孔隙个数。

7.2.3　特殊的屏蔽材料

假如有一个大的显示窗口，这时候可以使用屏蔽玻璃。图 7-13a 所示为一种常用

的屏蔽玻璃，它是在两层透明材料之间加上金属网构成的一种材料，使用屏蔽玻璃也相当于把大的窗口化整为零。

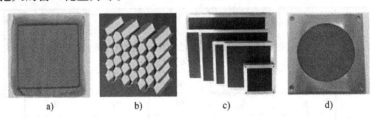

a)　　　　　　　b)　　　　　　　c)　　　　　　　d)

图 7-13　特殊的屏蔽材料

图 7-13b 所示为一种通风板材料，用通风板材料代替大开口材料，每个孔的面积太大，其电磁泄漏就会超标，开口较小时电磁泄漏虽然满足要求，但是通风量不能满足要求，这时就需要使用这种通用的通风板材料。这个材料由很多六角形的金属管材料构成，由于金属管有一定的长度，因此它对电磁波有额外的衰减。由于其金属管的壁比较薄，因此总的开口面积仍然很大，通常能达到 95% 以上，所以用在一些通风量很大的场合。

图 7-13c 所示为一种波导通风板，专业名称叫作截止波导通风板或者叫作通风板。在使用这些特殊的屏蔽材料的时候请注意，它们与机箱的机体之间仍然会形成一个缝隙。因此需要使用电磁密封衬垫来处理这些缝隙。

机箱面板上的各种开孔是潜在的电磁泄漏源，在结构设计时要特别注意。

减小孔洞电磁泄漏的基本思路如下：

1）孔洞、开口尽量远离内部辐射源和敏感源。

2）避免较大尺寸的孔洞，可用多个较小尺寸的孔洞代替一个大尺寸的孔洞。

3）可以采用隔离舱的方法将孔洞与内部辐射源和敏感源隔开。

7.3　结构贯通导体的设计

贯通屏蔽体的导体所导致的泄漏远远超过孔洞、缝隙等所导致的泄漏。贯通导体主要是 I/O 电缆、电源线电缆导致的，处理好这些贯通导体，就解决了大部分电磁兼容的问题。

7.3.1　贯通导体电磁泄漏的分析

图 7-14 所示为产品内部连接线导体穿透了这个屏蔽体截面。

对图 7-14a 所示结构体进行如图 7-14b 所示的电路等效。等效电路的左边是内部，右边是外部。这时可以看到内部电磁场在连接线导体上会产生一个感应电压 V，这个电压会产生一个共模电流，这个共模电流实际上是连接线导体和屏蔽体以分布杂散的电容 C_1 和 C_2 为路径的。电路中有共模电流就会产生电磁辐射，这时通过理论

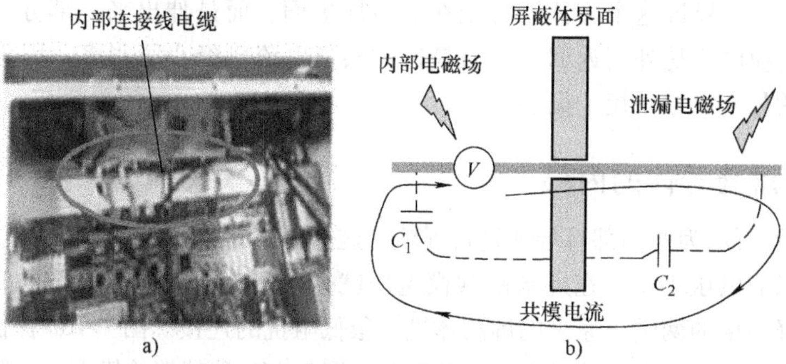

内部连接线电缆

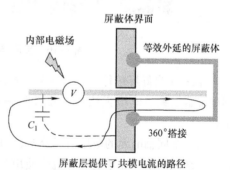

图 7-14　贯通导体的共模电流路径

模型分析就是电磁场通过这个导线发生了辐射发射。

　　分析上面实际的机箱,内部总是会有很多的导体,当外部再连上连接线导体时就会产生泄漏。很多有经验的工程师在进行辐射发射测试时,都会先不连接外部的连接线电缆,因为不连接这些电缆就比较容易通过这个试验。

7.3.2　屏蔽导体的外部

　　在屏蔽导体的外部,屏蔽界面中间有一个导体会穿过界面,这时内部电磁场就会在这个导体上感应出一个电压,这个电压会产生一个共模电流,发生二次辐射,因此就说这个导体产生了电磁场的泄漏。

　　如图 7-15 所示,如果在导体的外部加了额外的屏蔽,那就不会存在这个贯通界面的导体了。当然这个外延的屏蔽体要想起到作用,必须要在这个接合的地方做好完美的连接,最好是在一周完整 360°搭接起来。

　　同样来分析系统的共模电流,在有了这个屏蔽体以后,共模电流的路径发生了什么变化?原来的共模电流通过这个导体与屏蔽界面通过分布电容到参考接地板回

图 7-15　贯通导体的外部屏蔽措施

到输入端,如图 7-14 所示,现在由于存在额外的屏蔽体,共模电流的路径发生了变化,图 7-15 所示的共模电流的回流面积就小了很多,因此它的辐射就会降低很多。

　　可以看到无论是从屏蔽的角度,还是从共模电流路径的角度,上面的连接都比较关键。如果这个连接不好,则在连接处有一定的阻抗,这时共模电流在这个阻抗上产生一个电压,可以看到原来的屏蔽体和新加的屏蔽体在电压 V 的驱动下又形成一个偶极子天线,它就会有辐射发射,这个阻抗越高,辐射也会越强,就说明它泄

漏得越严重。如果说这个导体没有全在屏蔽体里面，而是伸出来一部分，则仍然会有一部分共模电流从外面返回去。但是这时共模电流已经小了很多，因为伸出来的这个导体的长度比原来短了很多。

7.3.3 屏蔽导体的内部

图 7-16 所示为在内部将导体进行屏蔽。这个思路是减小内部电磁场对导体的感应电压，感应电压小了，在外部的共模电压就会减小。在做这个屏蔽的时候，需要注意的是屏蔽层的两端与原来的屏蔽体进行很低阻抗的连接。图 7-16a 提供了一个连接方式，这种方式的连接就具有很低的阻抗，图 7-16b 是其等效模型。实际上这个导体会与 PCB 连接，电路板也构成了贯通导体的一部分，也就是屏蔽体即使靠近 PCB 也不可能把整个导体连接线全部屏蔽起来。因此，在内部进行屏蔽，效果不是很理想。

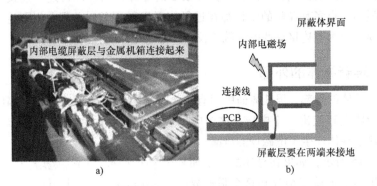

图 7-16 贯通导体的内部屏蔽措施

在一个良好屏蔽体中，另一个可能会造成泄漏的地方就是连接到机体 I/O 连接器的屏蔽电缆。电缆无法将电流都限制住，其与机体的连接点会造成外部的辐射干扰。

从一个同轴电缆的应用情况分析，信号电流在中心导体中流过，然后由电缆屏蔽的内部流回来。如果电缆与机壳使用 360°的连接，则所有的返回电流都会被控制在电缆屏蔽的内部，如此则具有屏蔽效果，就不会有辐射发生。如果在电缆与屏蔽机壳间不是理想的连接，则在其阻抗上流过耦合电流，就会造成在机壳屏蔽与电缆屏蔽间的共模电压。这个共模电压会造成电流流过整个机体，因此会造成辐射干扰。

同轴电缆是一个简单的例子，实际上大多数的 I/O 电缆并不是简单的同轴线，而是有很多条连接线包裹在电缆屏蔽的内部。这些连接线可能带有高速信号，如果还有绞线，则在绞线中还带有差模信号，或是其他信号。在内部的连接线上产生的共模电流都会造成返回电流在电缆内部屏蔽上流动。在这种情况下，导线屏蔽与机壳体之间的连接就较为复杂。如果有许多条的连接线包括在内，那么也可以使用多个不同种类的连接器。因为导线屏蔽与连接器后壳的连接方式，以及连接器后壳与机壳体之间的连接方式，对于屏蔽效能来说都是很重要的。

图 7-17 所示为导线屏蔽与机壳间的多重连接。如果其中有一个连接点不是良好的 360°低阻抗连接，那么电流就会在这个屏蔽连接的阻抗上流过，因而在这个不良的连接点上就会造成共模电压，产生辐射干扰。保持连接器的每个部分的低阻抗连接，对于辐射发射是非常重要的。

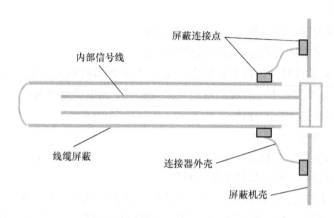

图 7-17　线缆屏蔽与机壳间的多重连接

7.3.4　滤波电容的方法处理贯通导体

如图 7-18 所示，这个滤波电容 C 的设计可以与电路板上的共模滤波电路合并起来。在贯通导体穿过这个屏蔽导体的位置，滤波电容 C 为共模电流提供一个旁路。这时高频的共模电流就会从这个旁路电容返回到源端，而泄漏出来从外部返回的路径就会减小。那么究竟有多少电流会从里面回来？多少会从外部回来？这就取决于内部回路阻抗和外部回路阻抗的比值。内部电路的阻抗越小，外部的阻抗越大，从而有越多的电流局限在屏蔽体的内部。可以用这个思路来处理这个问题。

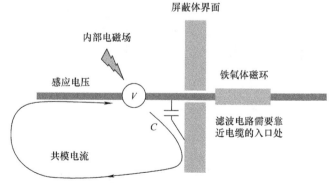

图 7-18　采用内部滤波和外部磁环处理贯通导体

图中滤波电容的选型和安装都非常重要。有时为了增大外部回路的阻抗可以在外部电缆上增加一个铁氧体磁环，这样就增加了外部回路的阻抗，从而使更多的电流通过电容 C 的旁路返回到源端（共模电压源）。

注意这个电容要尽量靠近入口处放置。

结论：穿过屏蔽体的导体是导致屏蔽体失效的最主要原因，再好的屏蔽体，一旦有导体穿过，就会损失99%以上的屏蔽效能。解决穿过屏蔽体的导体的泄漏问题有以下两种方法：

1）采用屏蔽的方法，将贯通导体屏蔽起来。

2）在穿过屏蔽体界面的位置安装滤波电容。

总结：产品设计时会选择金属制作的外壳或者金属机箱进行屏蔽设计。金属机箱并不一定具有屏蔽效果，金属机箱的屏蔽效能与下面的因素有关：

1）穿过屏蔽体面板的导体；

2）屏蔽体面板上的孔洞；

3）不同面板接触的缝隙；

4）内部电路与孔洞和缝隙的相对位置。

合理地设计散热孔、出线孔、可动部件间的搭接，同时在孔缝尺寸、信号波长、传播方向、搭接阻抗之间进行合理的协调，设计好的屏蔽体才能达到屏蔽效果。了解机壳的尺寸及源头位置与共振的关系也很重要。另一个重点是要了解在金属屏蔽上的电流以及外加阻抗所导致的路径才是造成缝隙及孔洞泄漏的主要原因，让电流路径最小就能够降低孔洞泄漏的效应。

对于线缆屏蔽与机壳间的连接，需要特别关注线缆对外壳的连接，以及外壳对机壳的连接。在线缆屏蔽与机壳间，或是与连接器的接地脚之间使用猪尾巴连接的方式是一个不良的设计，无法对整个系统保持有效的屏蔽。

第 ⑧ 章

产品电源线的EMC问题

解决电源线 EMC 问题的方法是设计和安装电源线滤波器。滤波器让产品或设备工作需要的电能通过，同时阻止干扰能量通过电源线进出产品或设备。

图 8-1 所示为常用的产品滤波器及电路的设计滤波器原理。对一个产品及设备而言，在它的入口处一定要安装滤波器来达到电源线基本的 EMC 要求。滤波器的应用要根据阻抗失配原理，其滤波器的效果与源阻抗和负载阻抗有关。

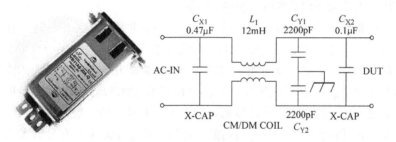

图 8-1　滤波器及其电路示意图

8.1　滤波器的插入损耗

电源线滤波器是为了满足 EMC 要求时常用的器件，其中插入损耗对于滤波器而言是最重要的指标。由于电源线上既有共模干扰也有差模干扰，因此滤波器的插入损耗也分为共模插入损耗和差模插入损耗，插入损耗越大越好。理想的滤波器应该对交流电频率以外所有频率的信号有较大的衰减，即插入损耗的有效频率范围可以覆盖整个干扰频率范围。但几乎所有的电源线滤波器都只能达到一定的应用范围。

图 8-2 所示为滤波器通用要求的插入损耗，图中横坐标轴代表频率，纵坐标代表插入损耗。滤波器的基本的指标是插入损耗，所谓的插入损耗就是能量在经过这个滤波器时产生的损耗。一般来讲电源线滤波器的插入损耗分为以下三段：

1）第一段为通带，在这个区域对滤波器流过它的能量几乎没有损耗。

2）第二段为过渡带，在这个区域，随着频率的增加，插入损耗逐渐增加并达到一个最高的数值。

3）第三段为阻带，也是阻止干扰的能量通过。

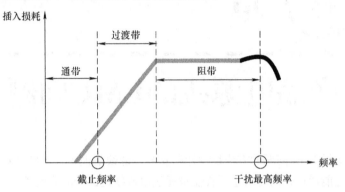

图 8-2　滤波器的插入损耗

一般来讲输入滤波器有差模插入损耗和共模插入损耗，在差模损耗和共模损耗的频率范围可以认为全部的频率范围都是阻带。

注意：电路都是靠差模电流工作的，没有电路靠共模电流工作，这里有两个频率比较关键，一个是滤波器的截止频率，也就是滤波器从插入损耗为 0 增加到 3dB时达到的频率，截止频率代表当能量超过这个频率时就开始产生比较大的能量，这个能量被截止住了。第二个频率就是它的阻带能够维持的最高频率，虽然希望滤波器的阻带一直是平的，但实际上滤波器的阻带不是一直是平的，当频率高到一定程度时，它的插入损耗就会减小。只有最高的干扰频率在这个阻带具有足够大的插入损耗，才能阻止干扰能量通过电源线进出产品及设备。

8.1.1　典型滤波器件的插入损耗

图 8-3 所示为滤波器件中典型共模电感的插入损耗数据，其中曲线 A 代表差模插损，曲线 B 代表共模插损。

可以看到当频率较低时插入损耗都比较小，当频率增加以后插入损耗的数值都开始增大，但是当频率增加到一定范围时插入损耗就会逐渐减小。

整体滤波器的插入损耗与上面的情况类似，这说明滤波器在电路中工作时随着频率的升高，滤波器的插入损耗最佳也只能达到一定的范围。

目前所有的电源线滤波器的设计都要求其阻抗频率特性在 150kHz ~ 30MHz，或更高的频率都能有较高的阻抗特性，期望最高频率能达到 100MHz。最低的谐振频率点要求 $f \geqslant 1$MHz 或者更高的频段。

实际上大部分滤波器的性能在 10MHz 以下还能有较好的性能，在超过 30MHz 时开始变差，对高频的噪声信号达不到滤波衰减的能力。而在实际中，滤波器的高频特性是十分重要的。

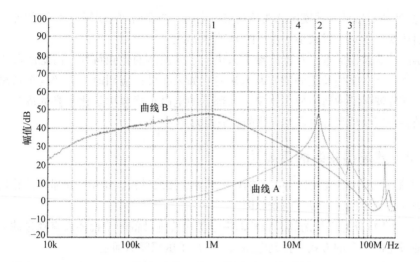

图 8-3　滤波器中共模电感的插入损耗示意图

8.1.2　影响滤波器的因素

如图 8-4 所示，有效的滤波是指电源线上安装了滤波器上了以后，这个电源线就不再是导致 EMC 测试失败的一个原因了。实际上在很多场合安装的滤波器并没有达到有效滤波的状态。图 8-4 表示要达到的有效滤波条件是滤波器合适，同时要正确安装。构成合适的滤波器的条件如下：

1）滤波电路包括电路的结构，电路器件的参数。

2）滤波电路器件的种类。

3）滤波器自身的结构包括内部电路及安装的形式。

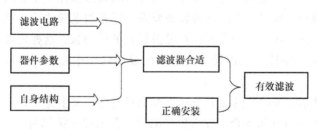

图 8-4　实际影响滤波器性能的因素

电源线滤波器对高频特性的影响主要有两个：一个是内部寄生参数造成的空间耦合；另一个是滤波器件的本身特性。改善其高频特性可以从以下两方面分析。

1）内部结构：滤波器的器件的走线按照电路结构向一个方向布置，在空间允许的情况下共模电感与电容保持一定的距离以减小近场耦合。

207

2）滤波器器件：共模电感要控制寄生电容，必要时可采用多个串联的方式。电容的引线要尽量短，以减小不必要的 *LC* 振荡问题。

实际上滤波器的电路及器件参数只决定了滤波器的低频特性，而滤波器的高频特性还由器件、结构及正确的安装来决定。如果在设计应用时不了解这个情况，就会导致实际滤波器的滤波效果不良。大部分的电磁干扰频率是比较高的成分，也因此滤波器一定要处理好对高频干扰的滤波能力。

8.1.3 滤波器安装的重要性

如图 8-5 所示，滤波器与电源端口之间的连接线过长，这是一个常见的错误，之所以说这是个错误，有以下两个原因：

1）对于抗外界干扰的场合：外面沿电源线传进设备的干扰还没有经过滤波，就已经通过空间耦合的方式干扰到电路板，造成了敏感度的问题。

2）对于产品内部干扰发射（包括传导发射和辐射发射）的场合：电路板上产生的干扰可以直接耦合到滤波器的外侧，传导到产品机壳外面，造成超标的电磁发射（包括传导和辐射）。

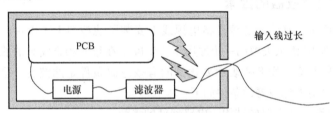

图 8-5　滤波器输入线问题安装示意图

为何容易发生这个错误？除了设计工程师将滤波器当作一个普通的电路网络来处理以外，还有一个容易产生问题的客观原因是设备的电源线输入端一般在产品或设备的后面板，而显示灯、开关等在产品及设备的前面板，这样电源线从后面板进入产品或设备后，往往首先连接到前面板的显示灯、开关上，然后再连接到滤波器上。

如图 8-6 所示，滤波器的输入与输出线靠得过近，发生这个错误的原因也是忽视了高频电磁干扰的空间耦合。在布置产品及设备内部连接线时，为了美观，将滤波器的输入、输出端扎在一起，结果输入线和输出线之间有较大的分布电容，形成耦合通路，使电磁干扰能量实际将滤波器旁路掉，特别是在高频段，滤波效果变差。

注意：处理电磁兼容问题时，高频电磁干扰是会通过空间传播和耦合的，而且并不一定按照设计好的理想电路模型传播。因此，在设计产品机壳及结构时，同样应尽量使电源端口远离信号端口。

如图 8-7 所示，滤波器通过细导线接地，高频效果就会变差。滤波器的外壳上都

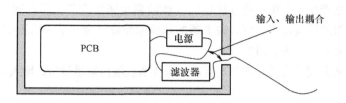

图8-6 滤波器输入与输出线问题安装示意图

有一个接地端子，这无形中在提醒使用者滤波器需要接地。因此，在实际工程中，都会看到滤波器的接地端子上连着一根接地线。注意：不正确连接这根导线，会给滤波器的性能带来影响。

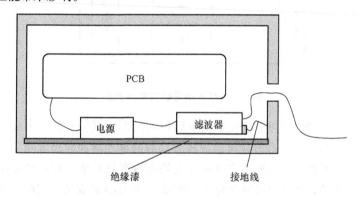

图8-7 滤波器接地问题安装示意图

1）滤波器接地端子的连接方式：在电源线滤波器的基本电路中，共模滤波电容一端接在被滤波导线（L 线和 N 线）上，另一端接到地上。对滤波器而言，这个地就是滤波器的外壳，而滤波器上的接地端子也就是滤波器的外壳。从滤波器的原理上看，共模滤波电容的接地端要接到屏蔽机壳或一块大金属板上。这个接地端子就是用来将滤波器连接到机箱或大金属板上的。

2）接地端子在实际中的应用问题：在 Y 电容设计时首先要考虑漏电流的问题，在滤波器中，即使很短的引线也会对电容的旁路作用产生极大的影响，因此在设计电磁干扰滤波器时，要想尽一切办法缩短电容引线（甚至可以使用三端电容或穿心电容）。滤波器通过这个接地端子接地，相当于延长了共模滤波电容的引线长度。

实际情况表明，这些接地线的长度早已大大超过了可以容忍的程度。因此，这些接地端子通常是没有用的（除非用很短、很粗的接地线）。相反，可能还有不好的作用，错误的做法是通过它用一根长导线接地。

3）正确的接地方式：滤波器的金属外壳一定要大面积地贴在金属机箱的导电表面上。

将滤波器按照图 8-7 所示的方法接地（滤波器金属外壳与机箱之间无导电性接触，仅通过一根细导线连接）时，滤波器的共模滤波效果会在某一段频率上特别差，几乎接近没有共模滤波电容时的效果。

推荐的滤波器安装方式如图 8-8 所示，滤波器直接接地尽量短，输入、输出线隔离。

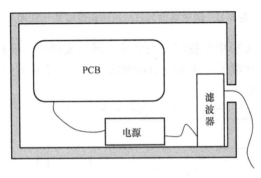

图 8-8　滤波器正确安装示意图

滤波器的输入和输出可分别在机箱金属板的两侧，直接安装在金属板上，使接触阻抗最小，并且利用机箱的金属面板将滤波器的输入端和输出端隔离开，防止高频时的耦合。滤波器与机箱面板之间最好安装电磁密封衬垫（在有些应用中，电磁密封衬垫是必需的，否则接触缝隙会产生泄漏）。使用这种安装方式时，滤波器的滤波效果主要取决于滤波器本身的性能。

如图 8-9 所示，为了降低通用产品的成本，可以将滤波器件直接安装在电路板上。这种方法对直接成本上是有些好处，但是实际的费效比并不高。因为高频干扰会直接感应到滤波电路上的任何一个部位，使滤波器失效。因此，这种方式往往仅适于干扰频率很低的场合。

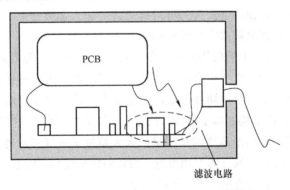

图 8-9　滤波器在 PCB 的示意图

如果使用了这种滤波方式，即在开关电源上设计了滤波电路，那么有一种补救措施是：在电源线入口处再设计一只共模滤波器件，这个滤波器件可以仅对共模干扰有抑制作用。

实际上，空间感应到导线上的干扰电压都是共模形式的。电路可以由一个共模扼流圈和两只共模滤波电容构成，可以获得好的滤波效果。

但要注意：这里的共模电容容量与原来的相加，可能导致漏电流超标。

这种将滤波器分成电路板上和端口处两部分的方法具有很高的费效比，在对成本控制不是很严，而对干扰抑制要求较高的场合，可以考虑这个方法。

解决电源线 EMC 问题的最有效的方法是在电源入口安装电源线滤波器。衡量滤波器的重要指标是插入损耗。不良的滤波器和不正确的安装方式起不到预期的作用。要获得预期的效果，不仅滤波器要满足要求，而且安装方式也很重要。

8.2　EMI 输入滤波器的设计

开关电源系统 EMI 传导发射的高效设计是优化 EMI 滤波器的设计，对于有开关电源的产品及开关电源电路控制系统，其输入 EMI 低通滤波器放置在输入端对系统的 EMI 传导发射的问题，甚至 EMS 的设计也是非常关键的。

瞬态干扰（EMS）会对开关电源系统的电子产品或者设备产生威胁，出现产品功能及性能的问题。

这种瞬态的 EMS 干扰是在对系统进行差模干扰与共模干扰的注入测试。

8.2.1　共模电流与差模电流

共模电流和差模电流可同时存在于一对导线中，对于电路中的导体，当其在电路中是传输线时，它的长度大于其信号频率或干扰频率的 1/20 波长时，这个电路导体就需要用 R、L、C 的分布参数进行等效。其等效的对地分布电容 C 就是其共模电流的路径，也是麦克斯韦方程理论中的位移电流。

为了方便理解，进行如下的干扰及滤波措施分析。

1）差模电流（差模干扰）：往返于 L 线和 N 线（或者信号线与回流线）之间并且幅度相位相反的电流。

图 8-10 中，U_{DM} 为差模电压；I_{DM} 为差模电流。I_{DM} 大小相同，方向相反，简单地说是线对线的回路干扰。

差模干扰如何影响设备？差模干扰直接作用在产品或设备两端，直接影响设备工作，甚至损坏产品设备（表现为尖峰噪声电压，可使电路系统工作瘫痪），同时系统内部的干扰源会产生电磁兼容 EMI 的问题。

由于输入端的差模干扰，因此需要增加差模滤波器的设计，往往系统会考虑体积和成本在滤波器中使用共模电感的漏感进行差模滤波，在 L 线和 N 线之间使用安

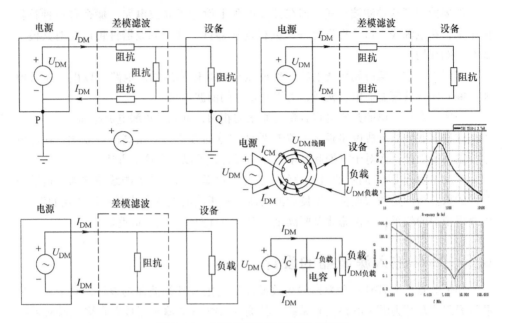

图 8-10　电源差模干扰及滤波示意图

规 X 电容进行滤波，共模电感中差模插入损耗和 X 电容的插入损耗根据图示的频率的阻抗特性一般也只能达到一定的范围，因此滤波器参数的设计选型对于其滤波特性需要根据干扰的频谱范围进行优化。

2）共模电流（共模干扰）：以相同的相位，往返于 L 线和 N 线（或者信号线与地线）之间的电流。

图 8-11 中，U_{CM} 为共模电压；Z_1、Z_2 为线对地共模阻抗；I_{CM1}、I_{CM2} 为共模电流。I_{CM1}、I_{CM2} 大小不一定相同，但方向相同。共模干扰简单地说就是线与线同时对地的回路干扰。

即使 I_{CM1} 近似等于 I_{CM2}，在实际的电路设计时其输入的线对地的阻抗 Z_1 也不可能等于 Z_2，因此图中 P 点对地与 Q 点对地的电压也不相同，从而转换为差模电压 U_{PQ}（理想情况是：输入的一对线平行等长且有足够小的环流面积，$U_{PQ}=0$）。也就是说，共模干扰不直接影响设备，而是通过转化为差模电压来影响设备。

由于输入端的共模干扰，因此需要增加共模滤波器的设计，在滤波器中使用共模电感进行共模滤波，对于 L 线和 N 线，对地使用安规 Y 电容进行共模滤波，共模电感中共模插入损耗和 Y 电容的插入损耗根据图示的频率的阻抗特性一般也只能达到一定的范围，因此滤波器参数的设计选型对于其滤波特性需要根据干扰的频谱范围进行优化。

需要注意的是外部的差模干扰（EMS 测试）的脉冲尖峰噪声电压对电子产品及

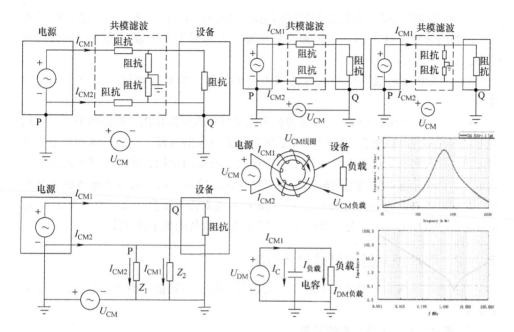

图 8-11　电源共模干扰及滤波示意图

设备会直接产生威胁，出现产品功能及性能的问题。外部的共模干扰（EMS 测试）的脉冲尖峰噪声电压对电子产品及设备不会直接产生威胁，共模干扰不直接影响设备，而是通过转化为差模电压来影响设备。

假如物联产品系统要采用交流 AC 供电，同时要求有小的体积和效率，开关电源的应用必不可少。在对产品进行快速脉冲群 EFT/B 测试时，对于开关电源系统，如果撇开开关电源的输入滤波器，开关电源部分电子电路本身对脉冲群干扰的抑制作用是很小的，原因主要在于脉冲群干扰的本质是高频共模干扰。

在开关电源设计电路中的滤波电容大都是针对抑制低频差模干扰而设计的，其中的电解电容对于开关电源本身的纹波抑制作用尚且不足，更不用说针对谐波成分达到 60MHz 以上的脉冲群干扰有抑制作用了。

在用示波器观察开关电源输入端和输出端的脉冲群波形时，如果不使用输入滤波器，那么基本看不出有明显的干扰衰减作用。因此，对于抑制开关电源所受到的脉冲群干扰来说，物联产品及设备的开关电源系统中输入滤波器的设计是一个重要措施。

EMS 抗扰度中 EFT/B 的测试带来的问题是除了输入滤波器的设计还需要注意PCB 的设计。

1）开关电源系统在产品电路中高频变压器的设计，对脉冲群干扰有一定的抑制作用。

2）开关电源系统一次回路与二次回路之间的跨接 Y 电容，能为从一次回路进入二次回路的共模干扰返回一次回路提供通路，因此对于脉冲群干扰有一定的抑制作用。

3）开关电源系统输出端共模滤波电路的设计，能对脉冲群干扰有一定抑制作用。

4）开关电源系统线路本身对脉冲群干扰没有什么抑制作用，但是如果开关电源的电路布局不佳，则更会加剧脉冲群干扰对开关电源的入侵。特别是脉冲群干扰的本质是传导与辐射干扰的复合，即使由于输入滤波器的采用，抑制了其中的传导干扰成分，但在传输电路周围的辐射干扰依然存在，依然可以透过开关电源的不良布局，比如开关电源的一次或二次回路布局走线距离太长，就会形成"大环天线"，感应脉冲群干扰中的辐射成分，进而影响整个产品及设备的抗干扰性能。

8.2.2　EMI 低通滤波器的设计分析

开关电源系统为何要设计 EMI 低通滤波器来增加高频插入损耗？主要有三个关键的点。

1. 关键点一：共模干扰的问题

图 8-12 所示为开关电源中的寄生参数导致的主要共模电流路径。开关电源中产生共模干扰的主要原因是电路中的开关 MOS 管工作在开关状态，其对应的 du/dt，di/dt 就会高速循环变化，此时开关 MOS 管既是电场耦合的干扰来源，同时也是磁场耦合的干扰来源。

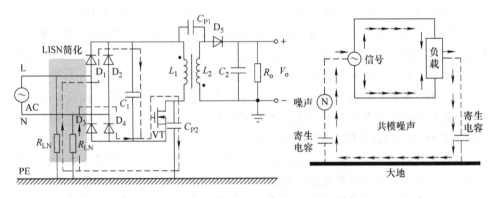

图 8-12　开关电源开关器件共模电流路径示意图

对于输出整流二极管，由于其反向恢复特性，在二极管的反向恢复点，其结电容与其走线电感及引线电感进行谐振，产生高的 du/dt，因此输出整流二极管至少是强电场耦合的干扰来源。开关 MOS 管的漏极工作节点（输出功率较大时开关 MOS 管会增加散热器）与大地（测试系统的参考接地板）之间存在分布电容，此时开关

MOS 管及输出整流二极管在电路中的方波电压的高频分量通过分布电容传入到大地（参考接地板），从而形成与电源线的回路。或者说，高频谐波分量通过分布电容与电源线构成回路，产生共模干扰。

2. 关键点二：差模干扰的问题

图 8-13 所示为开关电源中的正常工作回路产生的差模电流路径。产生差模干扰的主要原因是开关电源中开关管工作在快速开关状态，当开关管导通时流过变压器的电流线性上升，开关管关断时电流又突变为零，因此流过工作回路的电流为高频的重复三角波脉动电流，其含有丰富的高频谐波分量，随着频率的升高，该谐波分量的幅度会越来越小，这是由于开关电源系统中有开关变压器的一次电感串联在回路中，此时的变压器可当作是功率器件和滤波器件的综合体。

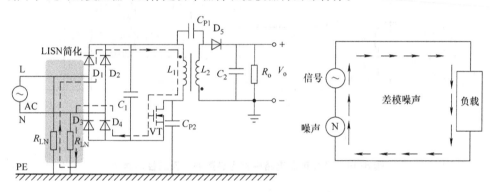

图 8-13　开关电源开关器件差模电流路径示意图

因此，差模干扰是随频率的升高而降低的，差模干扰是由电路特性决定的，一般在低频。

需要注意的是随着频率的升高，开关器件与地之间的分布电容变得很关键，在高频段，此时的共模干扰随着频率的升高变得越来越大，因此，小的共模电流就会产生大的干扰。通常可以通过 EMI 测试系统的 CM/DM 分离器得到数据。

图 8-12 和图 8-13 所示直观地显示了共模与差模干扰的回流路径。开关电源系统产生的噪声包含共模噪声和差模噪声。共模干扰是由于载流导体与大地之间的电位差产生的，其特点是两条线上的杂讯电压是同电位同向的；而差模干扰则是由于载流导体之间的电位差产生的，其特点是两条线上的杂讯电压是同电位反向的。通常在电路上干扰电压的这两种分量是同时存在的。

通过对开关电源电路的系统分析，在开关电路中差模干扰和共模干扰是同时存在的，特别是共模干扰的分布电容参数电流路径。此时，如果没有特定的 EMI 低通滤波器件，那么想要通过测试标准是比较困难的。

3. 关键点三：杂散参数（寄生电容）影响耦合通道的特性

在 EMI 传导干扰测试频段（≤30MHz），多数开关电源系统干扰的耦合通道一般可以用电路网络路径图来分析。如图 8-14 所示，在开关电源电路中的任何一个实际元器件，如电阻器、电容器、电感器乃至开关管、二极管都包含有杂散参数，且研究的频带越宽，等效电路的阶次越高。因此，包括各元器件杂散参数和元器件间的耦合在内的开关电源的等效电路将复杂得多。

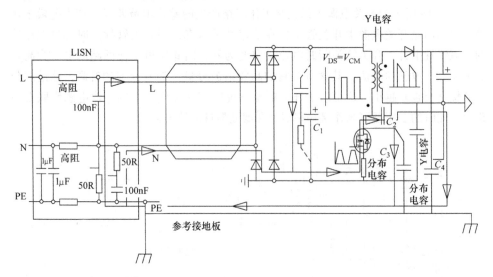

图 8-14　开关电源电路中寄生参数的电流路径示意图

在高频时，杂散参数对耦合通道的特性影响很大，分布电容的存在成为电磁干扰的通道。在开关管功率较大时，开关管一般都需加上散热片，散热片与开关管之间的分布电容在高频时不能忽略，它会形成面向空间的辐射干扰源和电源线传导的共模干扰源。

针对上面的问题，开关电源系统传导发射的高效设计实际上需要插入滤波器的设计。

8.2.3　输入滤波器的设计

在输入端加滤波器，滤波器阻抗与电源阻抗应符合失配原则，失配越厉害，实现的衰减越理想，得到的插入损耗特性就越好。也就是说，如果噪声源内阻是低阻抗的，则与之对接的 EMI 滤波器的输入阻抗应该是高阻抗的（如电感量很大的串联电感）；如果噪声源内阻是高阻抗的，则 EMI 滤波器的输入阻抗应该是低阻抗（如大容量的并联电容）。由于电路阻抗的不平衡性，两种分量在传输中会互相转变，情况也变得复杂。

对于小于 75W 在工业及消费市场应用的物联产品，其开关电源系统 EMI 输入滤波器推荐采用一阶滤波电路设计，其原理参数及结构如图 8-15 所示，测试输入滤波电路能达到 10dB 设计裕量（采用模拟电阻负载测试）。

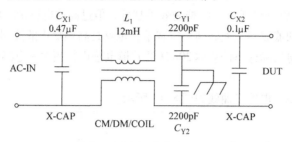

图 8-15　一阶滤波器原理参数示意图

表 8-1 给出通用的工业及消费类产品的 EMI 对于传导发射干扰的限值要求，其传导干扰的测试频率范围为 0.15～30MHz。

表 8-1　电源端口传导发射的限值要求

电源端口	频率范围/MHz	准峰值/(dB/μV)	平均值/(dB/μV)
A 类	0.15～0.5	79	66
	0.5～30	73	60
B 类	0.15～0.5	66	56
	0.5～5	56	46
	0.5～30	60	50

表 8-1 给出了产品传导干扰的 A 类及 B 类限值要求，对于产品电磁兼容方面 EMI 传导的测试，根据测试的频率范围，通过滤波器件参数的基本特性可以将测试的结果对差模干扰和共模干扰的频率范围进行区分。

在 0.15～500kHz 的频率范围内，干扰主要以差模的形式存在，此时滤波的参数设计在这个频率要有足够的插入损耗。

在 500kHz～5MHz 的频率范围内，干扰的形式是差模和共模共存，此时滤波的参数设计在这个频率都要有足够的插入损耗。

在 5MHz 以上，干扰的形式主要以共模为主，此时滤波的参数在 5MHz 以上的频率还要有足够的插入损耗。

通过上面的分析，在设计滤波器时，当了解产品的干扰特性和输入阻抗特性后，设计或者选择一个滤波器就变得简单了。如果使用一个现成的滤波器，则可以调用过去积累的滤波器数据库，对比滤波器参数，找到一个合适的滤波器。如果没有合适的滤波器，则需要专门设计一个专用滤波器，其设计的机理参考如下：

1）一般开关电源的噪声成分约为 1～10MHz，因此 EMI 滤波器在 1～10MHz 的插入损耗要尽量好。

2）滤波器的 CM（共模）/DM（差模）截止频率根据表 8-1 的测试范围，其滤波谐振频率在 10～50kHz 比较合适（要小于开关电源的开关频率）。

3）理论上电感量越高对 EMI 抑制效果越好，但过高的电感量将使滤波截止频率更低，并且实际的滤波器只能做到一定宽带，也就是高频噪声的抑制效果变差。

举例说明：将实际锰锌铁氧体 20mH 的共模电感进行频率-电感量与频率-阻抗特性曲线分析。

共模电感频率与电感量曲线如图 8-16 所示。

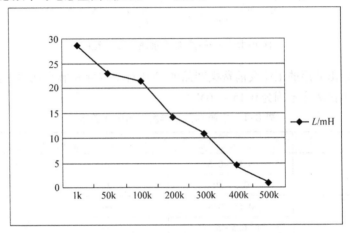

图 8-16　通用 20mH 共模电感的频率与电感量曲线

图 8-16 所示为一个标称值为 20mH（10kHz）的共模电感，测试条件在 25℃与 10kHz/1Vrms，直接使用 LCR 测试仪表测试，其电感量在 200kHz 时只有原来的 1/2，在 500kHz 时其实际电感量更低。通过简单的测试数据可知，共模电感在实际工作时其动态滤波特性会有较大的差异。

共模电感频率与阻抗曲线，如图 8-17 所示。

图 8-17 所示为一个标称值为 20mH（10kHz）的共模电感，通过 LCR 测试仪表测量其阻抗随频率变化的特性曲线，其对应频率处的阻抗越高，说明其插入损耗越大。测试其在 1MHz 时有较高的阻抗，但随着频率的升高，阻抗逐渐降低。通过上面的测试数据也说明共模电感的滤波特性只能达到一定的滤波范围。

注意：实际使用的共模电感，其电感量越高，则绕线匝数越多，铁氧体磁心 ui（初始磁导率）要求也越高，因此将造成低频阻抗增加（直流阻抗变大）。匝数增加使分布电容也随之增大，会使高频电流全部经此电容流通。

同时，过高的 ui 也易使锰锌铁氧体磁心饱和，通常根据实际设计经验，对于铁氧体材料，ui = 7k～10k 的范围是比较理想的。

在 EMI 输入滤波器的设计中共模电感的选型和设计是非常关键的。

1. 共模电感的选型设计

EMI 输入滤波器的设计中很关键的是共模电感的选型设计，共模电感的选型设

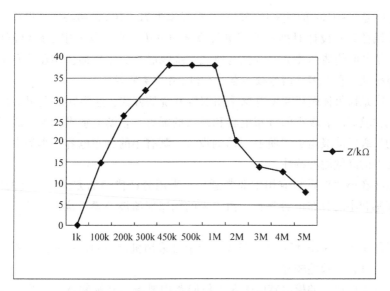

图 8-17　通用 20mH 共模电感的频率与阻抗曲线

计在电子产品中进行 EMS 测试时也是非常关键的。为了得到共模电感性能的差异，推荐采用测试工装的方法。如图 8-18 所示，A 是交流输入端口的测试工装，B 是直流输入端口的测试工装。从图中可以看到 X 电容，Y 电容的选型设计相对比较简单，而共模电感的设计相对比较复杂，在图中①、②、③、④标示了共模电感的选型。Y 电容的大小与系统的泄漏电流要求有关。

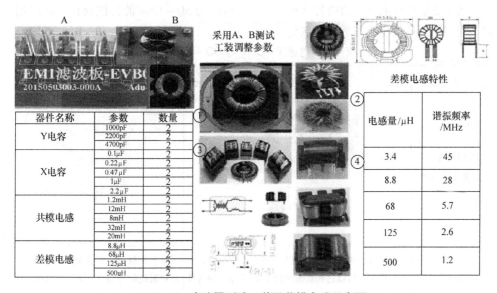

图 8-18　滤波器测试工装及共模电感示意图

标示①是 T – Core 的铁氧体磁环初始磁导率为 7k ~ 10k 的磁心选型设计，这类共模电感在线径绕制设计时推荐采用单层绕制的方法，不推荐采用多层绕制的方法，因为多层绕制时绕线与磁心、绕线与绕线、绕线层与层之间都会存在分布电容，这样共模电感就会存在多个谐振频率点，不利于中高频特性。

标示②是铁氧体磁环共模电感采用双线并绕的方式，这类共模电感对高频特性相对来说比较好。有较小的分布电容和极低的漏感，差模电感成分少，适用于放在滤波器的后级或前级组成二阶滤波器的设计。其有小的分布电容，小的电感量，同时有非常好的高频滤波特性。

标示③在小功率系统应用中非常适用。采用分区槽绕的方法，有高的电感量、较大的漏感和小的分布电容特性。由于大的漏感能滤波差模干扰，因此需要小的 X 电容。

标示④是 SQ – Core 型铁氧体选型，目前都采用机器绕制，有低的成本及优良的高频特性，并且一致性较好。

在实际电路中，差模电感由于在工作回路中要考虑其饱和特性，为了进一步优化结构及成本，在大多数应用情况下，差模电感的成分由共模电感的漏感成分组成。不推荐单独使用差模电感进行差模干扰的滤波，除非系统的电磁干扰的特殊性使其必须使用差模干扰滤波器进行滤波。在使用独立的差模电感时，应注意其电流的通流量及抗磁饱和设计。

在滤波器设计选型时如果按图示推荐的共模电感选型结构，则滤波器对 EMI 的传导发射问题的抑制相对来说变得比较容易。

表 8-2 给出目前通用的两种共模电感 T – Core 与 SQ – Core 的特性对比。在应用时，可根据具体的应用进行优化选型。

表 8-2 共模电感 T – Core 与 SQ – Core 对比表

	SQ – Core	T – Core
常用低成本共模电感 Core	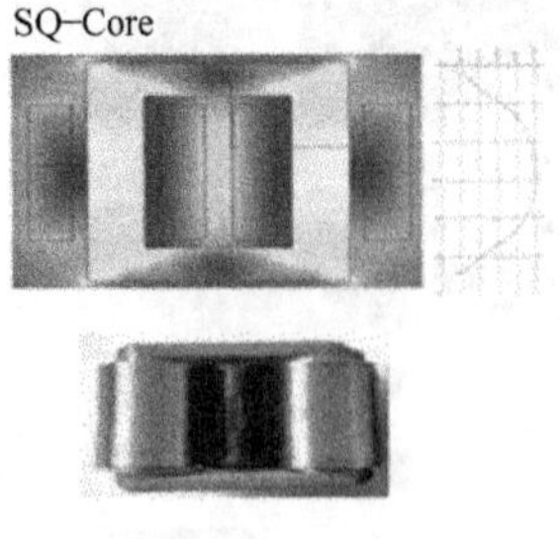	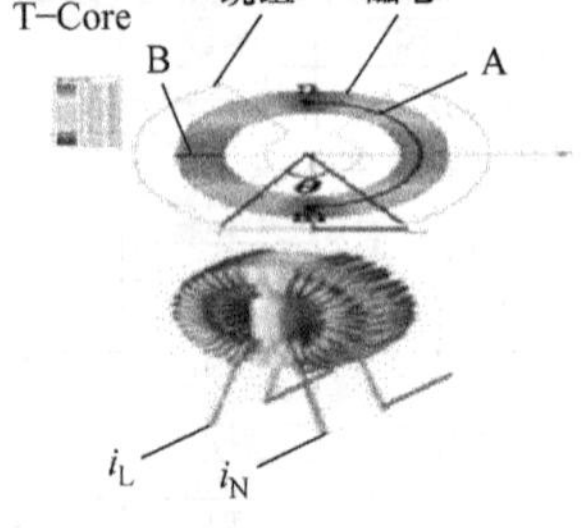
电流密度与体积	大电流，小体积，扁平线高频集肤效应好，单位电流密度可以达到圆铜线的 1.5 ~ 2 倍，同等体积会小 0.5 ~ 1 倍	由于集肤效应的影响，高频下漆包圆铜线的导电率下降，会增加产品体积，增加成本

（续）

	SQ – Core	T – Core
绕组特性	有较低的温度系数，单层绕制，散热效果好，温度会比磁环电感低	磁环电感往往采用多层绕制，增加分布电容，散热差，要注意温度影响
EMI 特性	闭合磁路设计，阻抗平衡特性好（绕制一致性高）漏感小，EMI 效果好（尤其中高频）	闭合磁路设计，阻抗平衡性略差（单边绕制差异），EMI 效果中高频部分相对差一点
分布电容特性	匝间分布电容小，绝缘强度高，可靠性高；高频下的 EMI 性能高	匝间分布电容大，高频下的 EMI 效果会不理想，产品绝缘性能一般
气隙调整	漏感小，漏感（差模电感）越大，在工频电流下偏磁通越大，则磁芯越易局部饱和	漏感调整相对容易，漏感（差模电感）越大，在工频电流下偏磁通越大，则磁心越易局部饱和
生产控制	全自动化绕制，排线整齐，无交叉重叠，生产效率高，产品一致性好，性能稳定，人工成本低	基本是半机器化绕制，绕线容易交叉重叠，产品一致性会差些，人工成本高

表 8-2 中给出共模电感的选型设计中 SQ – Core、T – Core 两种特性磁心及材料的对比，从电流密度与体积、绕组特性、EMI 特性、分布电容特性、气隙调整、生产控制等方面可进行参考。这两种磁心磁导率的选择为 10k，过低的磁导率其电感量绕制不上去（电感量小），过高的磁导率其饱和特性比较明显，同时过高的磁导率其频率阻抗特性衰减比较快。SQ – Core 机器绕制的共模电感也将是滤波器设计的重要组成部分。

表 8-3 和表 8-4 给出目前通用的 SQ – Core 共模电感常用的参数选型数据。

表 8-3 中给出的 SQ1212 – 15mH 可用在小于 60W 的开关电源供电系统。

表 8-3　共模电感 SQ1212 系列参数选型表

共模电感 SQ – Core 常用型号参考数据 R10K					
SQ 系列型号	线径圈数	工作电流	直流电阻 /mΩ	对应圆铜线线径	应用功率
SQ1212 – 15mH	$0.1 \times 1.0 – 52T$	$1.0 \sim 1.5A$	220max	0.3529mm	<60W
SQ1212 – 10mH	$0.13 \times 1.0 – 47T$	$1.5 \sim 2.0A$	200max	0.4011mm	<75W
SQ1212 – 8.0mH	$0.15 \times 1.0 – 38T$	$1.8 \sim 2.2A$	180max	0.43mm	<75W
磁心规格：SQ1212；卧式 1kHz/0.25V					
使用方形闭合型磁心，扁平线自动绕制					

第
8
章

221

（续）

共模电感 SQ – Core 常用型号参考数据 R10K	
额定电压：AC/DC 250V 绝缘耐压：AC/2.0kV/60s 绝缘阻抗：100MΩ min/DC 500V 工作温度范围：−25 ~ +125℃ 保存温度范围：−25 ~ +100℃ 功率范围：20 ~ 75W	

表 8-4 中给出的 SQ1515 – 20mH 可用在 75W 的开关电源供电系统。

表 8-4   共模电感 SQ1515 系列参数选型表

共模电感 SQ – Core 常用型号参考数据 R10K					
SQ 系列型号	线径圈数	工作电流	直流电阻 /mΩ	对应圆铜 线线径	应用功率
SQ1515 – 20mH	0.13 × 1.0 – 56T	1.5 ~ 2A	260max	0.4011mm	60 ~ 120W
SQ1515 – 15mH	0.2 × 1.0 – 40T	2 ~ 2.5A	110max	0.4936mm	60 ~ 120W

磁心规格：SQ1515；卧式 1kHz/0.25V

使用方形闭合型磁心，扁平线自动绕制

额定电压：AC/DC 250V 绝缘耐压：AC/2.0kV/60s 绝缘阻抗：100MΩ min/DC 500V 工作温度范围：−25 ~ +125℃ 保存温度范围：−25 ~ +100℃ 功率范围：60 ~ 120W	

通过共模电感的结构可以知道，共模电感的两个线圈是绕制在同一铁心上的，匝数和相位都相同（绕制反向）。这样，当电路中正常的工作电流流经共模电感时，电流在同相位绕制的电感线圈中产生反向的磁场而相互抵消。此时，正常信号电流主要受线圈直流电阻和少量因漏感造成的阻尼的影响。当有共模电流流经线圈时，

由于共模电流的同向性，会在线圈内产生同向的磁场而增大线圈的感抗，使线圈表现为高阻抗，产生很强的阻尼效果，以此衰减共模电流，达到低通滤波的效果。

2. 一阶输入低通滤波器的参数计算

将图 8-15 中通用的一阶输入低通滤波器进行测试电路等效为如图 8-19 所示，实际上是将共模电感的一端接干扰源，另一端接被干扰设备，并且通常与 X 电容、Y 电容一起使用，构成低通滤波器，可以使电路上的共模 EMI 信号被控制在很低的电平。该电路既可以抑制外部 EMS 信号的传入，又可以衰减电路自身工作时产生的 EMI 信号，从而有效地降低 EMI 的强度。

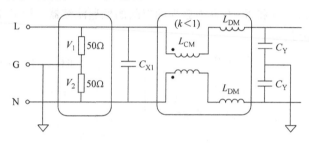

图 8-19　电源线输入一阶滤波器等效示意图

对理想的共模电感而言，当线圈绕完后，所有磁通都集中在线圈的中心。但在通常情况下，环形线圈不会绕满一周或绕制不紧密，这样都会引起磁通的泄漏。共模电感都有两个绕组，分开绕制时，其间有相当大的间隙，这样就会产生磁通泄漏，并形成差模电感。有时也会人为根据需要增大间隙以产生更大的漏电感，进行差模滤波。因此，共模电感一般也具有一定的差模干扰衰减的能力。

在低通滤波器的设计中，漏感是可以被利用的，在通用的滤波器中，一阶滤波器中仅设计有一个共模电感，则利用共模电感的漏感产生适量的差模电感可起到对差模电流的抑制作用。有时还可人为增加共模电感的漏电感，以提高差模的电感，达到更好的滤波效果。

由于电源线上既有共模干扰也有差模干扰，因此滤波器的插入损耗也分为共模插入损耗和差模插入损耗，插入损耗越大越好。理想的电源线滤波器应该对交流电频率以外所有频率的信号有较大的衰减，即插入损耗的有效频率范围应能覆盖可能存在干扰的整个频率范围。而实际的滤波器一般只能达到一定的滤波范围，滤波器的差模、共模的截止频率会影响滤波范围内的插入损耗。

如图 8-19 所示，对一阶滤波器进行共模和差模回路等效，同时计算谐振频率（滤波器的截止频率）。图中差模电感 L_{DM} 是由共模电感 L_{CM} 的漏感组成的，C_Y 和共模电感分别构成 L‒G 和 N‒G 两对独立端口间的低通滤波器，用来抑制电源线上存在的共模 EMI 信号，使其受到衰减，并被控制到很低的电平上。

其中，C_Y 电容值不能过大，否则会超过安全标准中对漏电流（比如通用 3.5mA）

的限制要求，一般应在 10000pF 以下。对于信息类设备，要满足全球标准（温带及热带）的漏电流要求限制值为 0.35mA，C_Y 电容值在 2900pF 以下。医疗设备中对漏电流的要求更严，在医疗设备中，这个电容的容量更小，甚至不用。

通过滤波器的结构从左往右看进去，共模等效回路是 L 线与 N 线分别对地的测试 LISN 设备阻抗中 50Ω 与 50Ω 阻抗的并联，差模等效回路是 50Ω 阻抗与 50Ω 阻抗的串联。

共模滤波网络结构等效电路如图 8-20 所示，由 L_{CM} 和 C_Y 组成，其中的共模电感采用单边绕制，有时人为地增加共模电感线圈的漏电感，以提高差模电感量，故形成差模电感 L_{DM}。在共模滤波网络中由于共模电感量要远大于其漏电感值，C_Y 和共模电感就分别构成 L–G 和 N–G 两对独立端口间的低通滤波器，用来抑制电源线上存在的共模 EMI 信号。

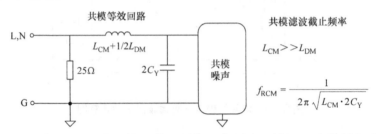

图 8-20　共模滤波网络结构等效电路

在共模等效回路中，由于共模电感远大于漏感，因此共模等效的谐振频率（截止频率）由式（8-1）计算。

$$L_{CM} \gg L_{DM}, f_{RCM} = 1/\left[2\pi(L_{CM} \cdot 2C_Y)^{1/2}\right] \tag{8-1}$$

式中，f_{RCM} 为共模等效的滤波截止频率，单位为 Hz；L_{CM} 为共模电感量，单位为 H；C_Y 为共模 Y 电容的设计容量，单位为 F。

图 8-21 所示为滤波器差模 EMI 信号滤波网络结构等效电路。L_{DM} 是差模电感，包含由共模电感线圈形成的差模电感和独立的差模抑制电感的总和。而在实际应用时考虑成本和体积的因素，电路中不会增加独立的差模抑制电感；C_{X1} 是电路中所有 X 电容的并联等效；C_Y 是系统的 Y 电容的设计。电路中差模电感与 C_{X1} 电容组成 L 与 N 独立端口间的低通滤波器，用来抑制电源线上存在的差模 EMI 信号。

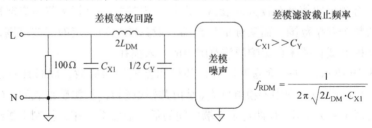

图 8-21　差模滤波网络结构等效电路

在差模等效回路中，由于 C_{X1} 电容（比如 $0.47\mu F$）远大于 C_Y 系统 Y 电容（比如 $2200pF$），因此差模等效的谐振频率（截止频率）由式（8-2）计算。

$$C_{X1} \gg C_Y, f_{RDM} = 1 / \left[2\pi \left(2L_{DM} \cdot C_{X1} \right)^{1/2} \right] \qquad (8-2)$$

式中，f_{RDM} 为差模等效的滤波截止频率，单位为 Hz；L_{DM} 为差模电感量，单位为 H；C_{X1} 为差模 X 电容的设计容量，单位为 F。

根据计算式（8-1）和式（8-2）对 CM/DM 噪声衰减匹配滤波器截止频率为 $10\sim50kHz$，验证参数理论计算数据。

如图 8-22 所示，差模电感是由共模电感的漏感组成的，其漏感为共模电感量的 $0.5\%\sim2\%$，实际的漏感可以通过共模电感进行实际的测试，如果没有测试值，则可以按最小值的 0.5% 进行估算，在图中共模电感为 $12mH$，因此漏感的估算值是 $60\mu H$。如果 Y 电容选择 $2200pF$，X 电容选择 $0.47\mu F$，则电路中的共模等效 L_{CM}、C_{CM}，包括差模等效 L_{DM}、C_{DM} 就可以计算出具体的数值。

步骤1		一阶滤波器的设计功率范围覆盖到<75W		
设计值	L_C	12	mH	共模电感
推算值	L_g	60	μH	共模电感其漏感 L_g 量值多为 L_C 量值的0.5%~2%
	L_D	0	μH	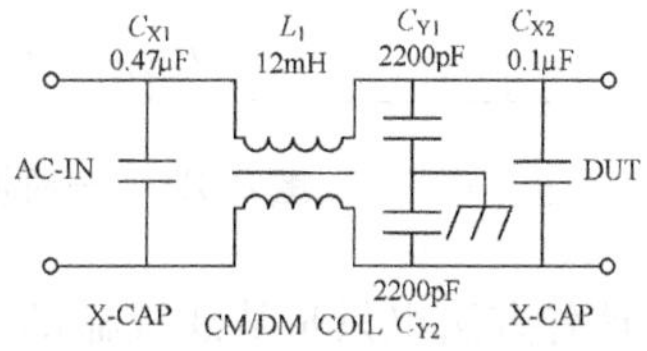
设计值	C_Y	2200	pF	
设计值	C_X	0.47	μF	
共模等效	$L_{CM}=L_C+1/2L_D$	12	mH	
	$C_{CM}=2C_Y$	4400	pF	

对于差模等效电路，滤波器模型为一个三阶 CLC 型低通滤波器，将等效差模电感记为 L_{DM}，等效差模电容记为 C_{DM}(令 $C_{X1}=C_{X2}$ 且认为 $C_Y/2 \ll C_{X2}$)，则有

差模等效	$L_{DM}=2L_D+L_g$	60	μH	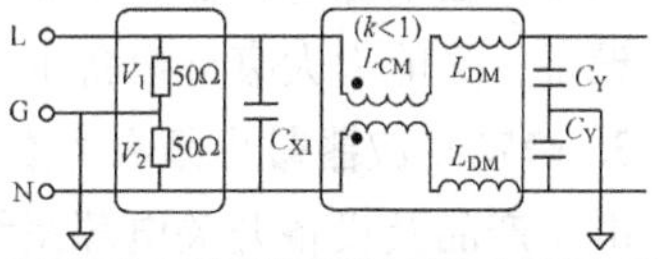
	$C_{DM}=C_{X1}=C_{X2}$	0.47	μF	

图 8-22　一阶滤波器电路参数示意图

通过具体的数值可以计算出滤波器的差模等效的截止频率和共模等效的截止频率。为了匹配差模等效和共模等效的截止频率，当系统 Y 电容值改变时，共模电感的值会发生改变，因此 Y 电容的值会对应一个共模电感的参数值。Y 电容的设计取值与系统的漏电流要求相关。

当 Y 电容的值变成 $470pF$ 时，这里推荐共模电感是 $20mH$ 的匹配设计。这是通过理论计算公式和实际测试给定的，实际共模电感参数还有其他相关的分布参数，包括 Y 电容的寄生参数等影响。理论的计算仅仅是作为参考，在实际应用时，需要将理论值适当调整，理论与实际相结合，通过推荐的共模电感的结构及电感量来快速

通过 EMI 传导发射的测试。

如图 8-23 所示，通过测试的一阶滤波器 EMI 数据与理论的原理计算参数数据是吻合的。因此也可以类推各种不同应用条件下的 EMI 滤波器参数的设计。

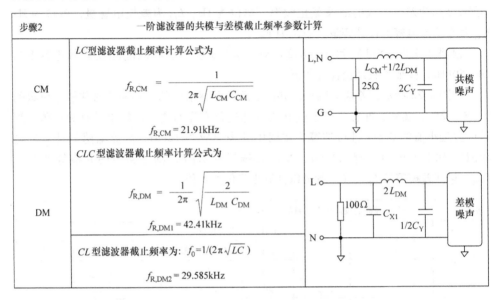

步骤2	一阶滤波器的共模与差模截止频率参数计算	
CM	LC型滤波器截止频率计算公式为 $$f_{R,CM} = \frac{1}{2\pi\sqrt{L_{CM}C_{CM}}}$$ $f_{R,CM} = 21.91\text{kHz}$	
DM	CLC型滤波器截止频率计算公式为 $$f_{R,DM} = \frac{1}{2\pi}\sqrt{\frac{2}{L_{DM}C_{DM}}}$$ $f_{R,DM1} = 42.41\text{kHz}$	
	CL型滤波器截止频率为：$f_0 = 1/(2\pi\sqrt{LC})$ $f_{R,DM2} = 29.585\text{kHz}$	

图 8-23　一阶滤波器共模与差模截止频率计算实例

这种方法也只是从滤波器的参数进行了基本的匹配，最终要解决实际问题还要从实际测试的 EMI 的传导发射数据来进行优化，以达到最佳设计。

比如，当电源滤波器安装在系统后，既能有效地抑制电子设备外部的干扰信号传入设备，又能大大衰减设备本身工作时产生的传向电网的干扰信号。

3. 确定滤波器截止频率 f_{cn} 的一般方法

电子产品及设备开关电源系统输入滤波器的截止频率 f_{cn} 要根据电磁兼容性设计要求确定。对于干扰源，要求将干扰电平降低到规定的范围，对于接收器，其接收值体现在对噪声限值的要求上。对于一阶低通滤波器，截止频率可推荐按下式确定：

干扰源 $f_{cn} = k_T$（系统中最低干扰频率）

信号接收机 $f_{cn} = k_R$（电磁环境中最低干扰频率）

式中，k_T、k_R 根据电磁兼容性要求确定，一般情况下取 1/3 或 1/5。

举例说明如下：

1）电源噪声扼流圈或电源输出滤波器截止频率取 $f_{cn} = 30 \sim 50\text{kHz}$，同时要求低于开关电源的最大工作频率（当满足 EN 55022A/B 类要求 $f = 150\text{kHz}$ 为测试起点时）。

2）信号噪声滤波器截止频率取 $f_{cn} = 10 \sim 30\text{MHz}$（对于传输速率 > 100Mbit/s 的

信息技术设备）。

此外，对于输入电流有特殊波形的产品及设备，例如接有直接整流、电容滤波的电源 EMI 输入电路；没有功率因数校正（PFC）的开关电源和电子镇流器之类的电气设备及产品，如果要滤除 2～27/40 次（9kHz）电流谐波传导干扰，则噪声扼流圈截止频率 f_{cn} 可能取得更低一些。

其他标准要求的如下：美国联邦通信委员会（FCC）规定电磁干扰起始频率为 300kHz，国际无线电干扰特别委员会（CISPR）规定为 150kHz 等。

在实际运用中，如果在电路中没有插入输入 EMI 的低通滤波器，就需要采用差模和共模分离器进行实际工作电路的差模分量和共模分量的测试，再用同样的方法来确定需要使用接入滤波器的阶数及截止频率。

图 8-24 所示为电路测试中无滤波器措施的电路噪声干扰的共模噪声分量及差模噪声分量的频谱，实际使用滤波器设计时需要根据图中实际测试的噪声分量，采用切线分割法来确定滤波器的截止频率。

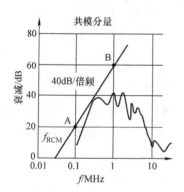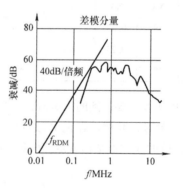

图 8-24　一阶滤波器共模与差模分量确定截止频率实例

假如图中需要使用标准的一阶滤波器进行滤波，则一阶滤波器可以等效为一级的 L、C 滤波组件。当电路中有一个电感元件或电容元件时，其幅度与频率的衰减特性为 20dB/10 倍频，当使用一阶滤波器同时有电感和电容元件时，其幅度与频率的衰减特性为 40dB/10 倍频。图中 A 点在 0.1MHz 时对应为 20dB，B 点在 1MHz 时对应为 60dB，AB 连接线是一阶滤波器的切线，将 AB 线与电路的噪声频谱无限靠近会产生一个切点，同时在与横轴的频率交叉点就可以得到该共模噪声的截止频率，即滤波器共模分离的截止频率。同理，可以得到差模噪声的截止频率。

表 8-5 给出了工业及消费类产品的相关标准的限制值要求，产品在实际测试时通常会有测量差异，其测量值比标准限值要求多留有 3dB 的裕量。通常产品根据实际情况需要可采用一阶或者二阶滤波器的结构。

表8-5　工业及消费类产品A/B类的测试限值要求

A 类（工业）							
频率/MHz	FCC 第15 部分				CISPR22			
	准峰		平均值		准峰		平均值	
	dBµV	mV	dBµV	mV	dBµV	mV	dBµV	mV
0.15 ~ 0.45	NA	NA	NA	NA	79	9.0	66	2.0
0.45 ~ 0.5	60	1.0	NA	NA	79	9.0	66	2.0
0.5 ~ 1.7	60	1.0	NA	NA	73	4.5	60	1.0
1.7 ~ 30	69.5	3.0	NA	NA	73	4.5	60	1.0
B 类（住宅）							
频率/MHz	FCC 第15 部分				CISPR22			
	准峰		平均值		准峰		平均值	
	dBµV	mV	dBµV	mV	dBµV	mV	dBµV	mV
0.15 ~ 0.45	NA	NA	NA	NA	66 ~ 56.9	2.0 ~ 0.7	56 ~ 46.9	0.63 ~ 0.22
0.45 ~ 0.5	48	0.25	NA	NA	56.9 ~ 56	0.7 ~ 0.63	46.9 ~ 46	0.22 ~ 0.2
0.5 ~ 5.0	48	0.25	NA	NA	56	0.63	46	0.2
5.0 ~ 30	48	0.25	NA	NA	60	1.0	50	0.32

　　图 8-25 中实线是要达到的测试值，虚线是测试理论限值，当采用滤波器的阶数值由一阶到二阶时，其滤波器的衰减特性也会由 40dB/10 倍频变为 80dB/10 倍频，实际电路中二阶的滤波器结构就足够满足系统设计要求。

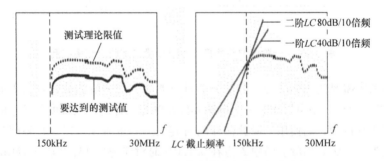

图 8-25　一阶及二阶滤波器确定截止频率实例

　　对于小于 75W 的反激式开关电源系统设计，采用一阶滤波器结构，通过 f_{on} 的取值法和对电路的差模与共模分离的切线分析法，其滤波器的截止频率差不多在 150kHz 的 1/3 处。因此对于小于 75W 的反激式的开关电源系统，其截止频率小于 50kHz，进行共模电感、共模 Y 电容及 X 电容的匹配设计。

采用此方法的无源网络滤波器结构具有互易性，产品中只要选择适当的滤波器，并采取良好的安装、接地及布线，就可以得到满意的效果。如在产品中加装电源滤波器后，既能有效地抑制电子设备外部的干扰信号传入设备，比如 EFT/B 等瞬态干扰信号，又能大大衰减设备本身工作时产生的传向电网的干扰信号，如对开关电源系统的传导干扰和辐射干扰，把干扰信号控制在相关 EMC 标准规定的极限电平以下。

4. 产品系统是 II 类器具/结构（无接地端子）

对于小功率供电电源系统，其输入滤波器不带有接地端子，其元器件设计参数与一阶滤波器的设计方法类同，推荐常用的滤波器电路参数及结构。

如图 8-26 所示，对于滤波器电路无 Y 电容接地结构，实际上是上面的计算公式中的 Y 电容要用分布参数替代，分布电容往往只有几 ~ 几十 pF，通过实际的计算，共模电感其值会比较大。如图中的滤波器电感参数可达到 32mH。

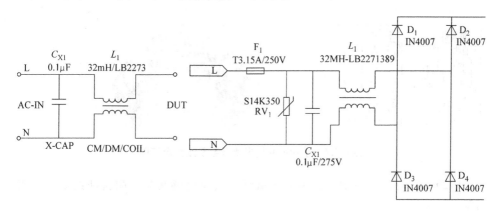

图 8-26　一阶无 Y 电容滤波器电路图

理论上，电感量越高对 EMI 抑制效果越好，电感量越大，需要绕制的圈数也越多，电感的分布电容也越大。过高的电感将使截止频率更低，因此实际的滤波器只能做到一定的带宽，否则会使高频噪声的抑制效果变差。一般开关电源的噪声成分为 1 ~ 10MHz，但也有超过 10MHz 的情形。

注意：实际使用的共模电感其电感量越高，绕线匝数越多，铁氧体磁心 ui（初始磁导率）也越高，因此将造成低频阻抗增加（直流阻抗变大）。匝数增加使得分布电容也随之增大，会使高频电流全部经此分布电容流通。同时，过高的 ui 也会使锰锌铁氧体磁心（CORE）易饱和，通常根据实际设计经验，铁氧体材料 ui = 7k ~ 10k 是比较理想的。

有时还可以根据电子电路产品的设计经验及电路的功率使用现有的滤波器件，基本上能通过相关电子产品 EMI - 传导发射的测试。

　　如图 8-27 所示，对于小功率供电电源系统共模滤波电感，性能最佳应用功率小于 30W。采用分区槽绕，使用 FT20.6 规格的锰锌铁氧材料，采用分区槽绕的方式有相对较大的漏感，共模电感的漏感作为差模电感使用，采用如图 8-26 所示的滤波器，其前面的 X 电容容量可以采用最小规格 0.1μF 的电容，且不需要增加放电电阻就可满足基本的安规要求。

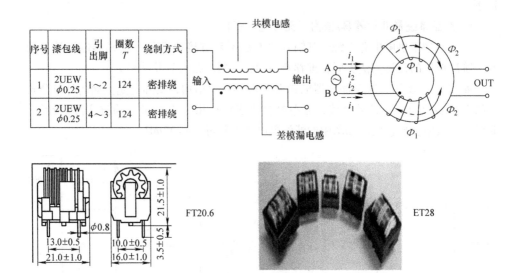

序号	漆包线	引出脚	圈数 T	绕制方式
1	2UEW φ0.25	1～2	124	密排绕
2	2UEW φ0.25	4～3	124	密排绕

图 8-27　小功率共模电感参数及结构示意图

　　FT20.6 磁心规格参数，采用分区槽绕的共模电感其频率阻抗曲线如图 8-28 所示。

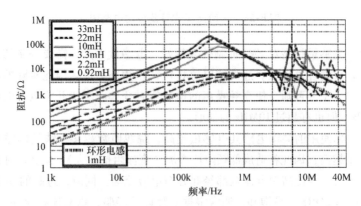

图 8-28　FT20.6 铁氧体磁心共模电感频率阻抗曲线

　　如图 8-28 所示，采用 FT20.6 绕制的共模电感的频率阻抗特性的滤波器件，在

100kHz ～ 10MHz 的频率范围都有比较高的阻抗，在实际电路运用时能很好地通过表 8-5 要求的 CISPR22 B 类的限制标准。功率超过 30W 小于 50W 的小功率系统可推荐卧式结构的 ET28 锰锌铁氧体磁心、磁导率 10k 满足要求。

5. 输入 EMI 滤波器的设计要点

通用滤波器的正确工作方向示意图如图 8-29 所示。

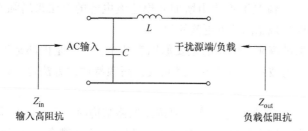

图 8-29　通用滤波器的工作方向示意图

图 8-29 所示为输入 EMI 滤波器的简化结构图，共模电感和 Y 电容的使用要沿着干扰信号的流向构成一个 LC 低通滤波器的拓扑。同理，差共模电感和 X 电容也如此。满足阻抗失配的原则进行匹配设计。

对于漏电流有要求的产品，需要满足相关的标准要求，Y 电容的容量设计也需要考虑。一定功率的开关电源系统，如果还需要更大的传导发射设计裕量，则可推荐采用二阶共模滤波器的设计。系统传导干扰通过测试标准仍然有较好的设计裕量，推荐电路结构如图 8-30 所示。

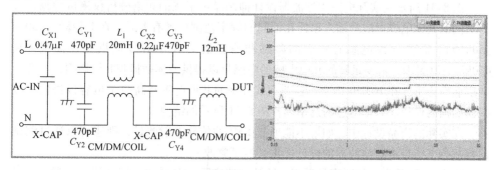

图 8-30　通用二阶滤波器的原理示意图

如图 8-30 所示，二阶滤波器的设计中，共模电感前后 Y 电容的单个器件容量设计选择不超过 470pF，可应对大多数产品漏电流标准要求。实际应用中端口的 Y 电容建议选择更小的容量，比如 220pF/100pF，对系统的高频辐射发射测试会有帮助，具体的使用效果还与系统的结构有关。

在一般的滤波器中，共模电感的作用主要是滤除低频共模干扰。高频时，由于寄生电容的存在,共模电感对干扰的抑制作用减小,主要依靠共模滤波 Y 电容。但对于有些受到漏电流限制的应用场合,有时不使用共模滤波电容,这时就需要提高共模电感的高频特性。

强化共模滤波就是在共模滤波电容右边增加一个共模扼流圈,对共模干扰构成 T 型滤波;强化共模和差模滤波,在共模扼流圈右边增加一个共模扼流圈,再加一个差模 X 电容。在一般情况下不使用增加共模滤波电容的方法来增强共模滤波效果,以防止接地不良时出现滤波效果更差的问题。

电源线滤波器的高频特性差的主要原因有两个:一个是内部寄生参数造成的空间耦合;另一个是滤波器件不理想。因此改善高频特性的方法也可以从两方面进行设计分析。

1)内部结构:滤波器的布局布线要按照电路结构向一个方向布置,在空间允许的条件下,电感和电容之间保持一定的距离,以减小空间耦合(近场耦合)。

2)滤波器件:电感要控制寄生电容。必要时,可使用多个电感串联的方式。差模滤波电容的引线要尽量短,共模电容的引线也要尽量短。

8.2.4 输入滤波器的应用优化

在实际应用时不同产品对漏电流标准的要求是不同的,在漏电流要求高的场合,Y 电容的大小需要进行调整,调整 Y 电容后根据前面的 LC 谐振频率再来设计共模电感,设计应用永远是灵活的。对于共模电感的关键特性需要做好匹配设计,前面的共模电感及绕制方式的选择决定了其滤波性能。

图 8-31 所示为实际电路中滤波器设计抑制噪声干扰的频谱分析仪测试数据,选择不同的共模电感对应的插入损耗在不同的频率范围内各有差异,在低频段(150 ~ 450kHz),需要共模电感有较大的漏感和滤波器的 X 电容以提供差模插损。在 450kHz ~ 10MHz,需要足够的共模电感的电感量以提供差模插损和共模插损,主要以共模插损为主。在 10MHz 以上,需要双线并绕的共模电感及高频 Y 电容以提供高频共模插损的设计。共模电感的选型推荐图 8-31 所示的结构。

在实际的产品设计中,如果不能通过 EMI 的传导发射测试,则还可以通过测试曲线数据来指导进行滤波器的设计优化(测试整改)。

图 8-32 所示为某物联产品采用一阶滤波器实际 EMI 传导发射的测试数据。通过测试数据可以判断其滤波器的参数及结构是没有问题的。其频率在 500kHz ~ 10MHz 的频段内,共模电感的选型设计是合理的,都有较好的插入损耗。

实践与理论数据整改方法:

1)F_1 频段(150 ~ 500kHz)范围,越靠近 150kHz 的范围,调整 X 电容越有效果。

2)F_2 频段(500kHz ~ 5MHz)范围,优化滤波器的共模电感参数效果明显。

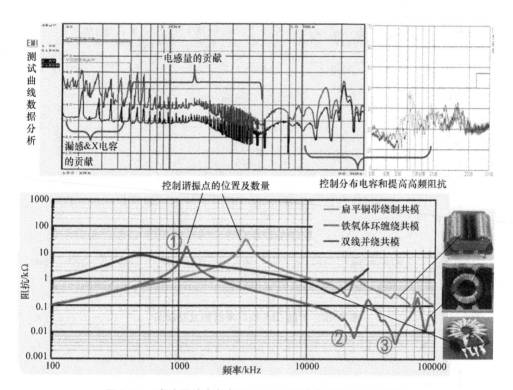

图 8-31　滤波器件参数与实际 EMI 测试曲线的匹配示意图

3）F_3 频段（5～30MHz）范围，输入滤波器 Y 电容，同时开关电源一次侧和二次侧放置的 Y 电容的容量及布局布线设计是关键。

注意：在图中出现某几个点的超标时可以通过电路的时域波形进行分析，找到对应的振荡频率点，分析潜在的近场耦合来源。

图 8-33 所示为某物联产品采用二阶滤波器实际 EMI 传导发射的测试数据。使用二阶滤波有助于减小电容电感的寄生参数，并改善高频滤波效果。使用二阶滤波效果将取得更大的衰减量。如使用较大的共模电感线圈会存在较大的寄生电容，高频的传导噪声会经过寄生电容进行传递，使单个大电感量的共模电感不容易达到好的高频滤波效果。而采用两个共模电感，同样的电感量可以取得较好的抑制高频噪声效果，一般会有 6dB 以上的差值。

实践与理论数据整改方法如下：

1）F_1 频段（150～500kHz）范围，越靠近 150kHz 的范围，调整 X 电容越有效果。或者通过调整共模电感量，人为增加漏感，以提供足够的差模插入损耗。

2）F_2 频段（500kHz～5MHz）范围，滤波器的两级共模电感一般会有较好的裕量设计。如果测试曲线整个频段超标或裕量不足，则需要增加共模电感量。

3）F_3 频段（5～30MHz）范围，输入滤波器端口 Y 电容，开关电源一次侧和二

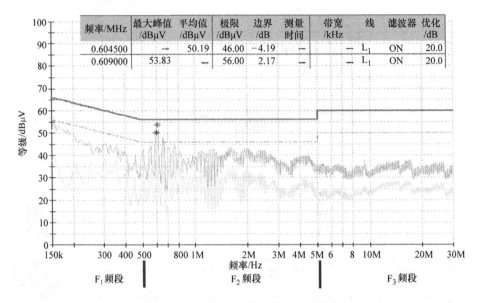

图 8-32 产品 EMI 传导发射测试频谱图

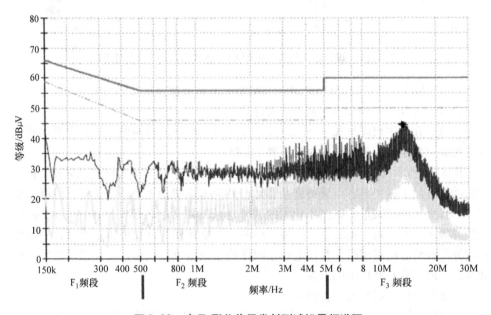

图 8-33 产品 EMI 传导发射测试裕量频谱图

次侧放置的 Y 电容的容量及布局布线设计是关键，同时后级共模电感量过大也会导致 F₃ 频段上升。

注意：在图中 10MHz 后出现异常频谱，一般是设计调整不适合的端口 Y 电容值及不合适的接地布局布线导致的。

8.2.5　EMI 滤波器的动态特性问题

图 8-34 所示为 EMI 传导发射测试超标的疑难点：①共模电感的磁心材料的磁导率需要与其频率特性匹配；②共模电感的初始磁导率 ui 与温度特性有关；③共模电感的工频偏磁对磁心的磁导率影响较大。从图中可以看出，当锰锌铁氧体磁心工作频率超过 1MHz 时，其磁导率下降很快；当磁心的工作温度超过 150℃时，磁心的磁导率为零；当磁心的差模电感分量较大时，工作在大电流下时需要考虑磁心工作饱和的问题。

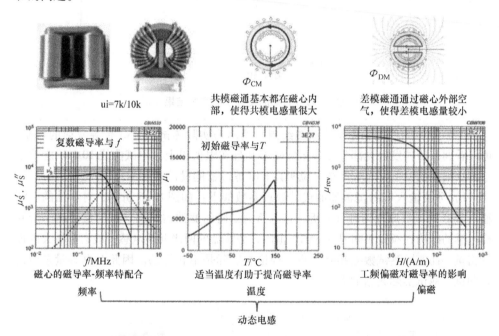

ui=7k/10k

共模磁通基本都在磁心内部，使得共模电感量很大

差模磁通通过磁心外部空气，使得差模电感量较小

复数磁导率与 f

初始磁导率与 T

磁心的磁导率-频率特配合　　适当温度有助于提高磁导率　　工频偏磁对磁导率的影响

频率　　　　　　　　温度　　　　　偏磁

动态电感

图 8-34　滤波器中共模电感频率、温度及偏磁的动态特性

因此，在某些情况下，通过正确选型设计的共模电感及参数，仍然出现测试不能通过的疑难问题点时，就需要综合考虑共模电感的频率、温度及偏磁问题带来的动态特性。

通过实际案例来分析电源滤波器的应用优化与整改。

现象描述：某变频空调整机系统的 EMI 传导发射超标，电路中已有二阶滤波器，测试扫描的干扰峰值无法降到标准限值以下。负载变频器功率在 2kW 左右，测试曲线 10MHz 以前频率段，其测试数据大部分均在限值以上，超标严重。测试 EMI 传导发射数据如图 8-35 所示。

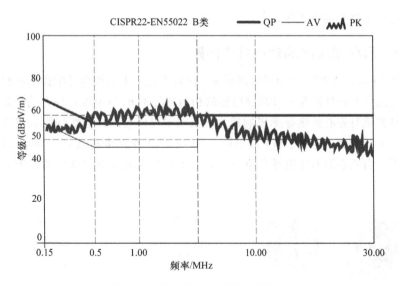

图 8-35　超标的传导干扰测试结果

图 8-35（该图根据原始测试图绘制）所示为实际测试的 EMI 传导发射的数据，可以看到其传导发射大部分数据超标较多并且在限值以上，测试曲线 10MHz 之前基本都在限制值以上，超标严重，说明其 EMI 滤波器的设计参数不合理。

1）分析输入 EMI 滤波器的设计原理参数如下：如图 8-36 所示，对产品的电源输入 EMI 滤波器原理图进行分析，其电路为二阶的滤波器结构，正常设计时二阶共模电感的结构在频段 500kHz～5MHz 范围，滤波器的两级共模电感一般会有较大的设计裕量。而实际测试数据超标严重，理论与实际是不相符的。因此对电感量参数进行测试，测试实际数据如下：

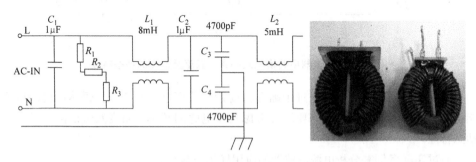

图 8-36　产品设计时的电源输入 EMI 滤波器及原理图

第一级共模电感：1kHz/8mH；

第二级共模电感：1kHz/5mH。

图中的共模电感采用锰锌铁氧体磁环，磁导率为 10k（一般磁导率高的铁氧体材料，其介电常数也较高，当导体穿过时，形成的寄生电容较大，这也降低了高频阻抗），且采用单层绕制由于系统功率要大于 2kW，其绕制线径必须满足要求，因此图中的共模电感铁氧体磁环的尺寸确定，磁环的内外径差越大，轴向越长，阻抗越大，绕制时内径要包紧导线。因此，要获得大的插入损耗，就需要尽量使用体积较大的磁环，大的磁环可绕制更大的电感量。

对于共模电感的匝数，增加穿过磁环的匝数可以增加低频的阻抗，但是由于寄生电容的增加，其高频阻抗就会减小，因此不能简单地通过增加匝数来提高插入损耗。当需要抑制的频段较宽时，就可在两个磁环上绕制不同的匝数来设计。

根据滤波器的设计方法，参考前面的二阶滤波器原理参数进行对比分析。

图 8-37 所示为典型的二阶滤波器的参考原理图。通过理论的计算和参考对比，发现问题在于共模电感的感量不足，不能提供足够的插入损耗，特别是传导测试在 500kHz～5MHz 的频段内需要提供足够的共模电感量来提升插入损耗。比如图中 L_1 的前级电感量，在满足额定负载功率条件下，理论和实际的建议值为 20mH 左右，即共模电感的插入损耗与共模电感的设计参数相关。

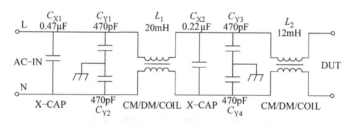

图 8-37　二阶 EMI 滤波器原理及参数示意图

2）整改措施：优化滤波器，将第一级的共模电感感量提高。如图 8-38 所示，按照标准的二阶滤波结构设计，前级滤波器的电感量不足，故采用两个 8mH 的共模电感串联，仅调整 L_1 的电感量为采用两个共模电感串联的组合，测试结果如图 8-39 所示，调整共模电感后 10MHz 之前的测试数据有了较大的设计裕量。

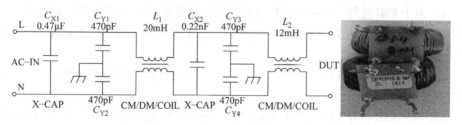

图 8-38　改进共模电感调整电感量示意图

如图 8-39 所示（该图根据原始测试图绘制），采用通用的二阶滤波器件网络，传导基本上有较大的裕量，图中 10MHz 之后测试数据有上升的趋势，这个频段点共模电感由于分布电容的影响，插入损耗降低，根据阻抗失配的原理，直接通过优化输入滤波器的 Y 电容及后级开关电源系统的 Y 电容设计来进行优化。

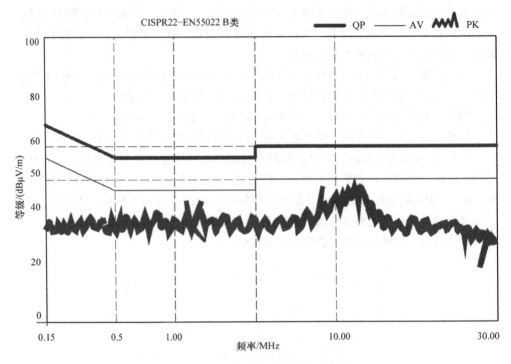

图 8-39   通过的传导骚扰测试结果

EMI 传导问题的化措施为：调整第一级共模电感的量值，调整滤波器中 Y 电容的大小、后级开关电源一次侧和二次侧的 Y 电容的大小，以及开关电源拓扑变压器一次侧与二次侧之间 Y 电容的大小以通过测试。

通过理论与实践，对于 EMI 测试传导发射的问题，对开关电源系统进行 EMI 传导高效设计整改，优化输入滤波器是最快速的方法。

1）对于 EMI 传导 150～500kHz 频段范围，越靠近 150kHz 的频段，调整 X 电容效果越明显。也可以人为调整共模电感的设计来增加共模电感的漏感感量，提高差模插入损耗。

2）对于 EMI 传导 500kHz～10MHz 频段范围，优化滤波器的共模电感大小（提高电感量）最有效。

3）对于 EMI 传导 10～30MHz 频段范围，输入 EMI 滤波器中端口 Y 电容以及开关电源变压器一次侧和二次侧 Y 电容的设计是关键。

8.3　电源线 EMI 辐射的问题

通常电源线也是导致设备辐射发射超标的重要原因。如果能从电源线传导发射预测辐射发射，就可以在电源线的 EMC 设计时把电源线的辐射控制在一定程度，增加通过的概率，节省时间和成本。

8.3.1　电源线的电磁辐射

如图 8-40 所示，测试产品及设备通过电源线连接到 LISN，按照要求 LISN 与参考接地板是连接起来的。由图 8-40 可知传导发射电流有两类：

1）两根电源线之间形成的回路电流 I_{DM}，这个电流是差模电流。

2）两根线电源与参考接地板之间形成的回路电流 I_{CM}，这个电流是共模电流。

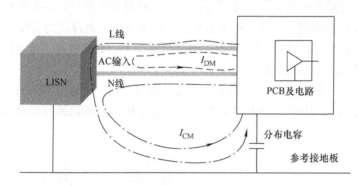

图 8-40　电源线的差模电流和共模电流示意图

因此，在电源线上就会存在有差模传导发射和共模传导发射，电源线上的差模电流会产生电磁辐射，但是由于这两根线靠得很近，它们所形成的回路面积非常小，因此辐射的效率很低。电源线上的共模电流也会产生辐射，共模电流的回流面积相对大了很多，因此共模电流产生的辐射是主要原因。

8.3.2　预测电源线的辐射强度

图 8-41a 所示为进行测试的产品及设备，假设它的外部电源线长度为 L，电源线

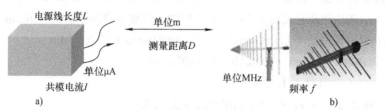

a)　　　　　　　　　　　　　　　b)

图 8-41　电源线的辐射发射测试示意图

缆上有共模电流 I，在距离这个电源线缆距离为 D 的辐射接收天线测试点，根据前面第 6 章的内容，它的电场强度可以用相关的计算公式进行估算。

当 $L < \lambda/4$ 时，$E = 1.26 ILf/D$，单位为 $\mu V/m$。

λ 为信号波长；D 是在测试标准中规定的，标准里面有 1m、3m 或者 10m。

当 $L > \lambda/4$ 时，$E = 120I/D$，单位为 $\mu V/m$。

根据天线辐射原理，当天线的长度为无线电信号波长的 1/4 时，天线的发射和接收转换效率最高。

通过线缆长度和波长的关系就可以简化计算，当实际的电源线连接电缆超过 $\lambda/4$ 时，其电场强度就基本与频率没有关系了。因此，通过这两个公式从共模电流来预测电场的强度是非常重要的，只要测试流过电源线缆的共模电流，就可以预测电源线的辐射强度。

在没有屏蔽暗室的情况下，可以通过电流卡钳测试产品及设备电源线的共模电流来判断电源线的辐射，并进行初步的分析。一般情况下电源线的长度 $L > \lambda/4$ 时，$E = 120I/D$，单位为 $\mu V/m$，这时只要先测试电源线上的共模电流，就可以知道电源线产生的辐射是否会导致超标。

如图 8-42 所示，检测共模电流的方法比较简单，用一个电流卡钳同时卡住电源线，这样电流卡钳输出的就是共模电流。从辐射的限制值可以推测出对共模电流的限制。

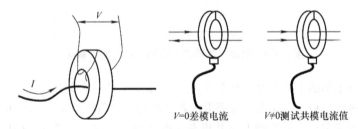

$V=0$差模电流 $V \neq 0$测试共模电流值

图 8-42　电源线的共模电流测试示意图

8.3.3　从 RE 标准计算共模电流的限值

从辐射的限制值可以推测出对共模电流的限制，CISPR22 – EN55022 B 类标准的辐射发射规定，天线距离受试设备 3m，30～230MHz 的频率范围不能超过40dBμV/m。假如实际的产品电源线长度 $L = 1.3m$，估算 60～100MHz 的共模电流限值。

$f = 60MHz$ 时，$\lambda = c/f = 300 \times 10^6 / 60 \times 10^6 = 5m$

$$\lambda/4 = 1.25m$$

$f = 100MHz$ 时，$\lambda = c/f = 300 \times 10^6 / 100 \times 10^6 = 3m$

$$\lambda/4 = 0.75m$$

当 $L > \lambda/4$ 时，$E = 120I/D$，单位为 $\mu V/m$。

$60 \sim 100MHz$ 的辐射发射的限值 $40dB\mu V/m$ 转换电场 $E = 100\mu V/m$。

$$E = 120I/D = 100\mu V/m, \quad D = 3m$$

$$I = (100 \times 3)/120 = 2.5\mu A$$

此时最大的限值共模电流 $I = 2.5\mu A$，如有流过电源线的共模电流超过 $2.5\mu A$，电源线辐射发射就会超标。通过计算数据可知流过电源线共模电流 $I_{CM} < 2.5\mu A$ 是一个较小的数值，因此需要严格控制电源线上的共模电流发射。

电源线的辐射发射主要是其共模发射电流的问题，从共模电流的大小可以预测出电源线的辐射强度。利用这个方法就可以在产品及设备进行辐射发射屏蔽暗室测试之前，先对电源线的辐射进行预测，并优先通过技术整改措施确保电源线的辐射发射不会导致辐射发射超标。任何产品在电源线上微小的共模电流发射都会导致辐射发射超标的问题。

第 **9** 章

产品信号连接线电缆的EMI问题

一个产品或设备在进行 EMC 辐射发射测试时能够通过测试，连接电缆后系统就不再合格了，这是由于连接线电缆辐射的作用。在进行产品 EMI 测试整改时，比较常用的方法是通过插拔连接线电缆来确定干扰来自哪里，产品及设备在不连接 I/O 电缆时很容易通过 EMI 辐射发射的测试，当连接电缆后，辐射就可能会大大增加，因此产品中的信号连接线电缆是辐射问题的发射天线，同时信号连接线电缆还是电路中的导体，当其信号连接线电缆的长度大于信号波长的 1/20 时，需要考虑这个导体的分布参数。因此其等效电路的共模电流路径会存在到参考接地板形成共模电流的路径，也因此会产生 EMI 的问题。

通常带有金属屏蔽机箱或金属背板的产品或设备，按照规范设计很容易达到 50~80dB 的屏蔽效能。由于电缆的设计和放置处理不当，会造成系统产生严重的 EMC 问题。大部分的 EMC 问题是连接线电缆造成的，这是因为连接线电缆是高效的电磁波接收天线和辐射天线，同时也是干扰传导的良好通道。

连接线电缆产生的辐射尤其严重，连接线电缆会辐射电磁波是因为连接线电缆端口有共模电压存在，电缆在这个共模电压的驱动下，如同一个单极子天线（棒天线）。它产生的辐射能量根据公式 $E=1.26ILf/D$ 来计量，式中，I 为电缆中由于共模电压驱动而产生的共模电流强度；L 为连接线电缆的长度；f 为共模信号的频率；D 为观测点到辐射源的距离。要减小电缆的辐射，可以减小高频共模电流强度，缩短电缆的长度。电缆的长度通常不能随意缩短，控制电缆共模辐射的最好方法是减小高频共模电流的幅度，即共模电流的大小。高频共模电流的辐射效率很高，是造成电缆辐射超标的主要因素。

另外，连接线电缆的布置对产品或设备 EMC 也会产生重大影响，电缆之间的耦合、电缆布线形成的环路都是 EMC 设计的重要部分。

9.1 I/O 电缆的辐射发射问题

对于连接的信号电缆，其信号导体通常由一个连接器连到内部电路，注意这些导体上载有有用信号，其信号的频率以及信号电平要很低才不会有辐射发射问题。有很多种可能性，非故意的信号或是噪声也会在同样的导体上存在，只是信号的电平可能小得多。I/O 驱动器电路可能会有内部杂讯及噪声耦合到 I/O 信号线上。产品机壳内的电磁场可能会耦合到电路布线上，或是直接传到连接器的信号引脚，从而传到 I/O 信号上。高速时钟信号也可能会串扰到 I/O 布线上，有许多种可能。不管这些无用的信号是怎么耦合到 I/O 线缆上来的，都可以使用滤波器来降低这些无用信号的电压幅值。一般来说，这些杂讯及噪声电压必须要低于 0.1mV，这样才可以通过相关的测试限制标准。

　　通常在信号电路上的滤波器是将一个电容元件加在信号线与电路板的参考平面之间。如图 9-1 所示，上面电容滤波器的设计要让功能上的有用信号通过，而将无用信号衰减掉。一个重要设计是这个 I/O 信号线上的无用信号要相对于机壳做衰减，而不是相对于电路板的参考点做衰减。实际上是因为方便及低成本的原因，滤波器通常设计在电路板上，因而所有的衰减都是相对于电路板的参考点，而不是直接对机壳。电路板的参考点与机壳间连接的阻抗造成一个电压降，因此就降低了滤波器的效果。

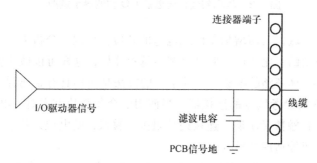

图 9-1　I/O 滤波器示意图

　　如图 9-2 所示，在电路板参考点与机壳参考点之间的连接也是滤波器设计的一部分，此部分的电感量必须尽可能降低以确保滤波器能有效地工作。在高频时，直流的导电性不会有问题，但要注意的是 PCB 参考点与机壳连接的电感量。即使是完美的导体也会有电感，也就是阻抗。一旦噪声电流流过电感就会有电压降，杂讯及噪声电压降就会有效地驱动 I/O 线缆造成辐射。

　　在 I/O 连接器与金属接线柱之间的环路电感由环路面积决定，而非周边距离。此电感量，也就是阻抗会随着金属接线柱与连接器的距离增加而快速增加。另一个考虑点是 PCB 的参考点与机壳接触面的大小。部分的环路在 PCB 上的参考面，另一部分在机壳。这两个导体面积都很大，故有着很小的区域电感。而 PCB 的参考点与机壳的连接面通常很小，所以其区域电感在整体电感上占了很大的部分，主导了整个路径的阻抗。接触界面因此是线缆与机壳间杂讯及噪声电位差的最大来源。

　　在高频时，电流只能在导体的表面流动，这称之为趋肤效应。趋肤效应限制了

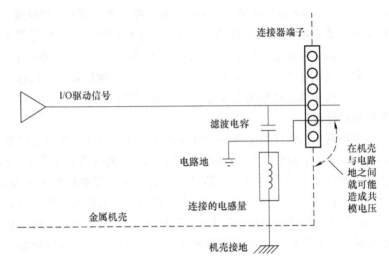

图9-2 考虑到连接电感的I/O滤波器示意图

电流能够流过的区域，因而增加了区域电感的效应。从这个分析来看，很明显接触面的大小是很重要的，比如铜柱应该要越粗越短才好，这样可以减小铜柱的区域电感，因而也减小整体环路的电感。一种常见的方法是使用具有金属弹片可同时接触到机壳以及 PCB 的参考地点的连接器。当使用的金属弹片够多时，电感就会降低。如果金属弹片的接触数量不够，连接处的阻抗不够低，则电位差就会产生，在机壳与电路地之间就可能造成共模电压。

如图9-3所示，按照前面的分析，假如是金属机壳产品，产品的内部或者是外部有一根信号连接线电缆，首先进行电缆辐射的模型分析，在信号连接线电缆靠近机壳的内部有一个共模电压，由于这个共模电压的存在，就会形成一个共模电流，因此共模电流就会形成单偶极子天线对外辐射，这是电缆发射的机理。

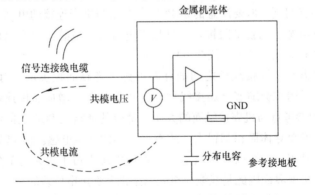

图9-3 信号连接电缆的辐射发射模型

当信号线的长度小于 1/4 波长时，可用 $E = 1.26ILf/D$（$\mu V/m$）来计算。当信号线的长度大于 1/4 波长时，计算公式就可以进行简化，利用更简单计算公式 $E = 120I/D$（$\mu V/m$）。因此，想要降低信号线电缆的辐射，就要减小其等效天线模型流过的共模电流，减小共模电流有几个方法：

1）减小图中的共模电压大小，电压减小了，电流就会减小。

2）增加共模回路的阻抗，比如磁珠、共模电感的设计等。当共模电压一定时，阻抗越大，共模电流越小，辐射发射就会越小。

3）改变共模电流的路径，比如使它的回路面积更小；回路面积越小，它的辐射就越小。

4）减小信号的地阻抗来减小对应的共模激励电压。比如，优化 PCB 的地走线设计。

9.1.1　电缆共模电压的来源

电缆上的共模电压主要有三个来源，进行如下分析：

1. 地线上的噪声电压

如图 9-4 所示，对数字电路而言，电源线和地线上的电流总是在变化的，或者是突变的，因此这个突变的电流在导体上很容易产生一个感应电压，因为任何一个导体都是有电感的，即可以认为导体是有阻抗存在的。当一个变化的电流流过这个地阻抗时，就会产生一个变化的电压，所以这是产生一个共模电压的机理。

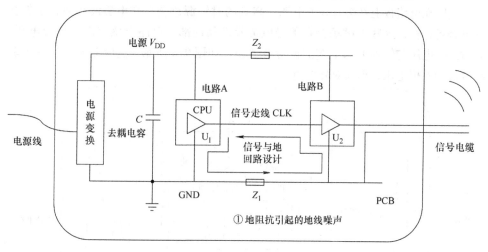

图9-4　信号通过地回流在地阻抗上产生地线共模电压

2. 输出差模信号转化为共模电压

如图 9-5 所示，控制信号的输出是一对信号线，其输出有一个差模电压来传输这个信号，当输出信号是变化的电压，比如是传输的方波信号时，尽管在设计的时候输出的是一个差模信号，但是它与产品的机壳会通过等效分布电容也是有一个差模电压，也就是会有一个电位差，这实际就是一个共模电压。因此它会形成共模电流，其电流路径是这个差模电流经过信号电缆到了负载端以后，一部分要通过地线返回，另外一部分会通过分布电容或其他导体以共模形式返回，产生对外发射。

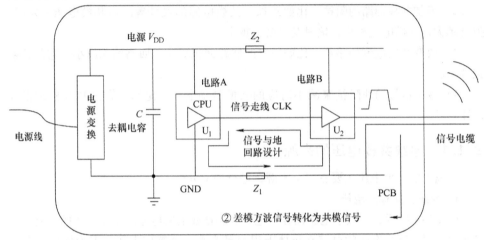

图9-5　差模信号电压转化为共模电压

3. 电磁波辐射电路中的导体产生感应电动势形成共模电压

实际在电路板上都会有开关电源，高频的时钟源总会存在电磁波辐射，也就会有电磁场存在，这些电磁场会在信号电缆及产品内部的电路上感应出一部分电压，同时这个电压与辐射源和电缆的位置有关系。如图9-6所示，这时就会产生一个驱动电流的共模电压，形成对外发射。

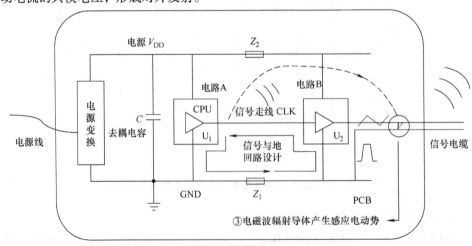

图9-6　电磁场的近场耦合转化为共模电压

以上几种状态是典型的共模电压的产生机理。这个加在电缆上的共模电压激励源会导致产品发生 EMI 问题。

9.1.2　电缆的辐射与连接的设备有关

在产品电路板上连接一个互联设备后，互联设备的杂散电容会增加。在共模电压不变的情况下，杂散电容增加意味着共模的阻抗降低，共模电流就会增加，因此辐射也会增加。

如图 9-7 所示，在进行实际产品测试时有时需要把所有连接的设备及负载都进行连接再进行测试，假如电缆还没有与设备及负载进行互连，那么可以让它的另一端悬空起来，当真正连上设备时它的辐射比悬空时要强。图中的互连设备或者负载由于其有等效的寄生电容特性，从而增大了系统的共模电流大小。因此，当不连接电缆时辐射会比连接互连设备时要弱一些，这是需要注意的，在测试时需要根据相关的标准要求进行连接测试。

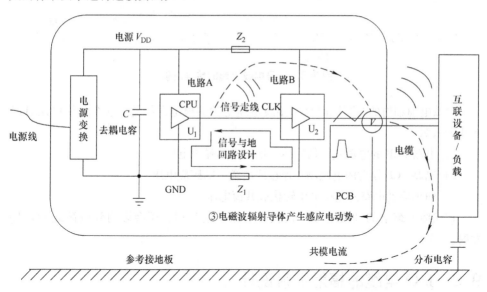

图 9-7　信号电缆的互联设备引起的辐射发射

9.1.3　电缆带来的传导问题

电缆不仅会带来辐射的问题，还会带来传导的问题。

如图 9-8 所示，将产品接入传导测试设备 LISN，在产品电路板上连接一个互连设备后，互连设备的杂散电容会增加，增加的杂散电容会导致系统共模电流的路径电流增大，当进行 EMI 传导测试时，连接上 LISN，这时的电流路径就有一部分会通过 LISN 再返回到源端，增大的共模电流也会带来传导发射的问题，因此电缆的辐射也会带来传导的问题。

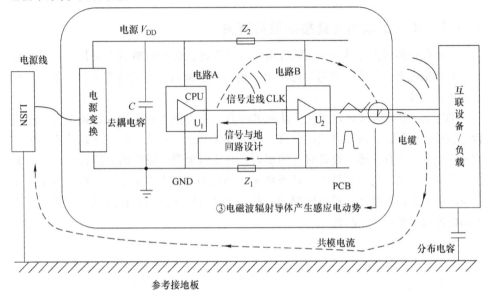

图 9-8　信号电缆引起的传导发射

导致电缆辐射的主要原因是连接线电缆上的共模电压问题，这个共模电压有以下几个来源：

1）电路 PCB 的电源线、信号线、地线上的噪声电压。

2）电路 PCB 辐射的电磁场在连接线电缆上的感应电压。

3）输出驱动电路的差模电压转化成共模电压。

连接线电缆上的共模电压不仅仅会导致辐射发射，还会影响到电源线的传导发射。

9.2　I/O 电缆的辐射发射设计

前面分析了连接线电缆的传导发射和辐射发射的问题，同时也给出了降低连接线电缆辐射发射的基本思路，接下来分析说明这些思路的实施方法。

9.2.1　消除地线电压的影响

在进行 PCB 设计时，可以有多种方法来降低地线上的噪声电压对电缆辐射的影响，包括做好去耦电路，使用多层电路板，设计一层专门的地平面来降低地线的阻抗，还可以把 I/O 连接线电缆布置在电路板的同一侧。这些设计都会减少地线上的噪声电压的影响。

在进行 PCB 设计时，已经采取了一系列措施使地线电压最小。如图 9-9 所示的产品结构是金属结构允许接地设计，或者产品结构内部有金属背板的接地设计措施。在信号电缆的接口把信号地和内部金属背板的地（或金属机壳）连接起来，并且通过一个低阻抗的连接，这时外部连接线上的地线的共模电压几乎很小，因此它不会有辐射。这是一个非常有效的 EMC 设计方法，它不仅可以减小电缆的辐射，而且还可以提高线缆的抗干扰能力。

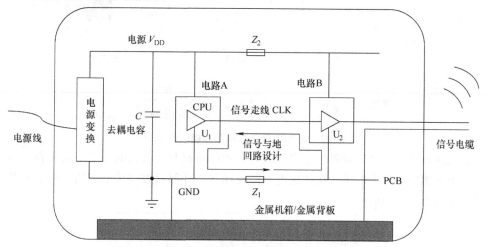

图 9-9　金属板搭接降低地阻抗的设计

当外部来了一个干扰的时候，假如把信号地和金属机箱连接起来，则干扰能量可以直接通过机箱就流入大地，否则就会进入信号地回路中去。

9.2.2　增加共模电流的阻抗

如图 9-10 所示，在信号连接线电缆上安装共模电感扼流圈，共模扼流圈对共模有比较大的阻抗，而对差模阻抗很小，因此它能衰减共模电流，设计时只需要考虑在共模里对要传输的差模信号的影响。由于共模电压是一定的，所以把共模扼流圈串接进电路以后，共模电流就会减小，自然就减小了辐射。共模扼流圈增加了共模电流路径的阻抗，降低了共模电流的辐射。设计时这种共模电感需要注意其高频时呈现的电阻特性，即高频阻抗特性，放置时其位置也比较关键，应优先放置在信号连接端口位置设计。

9.2.3　减小内部的耦合

如图 9-11 所示，如果产品内部有较长的连接线，则会增加共模电压的大小。在产品机箱机壳的内部将连接线电缆屏蔽起来，就能减小电缆在内部电路的感应电压的耦合，从而减小电缆辐射。如果在产品机箱的连接器内部连接有很多且很长的导

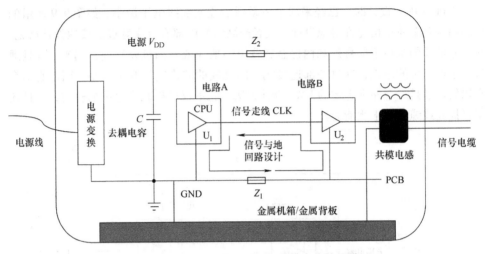

图 9-10 增加共模电感降低共模电流的设计

线，则这些导线都是比较强的辐射天线，当内部电路是干扰源时，它们就会在这些导体上面感应出共模电压，在共模电压的驱动下，外部只要连接电缆出去就会有共模电流从而产生辐射。

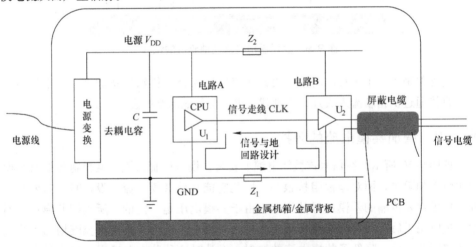

图 9-11 使用内屏蔽电缆减小耦合

因此，应该使内部的导线尽量短，当需要较长连接时应想方法把它屏蔽起来。屏蔽层两端的端接非常重要，要与机箱机壳实现低阻抗的搭接。同时电缆在放置时，应该尽量靠近金属机箱，这样也能减小它们的感应电压。

当信号电缆中的 I/O 信号为高频或者是高速数据信号时，一般需要使用屏蔽的线缆来避免产生辐射干扰。只要屏蔽线缆的隔离编织网能以低电感/阻抗的路径接到机壳，就能有效防止这些信号产生辐射干扰。

当有些屏蔽以猪尾巴（Pigtail）的方式连接其隔离编织带时，线缆的隔离编织网在距离连接器一段距离处终止，然后以一段细的导线连接到连接器的金属部分，再连接到机壳；还有在一些应用中，用细导线连接到连接器的一个信号引脚，然后再连接到 PCB 板参考点。此细导线导体与粗短的导线相比，会使连接处的区域阻抗增大很多，从而导致其阻抗很高。即使是用一根细导线的猪尾巴直接连接到机壳上，还是会有很大的阻抗存在于导线屏蔽与机壳屏蔽之间。流在导线屏蔽上的所有电流都会流过猪尾巴的阻抗，这就完全破坏了屏蔽的优点与效果，反而造成在机壳与导线屏蔽层的电位差。

9.2.4　改变共模电流的路径

如图 9-12 所示，在连接线接口端设计有一对共模滤波电容 C，这种设计相当于通过共模滤波电容的设计改变了共模电流的路径。图中共模电流的路径是沿着内部电缆到产品机箱，然后通过杂散电容再返回到源端。这是有意地增加了一个共模电容，共模电流就会走这个短的路径，从而改变了它的路径。

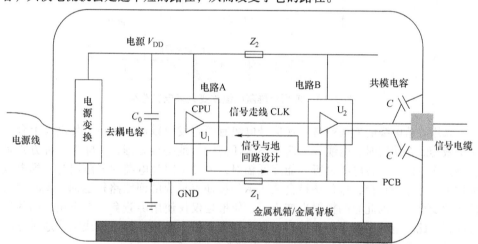

图 9-12　使用共模电容改变共模电流路径

实际上仍然会有一部分电流流到外部电缆，再通过分布电容返回到干扰源，具体流过外部连接线电缆的共模电流的大小取决于电容的阻抗的大小，增加的共模电容的阻抗越低，就会有越多的电流从电容返回，从外部连接线电缆的分布电容等效回来的电流就越少。

有时为了增加外部回路的阻抗，可以在外部电缆上套一个磁环，这样外部阻抗很高，同时内部阻抗很低，就会有更多的电流从电容返回。设计电容时除了要注意电容的引线一定要短（提供一个足够低的阻抗），电容在安装时还应尽量靠近产品机箱的接口位置。如果离得比较远，则靠近接口的导线还会感应到共模电压。在设计这类电容的方法来改变共模电流路径时还要注意不能对差模信号产生影响。因为电容相对于差模信号也是一个旁路元件，因此要注意不要影响差模信号的传输。

9.2.5 使用屏蔽的电缆

如图9-13所示，对于信号连接电缆，采用屏蔽电缆的本质是为共模电流提供一条返回路径。此时，屏蔽电缆的端接十分重要，阻抗越低，屏蔽效果越好。

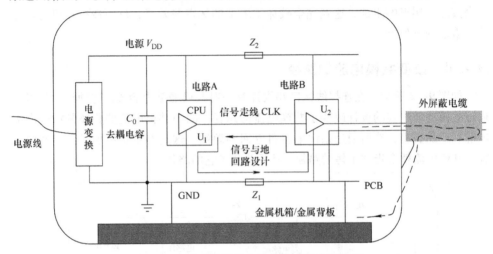

图9-13 使用外屏蔽电缆改变共模电流路径

采用屏蔽电缆的方法就是发现信号电缆有辐射发射以后，便在信号电缆上套一个屏蔽套。在使用时，电缆套的两端不做任何的接地搭接处理，实际上这种方式是起不到作用的。屏蔽电缆之所以能降低辐射，主要是因为电缆的屏蔽层为共模电流提供了另外一条路径，这条路径会从图示的接地点形成的回路路径返回，此时回路面积就变小了，因此它的辐射也变小了。如果是仅仅使用屏蔽套把与机箱之间的连接断开，此时电流也就不会流通了，那么电流就依然会从外部连接线电缆通过分布电容返回到干扰源端，因此辐射也就不会降低。

在使用屏蔽电缆时，需要特别注意屏蔽电缆的端接设计。一般建议360°的端接，也就是屏蔽套与机箱一周连接起来，这是提供的一个最低阻抗。

设计总结：解决电缆辐射的方法主要有四个：

1）减小地线的共模电压。在信号电缆的接口把信号地和内部金属背板的地（或金属机壳）连接起来，并且通过一个低阻抗的连接设计。

2）减小电缆上的感应电压。如果有条件，则可以把电缆在机箱内部屏蔽起来。

3）增加共模电流路径的阻抗。在电缆的信号线上增加共模扼流圈的设计。

4）改变共模电流的路径。在接口端采用增加共模滤波电容的设计，或者外部连接线采用屏蔽电缆的设计，也可以两种方法同时使用。

在实际的设计中，可以将上面的几种方法同时结合起来进行最优化设计。

第 ⑩ 章

物联产品的EMI设计技巧

电磁兼容最初是在 20 世纪 40～50 年代开始变成大家关注的议题的，其干扰大多是由电源线传导影响到其他的敏感器件和敏感电路。到 20 世纪 60 年代，电磁兼容主要是在军事上的考虑，确保器材的电磁相容性，以避免一些意外事件，比如雷达的辐射造成武器的意外启动，或是 EMI 问题造成导航系统的故障。到了 20 世纪 70 及 80 年代，PC 及计算机科技发展，其相关器材的干扰对广播电视机及无线电接收造成严重的干扰问题。美国政府因而对此相关产品实行 EMI 的规范，美国联邦通信委员会（Federal Communication Commission，FCC）发布了一系列的法规，用来规范相关产品的干扰强度，并定义了测量方法。同样欧洲及其他地区也开始限制相关产品产生的干扰。在 20 世纪 90 年代，包括中国及其他国家的输入管制都将电磁兼容的规范加了进去，电磁兼容的规范扩大了很多。所有器件及产品的相容性，以及在整体环境中的这些器材都能够和谐的共同存在。干扰、对外部干扰的耐受、对静电放电 ESD 的承受能力等，不论是经由辐射或者传导的媒介，都要受到控制。

现在任何可能产生 EMI 的产品，或是可能被其他电气器材干扰的产品，都要进行电磁兼容测试。以前不需要 EMI 控制的产品现在都必须要符合标准及规范。比如工业电子产品及消费类电子产品。

EMI 的问题大多来自产品内部导体上的交变电流，比如 di/dt 杂讯噪声。电流的变化产生了电磁场的辐射。同样的，外部的电磁场也会导致电路上的 di/dt 干扰电压，造成错误的逻辑运算及器件的误动作。大多数高速及快速上升的脉冲电压信号就会造成 EMC 的问题。目前的产品要求节能降耗，提升效率，在产品中的开关电源已全面普及，对于产品的控制需要快速的时钟信号的逻辑控制都会在产品中使用。

因此，目前所有产品中开关电源系统及高频时钟信号都是 di/dt 与 du/dt 的重要来源。这些问题会被连接到该器件的导线及电缆所放大，在较低的工作频率也能变成有效的共模电流路径及发射天线。所以分析这两类系统对分析物联产品的 EMI 设计是非常重要的。

降低 EMI 最有效的方式是控制信号的分布以及它们的源头。所以，要分析这些信号是从哪里来的。这些信号的来源可能有很多种，但是最主要的干扰是来自开关电源或 IC 中的高速切换电流。

几乎所有的 EMI 干扰都来自产品中某处存在的共模电流。所有的这些共模电流都来自某些功能上的工作电流。如果这些工作电流能够控制好，让它只含有工作所需要的谐波，那么这时来源于高频谐波造成的不必要的干扰就可以降低。

10.1 产品中开关电源的 EMI 设计

开关电源与线性稳压电源相比，具有功耗小、效率高、体积小、重量轻、稳压范围宽等许多优点，已被广泛应用于计算机及其外围设备、通信、自动控制、家用电器等领域。

但开关电源的突出缺点是会产生较强的电磁干扰（EMI）。EMI 信号既具有很宽的频率范围，又有一定的幅度，经传导和辐射后会影响电磁环境，对通信设备和电子产品造成干扰。

如果处理不当，开关电源本身就会变成一个干扰源。目前，电子产品的电磁兼容性（EMC）日益受到重视，抑制开关电源的 EMI，提高电子产品的质量，使之符合 EMC 标准，已成为电子产品设计者越来越关注的问题。开关电源反激式原理方案如下。

如图 10-1 所示，开关电源反激式原理设计方案中变压器的架构都会设计为有气隙的磁心变压器，当主开关器件 MOSFET 导通时，能量以磁通形式存储在变压器中，并在 MOSFET 关断时将能量传递至输出。由于变压器需要在 MOSFET 导通期间存储能量，故磁心都要有气隙（大部分能量在气隙中），基于这种特殊的功率转换过程，反激式原理变换器可以转换传输的功率有一定的限制，但很适用于低成本中低功率应用的电子产品及设备的供电系统。

10.1.1 开关电源噪声源分析

开关电源系统主要器件为开关 MOS 管、开关变压器、输出整流二极管，同时这三个器件也是 EMI 产生的干扰源头。

图 10-2 所示为常用反激式开关电源的简化原理图及开关器件漏源极（V_{ds}）的开关波形。开关器件（开关 MOS 管）工作在高速开关循环状态，此时对应的 du/dt 和 di/dt 也会高速循环变化，因此电路中的开关器件既是电场耦合的噪声干扰来源，也是磁场耦合的噪声干扰来源。

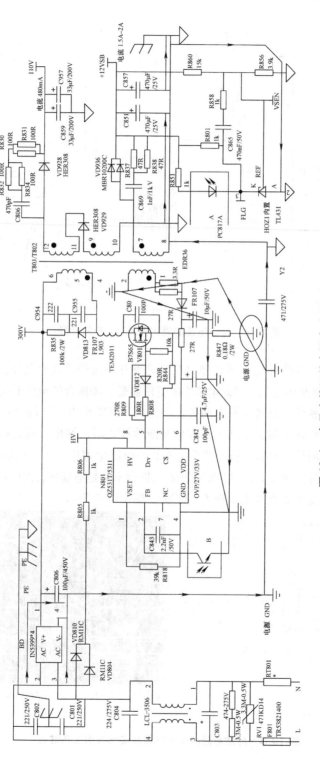

图 10-1　产品中的开关电源电路原理图

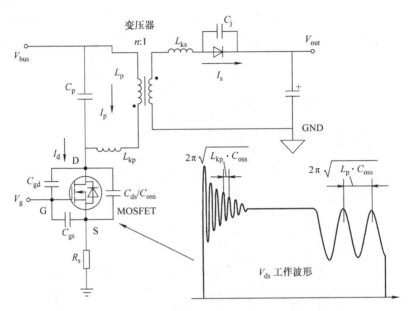

图 10-2 反激电源的简化图及 V_{ds} 开关波形

图示电路中的漏感（L_{kp}）及电感（L_p）随着开关器件的高速循环变化，其对应的 $\mathrm{d}i/\mathrm{d}t$ 也会高速循环变化，因此电路中的变压器是磁场耦合的噪声干扰来源。

图中的输出整流二极管通常有两种工作模式，即工作电流断续（DCM）模式与工作电流连续（CCM）模式。当工作在电流断续模式时，输出整流二极管可以实现零电流开关，此时输出整流二极管的寄生参数与电路中寄生电感，比如 L_{ks} 等参数产生高的 $\mathrm{d}u/\mathrm{d}t$ 振荡，因此电路中的输出整流二极管至少是电场耦合的噪声干扰来源。

反激电源的寄生参数及实际开关工作波形如图 10-3 所示。

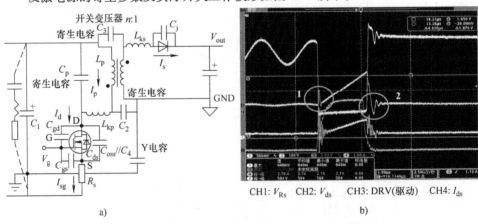

图 10-3 反激电源的寄生参数及实际开关工作波形

图 10-3 中，I_p 是流过变压器的一次电感的电流；I_d 是开关电源一次侧流过开关管漏极的电流；I_s 是流过二次输出侧整流二极管的电流；C_1 是电源 V_{bus} 主电解电容（其有等效的寄生参数）；C_2 是变压器一次侧到二次侧的寄生电容；C_3 是变压器输出侧到输入侧的寄生电容；Y 电容是变压器二次侧地与 V_{bus} 电解电容地之间的设计安规电容；n 是变压器的一次侧与二次侧的匝数比。

包含寄生元件的开关电源反激变换器结构图中，C_{gs}、C_{gd} 和 C_{ds} 分别为开关管 MOSFET 的栅源极、栅漏极和漏源极的寄生电容；L_p、L_{kp}、L_{ks} 和 C_p 分别为变压器的一次侧电感、一次侧电感的漏感、二次侧电感的漏感和一次线圈的杂散电容；C_j 为输出二极管的结电容。

在图 10-3b 中，是图 10-1 所示的原理方案在满载工作时，测试其开关管工作的电压电流波形，其相关工作状态及振荡波形数据分析如下。

开关电源电路反激变换器在正常工作情况下，当 MOSFET 关断时，一次侧电流（I_d）在短时间内为 MOSFET 的 C_{oss}（即 $C_{gd} + C_{ds}$）充电，当 C_{oss} 两端的电压 V_{ds} 超过输入电压与反射输出电压之和（$V_{bus} + nV_{out}$）时，二次侧二极管导通，一次侧电感 L_p 两端的电压被钳位至 nV_{out}。因此一次侧总漏感（即 $L_{kp} + n^2 L_{ks}$，通常 L_{ks} 由于圈数少而使得其值很小时，直接用 L_{kp} 进行估算）和 C_{oss} 之间发生谐振，产生高频的尖峰电压。此时，MOS 管上过高的电压可能会导致产品可靠性的问题。

在开关管导通时，由于电容两端电压不能突变，杂散电容 C_p 两端电压开始是上负下正，产生放电电流，随着开关管逐渐导通，电源 C_1 电压 V_{bus} 对杂散电容 C_p 充电，其两端电压为上正下负，形成流经开关管和 V_{bus} 的电流尖峰。同时 C_{ds} 电容对开关管放电，也形成电流尖峰，此尖峰电流不流经 V_{bus}，只在开关管内部形成回路。当变换器工作在 CCM 模式时，由于一次侧电感 L_p 两端电压缩小，输出整流二极管开始承受反偏电压关断，引起反向恢复电流，该电流经变压器耦合到一次侧，也会形成流经开关管和 V_{bus} 的电流尖峰。

在开关管导通阶段，输出整流二极管截止，电容 C_p 两端电压为 V_{in}，通过一次侧电感 L_p 的电流指数上升，近似线性上升。

在开关管关断瞬间，一次侧电流 I_d 为 C_{oss} 充电，当 C_{oss} 两端的电压超过 V_{bus} 与 nV_{out}（输出整流二极管导通时变压器二次线圈电压反射回一次线圈的电压）之和时，输出整流二极管在一次侧电感 L_p 续流产生的电压作用下正偏导通，L_{kp} 和 C_{oss} 发生谐振，产生高频振荡电压和电流。

在开关管关断阶段，输出整流二极管正向导通，把之前存储在 L_p 中的能量释放到负载端，此时二次线圈电压被钳位通过滤波电路后输出电压 V_{out}，经匝数比为 n 的变压器耦合回一次侧，使电容 C_p 电压被充电至 nV_{out}（极性下正上负），一次侧电感 L_p 两端的电压被钳位至 nV_{out}。当 L_p 续流放电结束后，输出整流二极管反向偏置截止，L_p 和 C_{oss}、C_p 产生振荡，导致 C_p 上的电压降低。

第 **10** 章

在电路 PCB 设计时，开关管 MOSFET 器件源极引脚到 C_1 电容地走线与 C_{oss} 就会形成偶极子振荡天线发射源，其地走线越长，感抗（阻抗）越大当 I_{sg} 流过地阻抗时，就会产生较高的共模电压，从而形成电路中的单极子发射天线。同样 L_{kp} 与 C_{oss} 的谐振也会形成偶极子振荡天线发射源，造成开关电源电路 30～100MHz 频域 EMI 辐射发射问题。

图 10-4 所示为开关电源反激变换器不连续导通模式（DCM）模式下的开关管器件工作波形。开关管器件关断时第一个振荡近似为变压器的漏感 L_{kp} 与 C_{oss} 的谐振，其振荡频率在几～几十 MHz 的范围。第二个振荡近似为变压器的一次侧电感 L_p 和 C_{oss} 的谐振，其振荡频率在几十～几百 kHz 的范围。

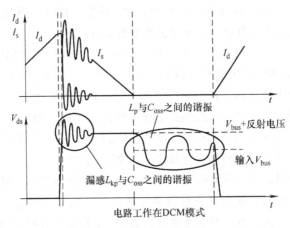

图 10-4 反激电源在断续模式时开关器件工作波形

当工作在 DCM 模式时，由于二次侧电流在一个开关周期结束前电流为零，可以实现零电流的开关模式，在 DCM 模式下对 EMI 的设计是有利的，因此一般建议电子产品及设备使用开关电源反激变换器给系统提供电能时要设计工作在 DCM 模式下。同时，对于开关电源噪声源的分析还需要关注 L_{kp} 和 L_p 与 MOSFET 的 C_{oss} 器件寄生参数之间的谐振问题。

10.1.2 开关电源噪声特性

通过对反激开关电源噪声谐振波分析可知，工作变压器的一次侧漏感是高频干扰最主要的原因，它不能耦合到二次侧，也没有小的阻抗通路，因此变压器一次侧漏感就和 MOS 管输出电容（C_{oss}）产生谐振，电压形成几个振荡（当没有吸收和钳位电路时这个过程会持续很久）。如果电路在 DCM 模式下，则会发生两次振荡，第一次主要是一次侧漏感 L_{kp} 和 C_{oss} 的电容引起的高的 V_{ds} 电压，第二次主要是在电路能量耗尽后，励磁电感 L_p 和 C_{oss} 电容振荡引起的谐振。

图 10-5 所示为 MOSFET 的工作电压电流波形，其对应的 di/dt 和 du/dt 是电路中

的噪声源。开关电源在时域的波形为振铃梯形波，对时域的波形进行傅里叶变换（非周期）在频域得到的是连续的噪声频谱。

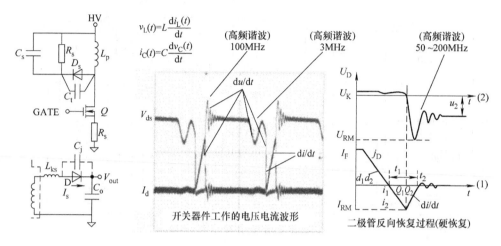

图 10-5 反激电源高频振荡及谐波范围

磁场和电场的杂讯与变化的电压和电流及耦合通道（如寄生的电感和电容）直接相关。直观地理解，减小电压变化率 du/dt 和电流变化率 di/dt 及减小相应的杂散电感和电容值可以减小由于上述磁场和电场产生的杂讯，从而减小 EMI 干扰。

1）RCD 吸收电路（D_s、C_s、R_s、C_t）将改变 MOSFET 关断时的突波振幅与振荡频率，进而改变了杂讯频谱。

2）电压 V_{ds} 波形改变了共模杂讯，电流 I_d 波形改变了差模杂讯。

在图 10-5 中，第一次振荡的频率在几~几十 MHz 的范围。它的噪声特性是其谐波能量能影响高达 100MHz 的辐射发射频段。第二个振荡频率在几十~几百 kHz 的范围。它的噪声特性是其谐波能量能影响达到 3MHz 左右，其电磁场能量的近场耦合会对电路的传导发射带来影响。开关电源中的输出整流二极管在工作时有反向恢复特性，在其反向恢复过程中，器件寄生参数与电路中的走线电感和器件的引线电感容易形成高频振荡，在电路板中可等效为小型的环形天线与偶极子天线的发射模型。它的噪声特性是其谐波能量能影响到 50~200MHz 的辐射发射频段。

10.1.3　干扰源的传播路径和抑制措施

分析开关电源的噪声源及噪声特性后，对噪声源来说，信号总是要返回其源的，故建立信号源的等效回流路径。

如图 10-6 所示，简化开关电源的电路结构，将 LISN 测试单元电路等效到开关电源电路结构，分析开关电源电路的共模电流路径，对应于干扰源的传播路径。流过 LISN 的共模电流的大小也和产品测试的共模电流的大环天线（偶极子天线）对应。

注：（参考第 8 章中电源线的电磁辐射的相关阐述）。

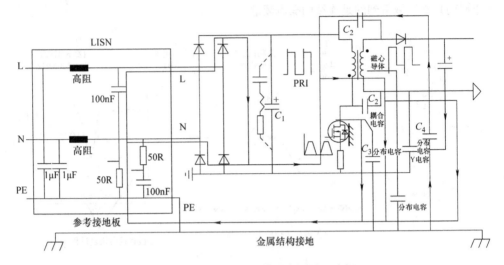

图 10-6　反激电源共模噪声源返回路径

图 10-7 中，V_p 是开关 MOS 管的等效噪声源；V_s 是输出整流二极管的等效噪声源；Y 电容是变压器二次侧地与 V_{bus} 电解电容地之间的设计安规电容；C_{ps} 是变压器一次侧到二次侧的寄生电容；C_{sp} 是变压器输出侧到输入侧的寄生电容；I_{CM1} 是开关管器件漏极节点（如果有加装散热器件，则有对参考地的寄生电容 C_1）通过寄生电容 C_3 的共模电流；I_{CM2} 是开关变压器的磁心导体通过寄生电容到参考地之间的共模电流；同时 I_{CM2} 也是开关噪声通过开关变压器的一次侧到二次侧的寄生电容传递到输出地，再通过寄生电容到参考地之间的共模电流；I_{CM3} 是输出整流二极管通过寄生电容到参考地之间的共模电流；I_{CM4} 是 Y 电容的电流路径。

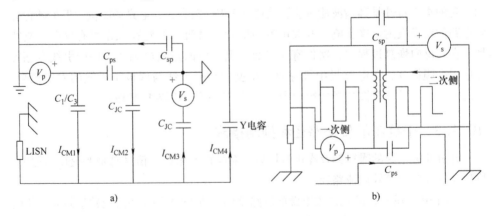

图 10-7　反激电源共模噪声源等效电路模型

进行电路的戴维南等效，在等效电路中将开关管器件等效为电压源 V_p，开关器件 MOS 管的漏极节点对参考接地板有分布电容 C_3 的共模电流路径 I_{CM1}。系统噪声源信号通过变压器的一二次侧耦合电容（C_{ps}）到二次侧输出地走线，再对参考接地板的分布电容的共模电流路径 I_{CM2}。变压器磁心导体对参考接地板也会有分布电容，在图 10-7 中可以共同等效为 I_{CM2} 的共模电流路径。

根据反激电路工作的特点，一次侧的开关管导通时，二次侧的输出整流二极管关断，其工作波形相位方向相反，将二次侧输出整流二极管同时进行电压源 V_s 的等效。如图 10-7b 所示，正常情况下，V_p 信号电压与变压器一二次侧耦合电容 C_{ps} 的净电荷同 V_s 信号电压与变压器二次侧返回到一次侧的耦合电容 C_{sp} 的净电荷由于方向相反，能进行部分的能量抵消。在实际情况下由于 V_p 的电压要高于 V_s 的电压，可以利用外部电容补偿或者进行变压器的局部屏蔽设计来达到 $V_p C_{ps} = V_s C_{sp}$ 的变压器净电荷平衡设计。

在图 10-7 中，通过分布电容路径总的共模电流的大小决定了电路的 EMI 传导发射和辐射发射的大小。也就是电路中的 EMI 特性是电路中每个器件参数影响的总和。其 EMI 的抑制措施如下：

1）对于传导发射，减小共模电流流向 LISN 的等效回路，就需要在流向 LISN 回路的路径上采取措施。比如增加回路阻抗，变压器一二次侧磁场抵消，回路 Y 电容路径设计等。

2）对于辐射发射，不要让共模电流流向辐射等效发射天线。比如减小流过电源线的共模电流大小，减小回路振荡电压的幅度及频率大小，减小电源回路面积设计等。

10.1.4　差模发射与共模发射

在开关电源电路中，要将电路的功能设计转换为电路板 PCB 布局布线的架构图，根据近场和远场的概念，共模发射可等效为单偶极子天线，即产生的电场在低频范围是高阻抗，是小型的偶极子天线。差模发射可等效为环天线，即产生磁场在低频范围是低阻抗，是小型的环形天线。

图 10-8 所示为简化电场与电磁电路模型，实际上电路中的三个动点位置，即电压变化点是产生共模发射的源头，电路中的三个环路部分是产生差模发射的源头。

图 10-9 所示为开关电源电路中 PCB 典型的单偶极子发射天线和环天线模型，与图 10-8 所示的电路模型电场和磁场相关联。其共模辐射与差模辐射的计算表达式参考第 6 章中产品 PCB 问题的相关阐述。

1. 差模传导发射优化

将 LISN 等效到开关电源电路中，当电路工作时，主开关回路工作电流 I_{ds} 进行快速循环变换。图 10-10 所示为差模电流回路形成差模噪声，优化差模传导发射的设

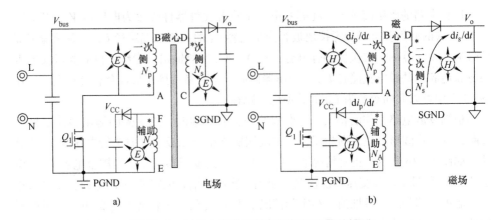

图10-8 反激电源电路的电场与磁场等效模型

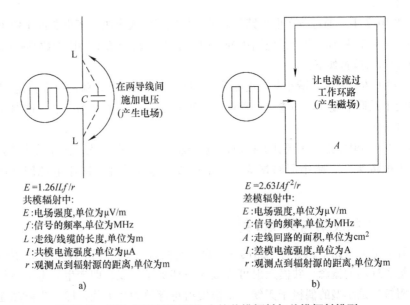

$E = 1.26ILf/r$
共模辐射中：
E：电场强度，单位为μV/m
f：信号的频率，单位为MHz
L：走线/线缆的长度，单位为m
I：共模电流强度，单位为μA
r：观测点到辐射源的距离，单位为m

a)

$E = 2.63IAf^2/r$
差模辐射中：
E：电场强度，单位为μV/m
f：信号的频率，单位为MHz
A：走线回路的面积，单位为cm²
I：差模电流强度，单位为A
r：观测点到辐射源的距离，单位为m

b)

图10-9 反激电源电路PCB中的共模辐射与差模辐射模型

计，即控制差模电流流向LISN的100Ω的阻抗回路。推荐的设计优化方法如下：

1）增加回路的差模阻抗（比如设计共模电感时，可人为提升共模电感的漏电感作为差模滤波），减小差模电流。

2）还可以通过输入电源线电容滤波的方法，在L、N之间增加合适的X电容，根据阻抗失配的原理，当100Ω的阻抗是高阻抗时，增加低阻抗的X电容进行匹配设计。其中大部分噪声通过X电容流回噪声源，少部分流向LISN，即减少流向LISN的差模电流。

3）在图10-10中，主电解电容C_i与变压器及主开关管的差模回路中，插入电容

C_x。在电气网络上与 C_i 并联，同时在 PCB 布局设计时靠近变压器与开关管的回路布局布线，增加的电容（比如 $0.47\mu F/1\mu F$）一方面可以减小高频噪声纹波，另一方面减小了主开关电源回路的环路面积，同时能减小其环天线的辐射发射。

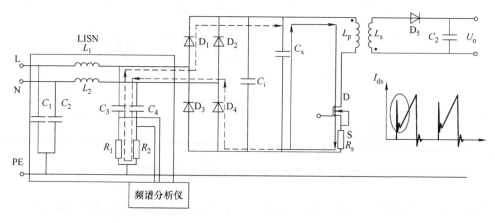

图 10-10　反激电源电路的差模传导路径示意图

2. 差模辐射发射优化

在物联产品中，除了使用天线接收（EN 55022 A/B 类标准要求的测试频率范围 30MHz～1GHz）对产品进行水平极化和垂直极化辐射发射测量外，还有些类别产品用吸收钳法测量辐射功率发射（频率范围 30～300MHz）。该方法主要用于测量家用电器和电动工具的辐射发射。相对于工科医学设备和信息技术设备来说，家用电器和电动工具这类设备本身的特性电磁兼容测试标准中就认为设备通过其表面的向外辐射能量不及沿着靠近设备的那部分电源线的向外辐射量大。基于这一假定，标准设计了一套利用吸收钳来测量产品沿电源线向外的辐射方法。

用吸收钳法测量产品辐射干扰方法的主要优点是：测试方法简单方便，与天线法比较配置仪器的价格相对较低，测试获得的数据有很好的重复性和可比性，特别适合企业作为产品性能的摸底时使用。

如图 10-11 所示，采用吸收钳法测量电源线的辐射发射。当电路工作时，主开关回路电流进行快速循环变换，快速变化的电流 I_d 产生对外的磁场（频率低于 30MHz 产生的近场磁场较弱，频率高于 30MHz 产生的近场磁场较强），通过近场的耦合，在回路中分别产生感应电动势 e_1，e_2，e_3，e_4。其中 e_3，e_4 为差模回路干扰，e_1，e_2 为地线上的噪声电压，即共模电压来源，形成共模回路干扰（主要变成共模电流，流向功率吸收钳或通过电源线辐射发射）。

推荐的优化差模辐射发射的设计方法如下：

1）优化变压器一次侧功率回路面积及二次侧输出环路面积设计。

2）拓扑电流回路面积最小化，脉冲电流回路路径最小化。对于隔离拓扑结构，

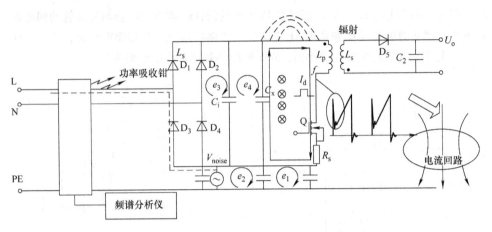

图 10-11　反激电源电路的辐射发射示意图

电流回路被变压器隔离成两个或多个回路（一次侧和二次侧），电流回路面积及路径要分开最小化布置。

3）如果电流回路有接地点，那么接地点要与中心接地点重合。实际设计时，PCB 布局布线受到条件的限制，两个回路的电容可能不好近距离共地，设计时应采用电气并联的方式就近增加一个电容达成共地，如图中的 C_x 电容的布局位置及布线设计等。

4）采用功率吸收钳法测量产品辐射干扰时，同时需要优化开关管功率回路的地阻抗设计。

3. 共模传导发射优化

如图 10-12 所示，将 LISN 网络等效到开关电源电路中，开关管器件在高频动作时，开关管两端的电位迅速变化，产生 du/dt 的共模噪声源。由于开关器件的开关节

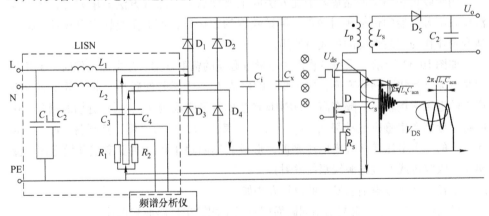

图 10-12　反激电源电路的共模传导发射示意图

点对参考接地板存在分布电容，所以共模噪声源通过分布电容产生共模位移电流流入 LISN，在 LISN 线性阻抗网络上形成共模噪声电压。

优化共模传导发射的设计控制共模电流流向 LISN 的 25Ω 的阻抗回路，推荐的设计优化方法如下：

1）可以降低共模电压，减小共模电流，减小分布电容，从而减小位移电流。减小分布的电容的方法可以是减小开关管漏极到变压器端的走线距离。当漏极走线对开关器件还有散热需求时，在 PCB 的边缘不要使用大面积的敷铜设计；开关器件采用散热器结构时，散热器要有良好的接地设计。

2）还可以通过 Y 电容的设计，在开关电源变换器一二次侧地之间增加合适的 Y 电容（C_y），其中大部分噪声通过 C_y 流回噪声源，少部分流向 LISN，即减少流向 LISN 的共模电流。

3）在电源线增加输入滤波器的优化方法可参考第 8 章的内容。

4. 共模辐射发射优化

如图 10-13 所示，采用吸收钳法测量电源线的辐射发射或者采用天线接收方式。在开关管器件节点与参考接地板间存在等效分布电容 C_s，开关管器件在高频动作时，开关管两端的电位迅速变化，产生 du/dt 的共模噪声源。同时，在开关管开通或关断时，产生充放电电流，由于开关器件的源极到电容 C_i 回路存在地走线，其地走线阻抗不为零，就会形成 V_{noise} 的噪声源与 L 线、N 线电缆构成共模电流驱动的单偶极子天线模型，对外产生辐射发射。

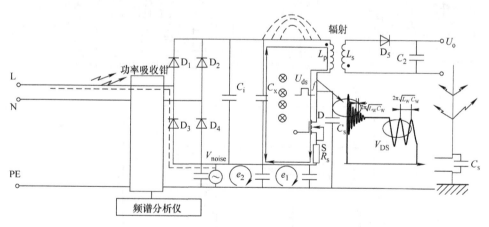

图 10-13　反激电源电路的共模辐射发射示意图

同时开关器件共模噪声源通过分布电容产生共模位移电流流入输入电源线构成大环天线模型，对外产生辐射发射。流过电源线及功率吸收钳的共模电流，形成电源线辐射发射干扰。

优化共模辐射发射的设计，即控制共模电流流向等效发射天线模型。推荐的设计优化方法如下：

1）降低共模电压以减小共模电流，减小分布电容的大小从而减小位移电流。

2）通过 Y 电容的设计，在开关电源变换器一二次侧地之间增加合适的 Y 电容（C_y），即减少流向输入电源线的共模电流。

3）优化 PCB 的设计，减小开关器件的源极到电容负极的地走线阻抗。

10.1.5　开关电源辐射发射的高效设计

1. 针对物联产品开关电源系统有接地设计或者有金属背板的接地设计结构

图 10-14 中，V_p 是开关 MOS 管的等效噪声源；V_s 是输出整流二极管的等效噪声源；Y 电容是变压器二次侧地与 V_{bus} 电解电容地之间的设计安规电容；C_{ps} 是变压器一次侧到二次侧的寄生电容；C_{sp} 是变压器输出侧到输入侧的寄生电容；I_{CM1} 是开关管器件漏极节点（如果有加装散热器，则散热器要进行接地设计）通过寄生电容 C_3 的共模电流；I_{CM2} 是开关变压器的磁心导体通过寄生电容到参考地之间的共模电流，同时

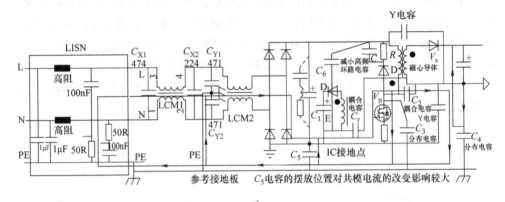

a)

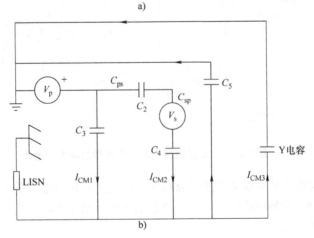

b)

图 10-14　电源电路有接地架构的共模等效路径模型图

I_{CM2}也是开关噪声通过开关变压器的一次侧到二次侧的寄生电容传递到输出地，再通过寄生电容到参考地之间的共模电流，输出整流二极管通过寄生电容到参考地之间的共模电流会抵消一部分 I_{CM2} 的电流；I_{CM3} 是 Y 电容的电流路径；C_5 的路径是通过设计安规 Y 电容的抵消电流路径。通过这些路径可有效旁路流过电源线总的共模电流。

进行噪声源路径及电路模型的等效时，信号总是要返回其源，电流总是要返回其源头。对于产品有接地设计或金属背板的结构，在电源线输入端口的滤波器的 Y 电容设计可以减小流过输入端口的共模电流。图 10-14 中，开关电源电路变压器直流母线端与变换器的辅助绕组地走线之间跨接高频回流电容 C_6 可以优化主功率回路的环路面积，减小磁场发射。

开关电源变换器一二次侧地之间增加合适的 Y 电容，以及运用金属背板的接地点与变换器主电容的工作地之间增加合适的 Y 电容 C_5，优化了共模电流的回路面积及回流路径，即减少流向输入电源线的共模电流，达到 EMI 高效设计。

2. 针对物联产品中浮地产品设计且产品内部无金属背板结构（塑料壳产品）

图 10-15 中，V_p 是开关 MOS 管的等效噪声源；V_s 是输出整流二极管的等效噪声源；Y 电容是变压器二次侧地与 V_{bus} 电解电容地之间的设计安规电容；C_{ps} 是变压器一次侧到二次侧的寄生电容；C_{sp} 是变压器输出侧到输入侧的寄生电容；I_{CM1} 是开关管器件漏极节点（如果有加装散热器，则散热器要进行接地设计）通过寄生电容 C_3 的共模电流；I_{CM2} 是开关变压器的磁心导体通过寄生电容到参考地之间的共模电流，同时 I_{CM2} 也是开关噪声通过开关变压器的一次侧到二次侧的寄生电容传递到输出地，再通过寄生电容到参考地之间的共模电流，输出整流二极管通过寄生电容到参考地之间的共模电流会抵消一部分 I_{CM2} 的电流；I_{CM3} 是 Y 电容的电流路径，通过优化变压器一二次侧的耦合电容，减小 I_{CM2} 的共模电流大小来减小流过电源线总的共模电流大小。

进行噪声源路径及电路模型的等效时，信号总是要返回其源，电流总是要返回其源头。对于浮地结构产品，降低变压器一次侧与二次侧之间的共模耦合电容设计，开关电源变换器一二次侧地之间合适的 Y 电容，优化了共模电流的回路面积及回流路径，即减少流向输入电源线的共模电流，达到 EMI 高效设计。

3. 开关电源变压器的电荷平衡优化

如图 10-16 所示，共模噪声源可等同为施加在变压器的绕组端口，共模噪声通过内部寄生参数传输。此时变压器是共模噪声源与噪声传输路径阻抗的综合体，可等效为变压器与共模滤波器的架构。根据实际的变压器选型及合适的成本预算，通过图中的变压器的两种屏蔽结构的设计可以达到 $Q_{ps} = Q_{sp}$。

要满足 $V_p C_{ps} = V_s C_{sp}$，而通常情况下 $V_p > V_s$，因此降低共模耦合电容 C_{ps} 或同时增大调整 C_{sp} 即可满足变压器一二次侧的净电荷相互抵消为零，达到 EMI 优化设计。

在进行变压器一二次侧电荷平衡的设计中，还有其他的方法可以达到目的，这需要在实际的电路中进行认真测试，通常为了验证方案的有效性，可以在对变压器

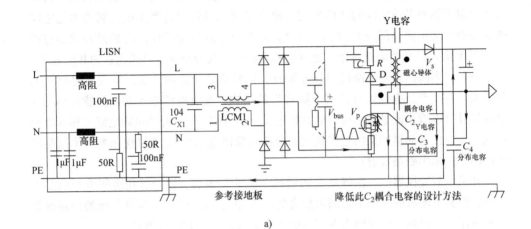

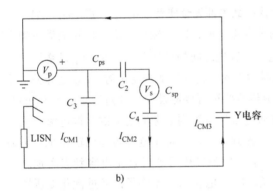

图 10-15　电源电路浮地架构的共模等效路径模型图

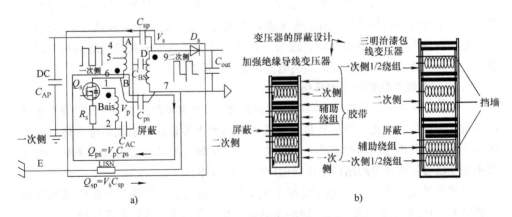

图 10-16　开关电源反激变压器的屏蔽设计

采取措施后，通过信号发生器在一次绕组施加相同工作频率的信号，在变压器的二次侧地端或通过增加检测电阻（50Ω）来测量其共模耦合信号的幅度和相位，从而判断屏蔽设计后的对比数据。如果测试相位相反，则幅度越低，说明屏蔽性能越佳。

但是不能一味地强调屏蔽的设计，变压器中屏蔽的设计也会增加变压器的漏感，给电源的效率带来影响，同时变压器的屏蔽设计也会增加变压器的成本。在针对产品中的独立的开关电源的 EMI 优化时，有以下三个方面的关键点：

1）开关管驱动设计：降低开关管的驱动速度；合理设计开关管驱动的上升沿与下降沿。

2）开关管的电压及振荡限制：减小开关器件的 V_{ds} 尖峰电压；合理使用 RCD 吸收电路减小尖峰振荡电压及频率。

3）开关电源电子线路 PCB 布局布线：减小高频回路的环路面积；减小开关器件动点的走线长度及宽度（满足电流要求情况下）；减小其在电路中的寄生电容参数；减小开关电源开关管的源极及地走线的长度，降低地阻抗。

4. 产品中存在的共模大环路

实际上电源产品造成辐射的最终原因还是电源输入电缆。电源共模源阻抗、电源输入线、开关电源变换器（电源模块）、电源输出线、共模负载阻抗与参考接地板共同组成了共模大环路，如图 10-17 所示。

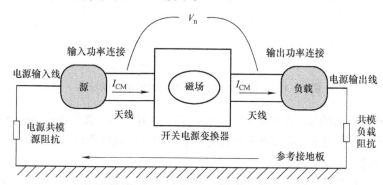

图 10-17　产品中存在的共模大环路

图 10-17 中，I_{CM} 是共模电流；V_n 是共模电压。图 10-8b 所示的开关电源在 PCB 上的环路磁场是包含在这个大环内的。这就说明这两者之间存在较大的感性耦合或互感。在 PCB 设计中，开关回路本身所能产生的辐射非常有限（第 5 章有用案例进行分析，除非这个环路足够大）。但是在近场范围内，它们的近场磁场会通过电磁耦合的方式耦合到图示的共模大环路中。在产品中的输入功率连接部分和输出功率连接部分通常有走线或连接线缆是产品中的天线，同时具备等效共模发射天线的较长电源输入线作为共模大环的一部分，在辐射发射测试的频率下，只要其中的共模电流大于几 μA（参考第 8 章产品电源线的 EMC 问题），就会造成产品整体辐射发射

超标。

根据电磁场理论，通过近场耦合，在没有任何额外措施的情况下，这种磁耦合现象就会很容易引起带开关电源系统的物联产品的辐射发射超标。

图 10-18 所示为开关回路与大环路之间的近场耦合原理图。对于 EMI 的辐射发射问题，需要关注的是电源线上的共模电流，这个电流直接影响辐射发射的大小。电路图中的寄生参数可以根据实际情况进行估算，从图中也能得出，当差模环路面积减小时，环路耦合减小；当开关回路的高频谐波电流减小时，环路耦合也会减小。因此减小差模环路的面积和在开关漏极串联高频磁珠减小高频电流的设计都是优化辐射发射的设计方法。

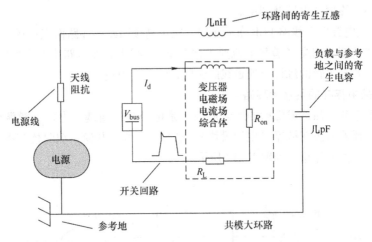

图 10-18　开关回路与大环路之间的耦合原理图

目前 PCB 产品的尺寸都相对比较紧凑，整个 PCB 基本上都是在近场耦合的范围。因此，在大多数情况下，小型开关电源的辐射发射并不是电源内部电路的直接辐射，而是输入与输出电源线的辐射。

对于大多数产品来说，由反激电源提供系统的功率来源是最常见的，反激电源也是所有开关电源拓扑结构中电磁干扰最严重的。其他拓扑的结构分析与反激电源的分析设计方法是类似的，可以参考《开关电源电磁兼容分析与设计》。

电源线输入滤波对解决电源的 EMC 问题非常重要，但它不是万无一失的。只有全面分析产品中开关电源的 EMI 干扰源与传递路径才能高效率、低成本地解决开关电源的 EMI 问题。

再次提醒一下，在有开关电源的产品系统中，开关回路与产品系统及参考接地板之间构成的大环路所产生的近场耦合是分析开关电源 EMI 问题的关键部分。

10.2　产品中高频时钟信号 EMI 设计

随着技术的发展，数字信号的时钟频率越来越高，电路系统对于信号的建立、保持时间、时钟抖动等要素提出越来越高的要求。时钟信号常常是电路系统中频率最高和边沿最陡的信号，多数 EMI 问题的产生与时钟信号相关。

降低 EMI 的方法有许多种，包括屏蔽、滤波、隔离、铁氧体磁环、信号边沿控制以及在 PCB 中增加电源和 GND 层等。

电子产品开关电源系统及产品中的时钟信号是需要重点关注的对象，对于高频的 EMI 问题，时钟是 EMC 三要素中重要的干扰源，因此要重点分析。

图 10-19 所示为晶振的基本原理图，除了原理上需要的 R_1、C_1、C_2 之外，R_2、R_3 和 C_3 组成了晶振基本的 EMC 电路，R_2 与 R_3 是时钟输出的匹配电阻，一般选择 $22 \sim 51\Omega$。设计 RC 滤波器，使其 f（3dB）截止频率为时钟基频的 $5 \sim 10$ 倍，同时检查信号完整性设计。注意：$f(3\mathrm{dB}) = 1/(2\pi RC)$。

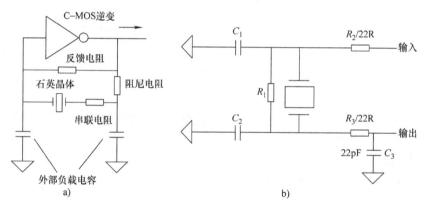

图 10-19　晶振基本电路原理图

图 10-20 所示为有源晶振的基本原理图，电源 V_{cc} 大部分情况下建议设计成图示

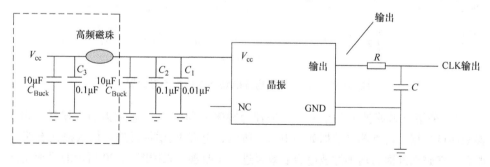

图 10-20　有源晶振电路原理图

的 π 型滤波电路结构。有时为了布局及设计成本要求会节省高频磁珠及前级滤波电路（如框图所示），对有源晶振电源去耦合旁路电路的 S21 参数仿真数据提供设计参考（注：电容均需考虑分布参数影响），在电路中 C_{Buck} 一般为 4.7～22μF，典型值为 10μF 的 0805 封装陶瓷电容，电容 C_1、C_2 选择 1nF、10nF、100nF 的电容值进行组合。晶振输出端的 RC 设计参考图 10-19。

1）去掉磁珠及前级滤波电路，水平轴为频率（GHz），垂直轴为插入损耗（dB）参数测试数据。仿真测试数据如图 10-21 所示，在 0.4～1GHz 的频段，如果采用三个电容的并联组合（1 个 Buck 电容与 2 个小电容并联）都会比两电容的并联组合（1 个 Buck 电容与 1 个小电容并联）插入损耗大 5dB 左右，采用三个电容并联在高频具有更好的效果。同时，不同容值的三个电容并联组合在低频段都有反谐振。其中，10μF＋1nF＋1nF 的反谐振最大，10μF＋100nF＋100nF 的反谐振最小。综合考虑推荐 10μF＋100nF＋100nF 的滤波组合方案。

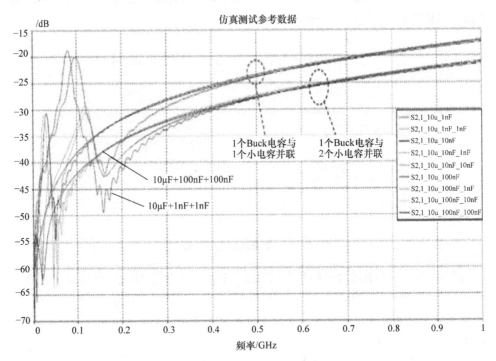

图 10-21　有源晶振滤波电路参数仿真参考数据

2）采用 π 型滤波电路结构，水平轴为频率（GHz），垂直轴为插入损耗（dB）参数测试数据。仿真测试数据如图 10-22 所示，电源 V_{cc} 增加磁珠后插入损耗有明显改善，在磁珠外面再增加滤波电容后效果进一步改善，采用图 10-20 所示的原理设计方案 10μF＋100nF＋1 高频磁珠（FB）＋10μF＋100nF＋100nF 可以有最佳的滤波设计方案。

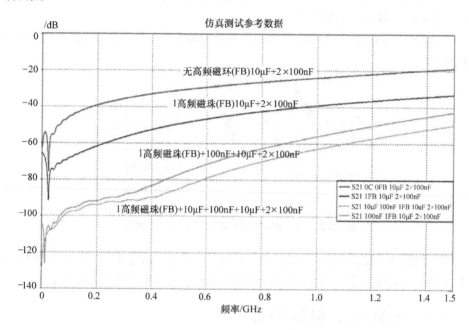

图 10-22 有源晶振 π 型滤波电路参数仿真参考数据

时钟信号的对外发射问题可参阅前面章节的理论，时钟电路在 PCB 中等效为两种基本的发射天线模型，如图 10-23 所示，即环天线和单极子天线模型。差模辐射对应的是环天线，共模辐射对应的是单极子天线。在预测公式中差模辐射与信号整个环路面积相关，如果电路都是短距离传输的，比如驱动时钟，都离 IC（CPU 或MCU）很近，那么其差模分量是很小的。时钟信号尽管能量不高，但是还需要在PCB 设计时控制其环路面积，大部分的数据手册也都会要求尽量靠近 IC（CPU 或MCU）。共模辐射与天线长度成正比，这个部分的设计容易被忽略，因为在实际电路中并没有明显异常的天线存在。但是大部分的 EMI 问题都是因为多次串扰耦合的问题，其中重要的原理是时钟电路周围存在许多未知的 L 布线（耦合线），由于共地和共电源的问题，这些能量会多次串扰并找到一个合适的 L 布线（耦合线）传递发射出去。因此时钟在设计时应该注意以下问题：

1）降低时钟的串扰，采用多层 GND 平面可以减少时钟电路产生的能量，通过向空中耦合，必要时可以采用局部屏蔽；其次应尽量将时钟线走到内层（控制电场线和磁场线在空间的分布）。

2）时钟不可靠近连接器，当时钟电路靠近连接器时，就会出现连接器二次耦合发射的问题，在原理上就要做滤波措施，以减小天线效应。

3）时钟不可靠近 I/O 连接线，时钟靠近连接线时更容易产生天线效应，当连接线线缆较长时 EMI 问题也会更多。

4）时钟区域不允许有其他走线靠近，复杂电路系统、时钟电路建议采用多层板的设计。

差模辐射　共模辐射

共模辐射预测公式：
$E=1.26ILf/D$
与天线的长度成正比

差模辐射预测公式：
$E=2.63IAf^2/D$
与环路面积成正比

电流环路　　单极子天线

图 10-23　时钟信号源的差模辐射与共模辐射

多层板设计中设置接地平面的作用：作为晶振外壳本体的 RF 信号回流，同时是晶振电路的零电位参考点，最关键的是为晶振电路的共模噪声提供回流设计。

10.2.1　高频时钟信号噪声特性

时钟信号是常见的周期性信号，通过傅里叶变化周期信号的频谱特点，可见其具有离散性，频谱线是离散的而不是连续的。时钟信号还有谐波性，频谱线所在频率轴上的位置只能是基频的整数倍。

图 10-24 所示为时钟信号采用频谱分析仪在频域的测试谱线。其噪声特性是脉冲尖峰状态的离散频谱。

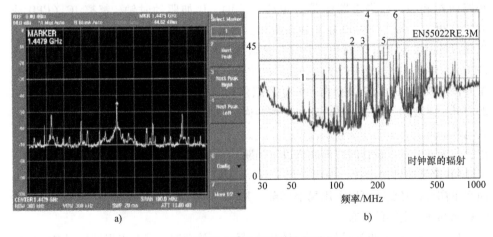

a)　　　　　　　　　　　b)

图 10-24　时钟信号源的频谱

对时钟信号的噪声频谱进行测试，从时钟的频谱可以看到如图 10-24 所示的一支支等距的噪声，这一支支等距的噪声即为噪声的谐波。

假如计算每一支等距噪声差为 14MHz，则表示由一个 14MHz 的时钟信号造成，或者是经过除频后（基频的倍数）有 14MHz 的信号产生。

晶振是一个强发射源，晶振内部电路产生 RF 电流，封装内部产生的 RF 电流可能很大，以至于晶体的地引脚不能以很少的损耗充分地将这个很大的 $L \cdot \mathrm{d}i/\mathrm{d}t$ 电流引到地设计上，通常晶振的金属外壳就会变成单极子天线。根据经验，晶振的周边会存在近场的辐射场。如果在充满辐射场的范围内有器件或 PCB 布线，那么晶振及其谐波的 RF 信号将通过容性或感性耦合的方式将能量耦合到器件或邻近的 PCB 信号线上，从而让这些器件及信号线都带上 RF 信号。

图 10-25 所示为物联产品在实际电路中的辐射谱线，其噪声特性上存在脉冲尖峰状态的离散频谱。当晶振周边有 CPU、串口信号驱动芯片、信号线的布线及连接线时，就会使晶振产生的谐波信号直接耦合到信号线及周边的器件上。通常信号线很容易成为晶振振荡信号谐波的载体，如果信号线较长，并且包含有接口及连接线电缆，那么这些都会成为很好的辐射天线，并将晶振谐波信号带出设计 PCB 板。

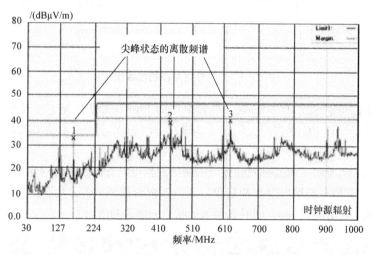

图 10-25　实际产品中时钟信号源的频谱

当信号波长（λ）与导体的长度相当时会发生谐振，这时信号几乎可以完全转换成电磁场。比如，标准的振子天线仅为一段导线，当其长度为信号波长的 1/4 时，便是一个将信号转变成场的极好的转换器。实际上，电路中所有的导体都是谐振天线，EMI 设计的目的是希望它们都是效率很低的天线。

晶振属于强辐射器件，其下方及周边 8mm 内应禁止布线，以免发生串扰。当形成辐射的要素噪声源和天线都没有办法改变时，改变噪声源与天线的驱动关系也是解决其辐射问题的方法。

10.2.2 时钟限流滤波技术

时钟信号通常是干扰的源头,比如通信信号线、总线地址、数据线都是周期性干扰信号,通常会导致较大的干扰。在满足产品功能的情况下,上升沿与下降沿应尽可能缓。

如图 10-26 所示,时钟通用输出匹配的设计采用 RC 滤波,同时减缓信号的边沿转换速率,需要注意信号完整性的问题。一般器件的输出阻抗为十几 Ω,而 PCB 板上的走线阻抗 Z_0 范围为 50 ~ 100Ω,这会导致严重的失配,通常采用电阻的方式进行匹配设计。推荐电阻的选择范围为:电阻 $R = 22 \sim 51\Omega$;电容 $C = 10 \sim 100\text{pF}$。

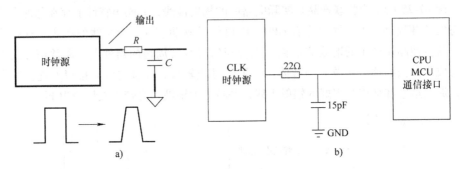

图 10-26 时钟信号源的滤波设计

比如工作频率达到 100MHz 时,电容取值为 10pF,正常情况下推荐典型值 22pF 的匹配设计。设计 RC 滤波器,使其 $f(3\text{dB}) = 1/(2\pi RC)$,截止频率为时钟基频的 5 ~ 10 倍。

如图 10-27 所示,通过时域和频域的测试数据可以看出,当时钟输出信号线没有 RC 滤波时,其信号前沿出现过冲现象,通过匹配合适的 RC 滤波设计后,时钟信号的上升沿从 5ns 增加到 9ns,同时在频域的噪声频谱得到改善。

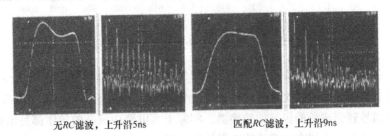

无 RC 滤波,上升沿5ns   匹配 RC 滤波,上升沿9ns

图 10-27 时钟信号源 RC 滤波前后的频谱对比

10.2.3　扩谱时钟技术

滤波和信号边沿控制对于低频信号有效，不适合当前广泛应用的高速信号。对于数字设备，辐射发射超标是产品顺利通过电磁兼容试验的挑战。传统的屏蔽和滤波措施虽然能够使产品满足电磁兼容标准的要求，但是付出的代价较大，并且在有些场合并不容易实施。扩谱时钟（展频）技术在解决这个问题方面有比较大的优势，是另一种有效降低 EMI 的方法。扩谱时钟能够将时钟信号的各次谐波降低 7~20dB，对数字电路 EMI 辐射的设计满足电磁兼容要求有较高的性价比。

图 10-28 所示为扩谱时钟（展频）与普通时钟的区别。普通时钟的信号周期十分稳定，而扩谱时钟信号的周期是按一定规律变化的。这种周期变化的结果是使时钟信号的谱线变宽，峰值降低，但每个谐波的总能量保持不变。

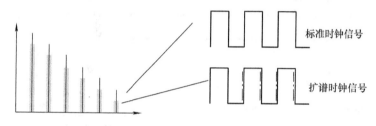

标准时钟信号

扩谱时钟信号

图 10-28　扩谱时钟技术示意图

注意：扩谱时钟信号的频率抖动要控制在不引起系统时序错乱的程度，一般用百分比表示，称为频率调制。

例如：±0.5% 调制度表示 100MHz 的时钟频率在 99.5~100.5MHz 之间变化。当系统有工作频率的上限要求时，为了避免时钟频率超过系统允许的最高频率，时钟频率可在 99.5~100MHz 之间变化，这称为下扩谱。同理还有中心扩谱方式、上扩谱方式等。在实际的技术规范中要注明这种时钟周期、幅度的抖动方式。获得扩谱时钟的方法如下：

1）采用独立的扩谱时钟振荡器（扩谱晶振），它的封装与普通晶体振荡器相同，可以直接替换普通的晶体振荡器，使电路工作在扩谱时钟状态。这类器件的缺点是每个型号的输出频率和扩谱参数（频率调制度）固定。

2）使用专用的展频 IC，通常需要外接一些器件，还需要外接晶体或时钟源作为参考频率。这类器件的优点是工作频率为一个范围，扩谱参数可以灵活设置。

3）外接数字时钟源到控制 CPU 系统单元有展频时钟发生器，支持时钟展频功能。

时钟展频是通过频率调制的手段将集中在窄频带范围内的能量分散到设定的宽频带范围，通过降低时钟在基频和多次谐波频率的幅度（能量），达到降低系统电磁辐射峰值的目的。

一般数字时钟有很高的 Q 值，即所有能量都集中在很窄的频率范围内，表现为相对较高的能量峰值。但需要系统 MCU 及 CPU 支持展频时钟功能，即展频时钟发生器（Spread Spectrum Clock Generator, SSCG），SSCG 通过增加时钟带宽的方法来降低峰值能量，减小时钟的 Q 值。

图 10-29 所示为 SSCG 的降低频谱能量的工作原理，对尖峰时钟进行调制处理，使其从一个窄带时钟变成为一个具有边带谐波的频谱，从而达到将尖峰能量分散到展频区域的多个频率段，以达到降低尖峰能量，抑制 EMI 的目的。SSCG 是一种主动且低成本的解决 EMI 问题的方案，可以在保证时钟信号完整性的基础上应对更广频率范围内的 EMI 问题。

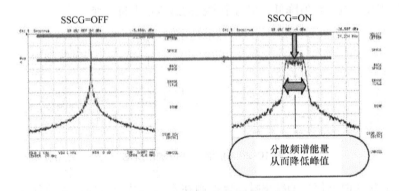

图 10-29　时钟展频技术效果示意图

相比传统上使用铁氧体磁珠和高频磁环抑制 EMI，SSCG 通过时钟内部集成电路调制频率的手段来达到抑制 EMI 峰值的目的。SSCG 不仅调制时钟源，其他的同步于时钟源的数据、地址和控制信号，在时钟展频的同时也一并得以调制，整体的 EMI 峰值都会因此减小，因此，时钟展频是系统级的解决方案。这是 SSCG 相比其他抑制 EMI 措施的最大优势。

SSCG 功能可以由用户选择不同配置，ON 或者 OFF，以及不同的调制范围等。

对于常用的开关电源 PWM 控制器，都有频率抖动功能，由于开关电源 PWM 的工作频率比时钟频率低，所以利用扩谱频率技术对 EMI 的优化是有利的。频率抖动较低的频率，甚至是基频，也有降低幅度的作用，这取决于频率的抖动范围是否大于测量接收机的接收带宽。

比如，将频率抖动的频率调制度为 ±0.5%，对于 100kHz 的周期开关信号，对于 10 次谐波，频率变化范围为 10kHz，已经超过传导干扰测试时接收机的 9kHz 的带宽，因此可以获得较小的测量值。

图 10-30 所示为在开关电源 PWM 的驱动脉冲上实现展频技术在实际应用中起到

的效果。PWM 脉宽开关控制技术频率抖动在图中看到可以降低约 5 ~ 20dB 的噪声频谱。这样可以达到减小 EMI 输入滤波器的目的，滤波器的体积得到优化（L，C 元件成本降低）。

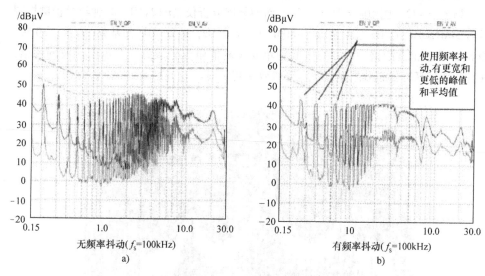

无频率抖动(f_s=100kHz)　a)

有频率抖动(f_s=100kHz)　b)

图 10-30　开关电源频率抖动技术效果图

对于一个 24MHz 高频时钟信号，通过展频技术在时域和频域进行分析。

如图 10-31 所示，通过测试一个 24MHz 时钟信号的示意波形，从时域上看时钟信号无论幅值或是波形都没有变化，在频率的要求范围内不会出现信号完整性的问题。根据扩谱时钟理论，中心频率在展频后没有发生偏移，但其能量得以分散。有的时钟能量较强，其高次谐波会达到 GHz 级别，常见的现象是高频段 EMI 超标，且都是一些间隔频率相等的单支噪声，这些单支频率点一般是某一时钟的倍频信号及

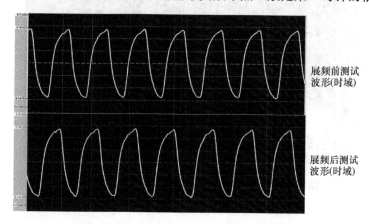

展频前测试波形(时域)

展频后测试波形(时域)

图 10-31　时钟信号展频前后时域波形图

其高次谐波。通过时钟展频的方法处理高频时钟谐波，时钟谐波信号频率越高，其能量被展开的就越宽。

应用时钟展频后，可以在频域里得到一个24MHz时钟各个谐波展开情况。

如图10-32~图10-36所示，从上面的频谱分析仪测试24MHz时钟经过扩谱控制后为24MHz、144MHz、240MHz、480MHz、960MHz，即24MHz的基频、6次、10次、20次、40次谐波频谱。可知原本时钟单支尖峰能量被分散到具有边带谐波的频谱，并且频率越高，展频效果越好，即降噪效果越明显。

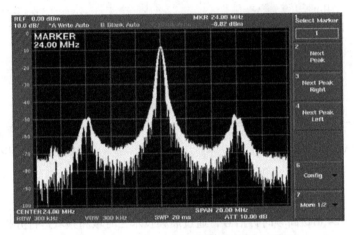

图10-32　24MHz时钟信号展频后基频频谱图

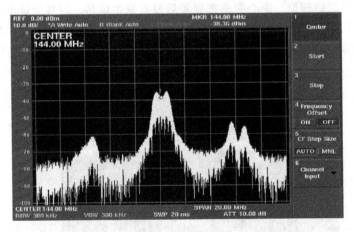

图10-33　24MHz时钟信号展频后6次谐波频谱图

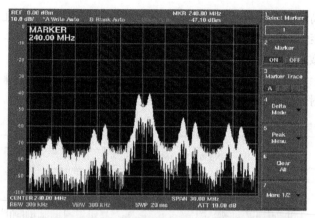

图 10-34　24MHz 时钟信号展频后 10 次谐波频谱图

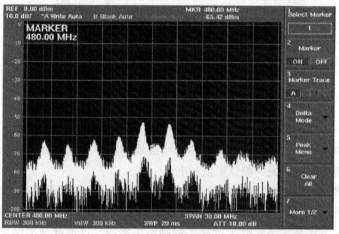

图 10-35　24MHz 时钟信号展频后 20 次谐波频谱图

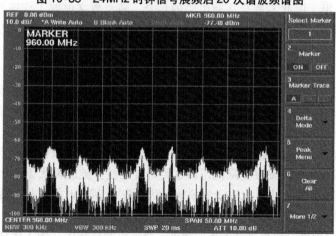

图 10-36　24MHz 时钟信号展频后 40 次谐波频谱图

第 10 章

由此，在高频段，展频不仅可以显著降低时钟的高能量干扰，还可以为其他敏感模块提供稳定干净的电磁环境，对提高电子产品拥有 WiFi、蓝牙、GPS 等高频率工作模块的灵敏度有着重要作用。

在某产品上，主控板 CPU 直接驱动显示屏的屏时钟的应用中，采用时钟展频设计方案通过辐射发射的参考数据如图 10-37 所示。

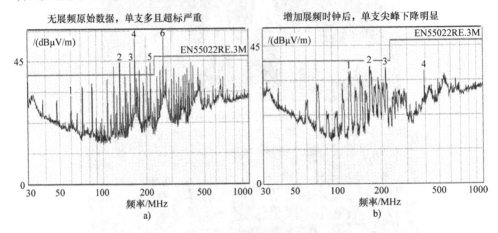

图 10-37　某产品上的展频测试对比图

如图 10-37 所示，通过对屏时钟驱动增加展频后单支尖峰能量下降，测试 EMI 的辐射发射就能通过相关的测试限值标准。

扩谱时钟/时钟展频技术与常用滤波技术对比分析如下：用低通滤波器（例如铁氧体磁珠、磁环、RC 滤波）对时钟信号滤波，将时钟信号的高次谐波衰减，从而减小电路辐射的方法是大多数电子设计工程师所了解的。这种滤波的结果是延长了脉冲信号的上升沿，因此不适合高速电路的场合。随着数字电路工作速度迅速提高，时钟信号的上升沿必须保持一定的抖动，使用滤波的方法无法方便地实施。同样，在开关电源中，使用上升沿较长的脉冲虽然可以减小干扰发射，但是会导致电源的效率降低。

与使用滤波器衰减脉冲信号高次谐波的方法相比，扩谱时钟技术具有以下优势：

1）时钟信号的波形不变。扩谱时钟信号的脉冲波形与普通时钟信号的脉冲波形一样，具有很陡的上升沿，适合高速数字逻辑电路。

2）扩谱时钟可从根源上减小干扰幅度。传统的滤波技术仅能将安装滤波措施电路上的时钟信号高次谐波幅度降低，而这路时钟经过分频或再次驱动后，高次谐波幅度又会恢复（甚至更大，取决于分频或驱动电路）。扩谱时钟可从根源上降低时钟信号的各次谐波幅度。

3）扩谱时钟可以减小所有谐波的幅度。滤波仅能将高次（为了保证时钟的基本波形，一般要保留 15 次谐波）谐波幅度降低，而对较低次谐波（特别是基频）没有任何的抑制效果。

例如：对于频率为 12MHz 的时钟信号，采用滤波方式一般仅能将 150MHz（保留 13 次谐波）以上的谐波滤除。而 150MHz 以下的谐波仍然会产生较强的辐射发射。这时需要使用屏蔽方式或在电缆上使用高性能的滤波器来解决。如使用扩谱时钟则几乎所有的谐波都会降低。

频率抖动技术通常有利于 EMI 测试的通过，对于不同的产品设计也需要权衡。频率抖动的效果仅是使产品及设备容易通过 EMI 试验，其在整个频率范围内的干扰能量并没有改变，而只是将比较集中的能量分散在较宽的频带上。

频率抖动技术与低通滤波技术都可以降低周期信号的干扰，但无法确认哪一种技术更好。它们的原理不同，频率抖动技术是将周期信号的谱线扩宽，利用测量方法中接收带宽一定的条件，使谱线的一部分能量被接收，从而获得比较小的测量值。而滤波的技术是将能量滤除掉，降低干扰的幅度。因此可以认为频率抖动是针对测试提出的一种容易通过测试的对策，而滤波是真正抑制电磁干扰能量的对策。

展频技术/频率抖动技术的效果对于解决周期信号对窄带接收机形成的干扰是很有效的方法。

两种方式对波形的影响不同，频率抖动（展频）技术对周期信号波形的影响是频率抖动，而脉冲的上升沿及下降沿不变，与原来的普通信号一样陡峭。滤波对周期信号波形的影响是使脉冲的上升沿/下降沿变缓，特别是延长了脉冲的上升沿。上升沿时间变长会导致电路工作速度的下降。

两种方式的有效频率范围不同，滤波仅能将周期信号中较高次的谐波幅度降低，而对低次谐波特别是基频没有任何的衰减。频率抖动（展频）对较低的频率，包括基频也有降低幅度的作用，同时这也取决于频率抖动范围是否大于测量接收机的接收带宽。

目前常用的开关电源控制器 IC 都有频率抖动功能，这能给开关电源的传导干扰带来好处。第 5 章中对信号的本质进行过分析，信号有两种主要形式：非周期信号，比如数据信号、地址信号及一些随机产生的信号等；周期信号，比如数字时钟信号、固定频率的 PWM 信号、数字周期信号等。周期信号每个采样段的频谱都是一样的，所以它的频谱呈离散型，通常强度比较高，是窄带噪声。而非周期信号每个采样段的频谱不一样，其频谱很宽，通常强度比较低，是宽带噪声。

通常在产品上使用频率抖动（展频）后，会使得在原来固定频率时的一些特定谐波频点上脉冲出现的次数减少。注意这里的脉冲是频谱意义上的脉冲，即在某一个频点上的能量发射。把本该集中在同一频带的辐射频谱分散到更多的频带，用来降低原来固定频率时的一些谐波频点上的干扰电平。频谱是束状分布的，束与束之间有很多的空隙，高频振荡频率抖动的结果是信号频谱的带宽变宽，峰值降低。比如，在进行传导和辐射测试时，接收设备的接收带宽为一定值，当谱线变宽时，一

第

10

章

部分能量在接收机的接收带宽以外，就会使测量值变小。

低频的开关电源通常采用频率抖动技术后，传导发射测试时频谱曲线会变得比较平滑，这是因为频率抖动使频谱带宽变宽，从而分散能量，当频率带宽大于传导干扰测试时的扫描步进（9kHz）时，就会是相对比较平滑的频谱曲线。

展频技术/频率抖动技术确实是一个使产品及设备顺利通过电磁兼容测试的简单可行的方法，这个技术比较适用于民用产品，比如工业及消费类产品。对于军用设备不适宜使用这种技术，而主要依靠屏蔽技术和滤波技术。

10.2.4 时钟差共模辐射 PCB 设计

对于时钟信号，当存在高频高速数字通信系统且系统复杂程度较高时，在成本许可的前提下，增加地线层数量，将信号层紧邻地平面层可以减少 EMI 辐射。对于高速 PCB，电源层和地线层紧邻耦合，可降低电源阻抗，从而降低 EMI。

在实际的产品应用中，主板驱动控制信号的负载单元是屏显示器件时，典型的时钟信号建立差模与共模辐射的模型如图 10-38 所示。

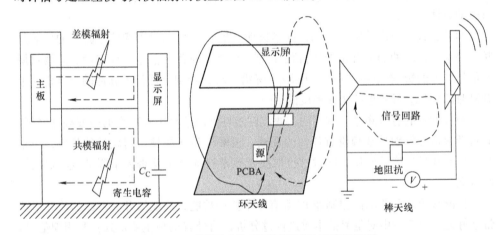

图 10-38 时钟驱动的显示屏辐射发射等效模型

如图 10-38 所示，在产品中用主控板的时钟驱动显示屏的差模发射主要是驱动信号/时钟信号的信号回流的路径设计，等效为环天线模型；共模发射主要是屏本体由于其自身结构的大小可等效为发射天线，激励源为信号回流在地阻抗上产生的电压降 V，等效为棒天线模型。

对屏时钟来说，其辐射主要分为信号电流（差模电流）回路产生的差模辐射和共模电流回路产生的共模辐射。在复杂系统采用多层板的设计时，有一些关键的结论需要注意：

1）时钟线、通信线（关键信号线）如果在 PCB 设计时跨分割，则可以在 30MHz ~1GHz 的辐射发射范围内引起 30dB 以上的辐射增加，应尽量避免信号线跨分割设计。

如果不可避免要跨分割，则在离跨分割一定距离处增加 1 个或 2 个缝补电容，推荐电容封装 0402，容值 100nF 离跨分割处距离不超过 6.35mm（250mil）。

2）时钟线、通信线（关键信号线）无论在两个相同性质的参考面间或不同性质的参考面间换参考，对 EMI 辐射的影响都非常大，会在 30MHz～1GHz 频率范围会导致 5～30dB 的辐射增加，应尽量避免关键信号换参考。

时钟线、通信线（关键信号线）在两个相同性质的参考面间换参考时，建议在离换参考过孔 2.54mm（100mil）的距离内增加 1 个或最好 2 个缝补过孔。关键信号在两个不同性质的参考面之间换参考时，建议在离换参考过孔 2.54mm（100mil）的距离内增加 2 个 100nF，0402 封装的缝补电容，由于增加缝补电容的效果有限，故在实际设计时，应当避免两个不同性质的参考面之间换参考。

时钟线、通信线（关键信号线）在与同一参考平面相邻的 2 个信号层上换参考时对辐射发射的影响比较小，是可以接受的。

对于其时钟电路 PCB 设计一般要求：时钟线是对 EMC 影响最大的因素之一，故在时钟线上应少打过孔，避免和其他信号线并行走线，且远离一般信号线，避免信号干扰的问题。时钟线应避开电路板上的电源部分，防止电源和时钟的相互干扰。时钟线还应尽量避免靠近输出接口，防止高频时钟耦合到输出的电缆上并沿电缆线辐射发射出去。对于共模电流的路径，减小分布电容参数可以减小流过发射天线的电流。

在实际的设计应用中晶振的辐射从哪里来？晶振的布局布线也是很关键的。

图 10-39 所示为晶振的 EMI 参考原理图及 PCB 布线。假如，PCB 内部有一条信号走线离晶振器件距离较近，信号线与晶振间存在分布电容，当晶振产生的噪声通过容性耦合的方式耦合到它下面的信号线时，使得这些信号线带有共模电压噪声 U_{CM}，如果这个信号线又延伸出 PCB 上的屏蔽体，就会将噪声带出屏蔽体，从而形成了典型的共模发射模型。

1）时钟晶体的布局：时钟晶体和相关电路应布置在 PCB 的中间位置，并且要有良好的接地层，不要靠近 I/O 接口位置。在 PCB 晶体电路区域只布置与时钟电路有关的器件，不要布设其他电路，晶体附件或者下面不要布其他信号线，在时钟发生电路、晶体下面使用地平面，如果有其他信号穿过该平面，就会存在地环路并影响地平面的连续性，这些地环路在高频时就会带来 EMI 的问题。

对于时钟晶体、时钟电路，可以采用屏蔽的措施进行屏蔽处理。当晶振外壳为金属，非单层板设计时，PCB 设计时需要在晶体下面敷铜，并保证此部分与完整的地平面有良好的电气连接（可通过多过孔接地）。

注意：晶振底下保证地平面完整的原因是多层板技术在应用中有着完整地平面的信号的回流信号，与信号本身方向相反、大小相等，能很好地相互抵消，可保证

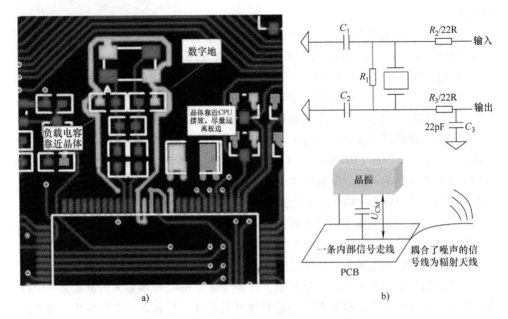

图 10-39　晶振的布局布线及辐射示意图

其良好的信号完整性和 EMC 特性。但是，当地平面不完整，回流路径中的电流与信号本身的电流不能互相抵消时（实际上这种电流不平衡是不可避免的），必然产生一部分大小相等、方向相同的共模电流，特别是晶振这种高频噪声器件，其共模电压会沿着附近的参考面，耦合到小电压信号激励连接的外部结构，使其成为一个辐射天线。

　　晶振的封装结构不同，其辐射能量也会有差异，SMT 封装的晶体将比金属外壳的晶体有更多的射频能量辐射，SMT 为表贴晶体，大多是塑料封装，晶体内部的射频电流会向空间辐射并耦合到其他器件。

　　2）时钟晶体的布线：对于多层板的设计，时钟线一定要走在 PCB 的内层，并且要走带状线，如果走在外层则要走微带线。走在内层能保证完整的映像平面，它可以提供一个低阻抗射频传输路径，并产生磁通量，以抵消它们的源传输线的磁通量，源和返回路径的距离越近，磁场抵消越好。由于增强了磁场抵消能力，所以对高密度 PCB 板的每个完整平面的映像层可提供 6~8dB 的抑制。

　　时钟布多层板的好处：有一层或者多层可以专门用于完整的电源和地平面，可以设计成好的去耦系统，减小地环路的面积，降低差模辐射，减小 EMI，减小信号和电源返回路径的阻抗水平，可以保持全程走线阻抗的一致性，减小临近走线间的串扰等。

　　案例分析：某产品有 LCD 显示屏，由带有高速时钟信号的数据驱动器通过插座上的 FPC 连接线缆驱动显示屏工作，其工作原理如图 10-40 所示。

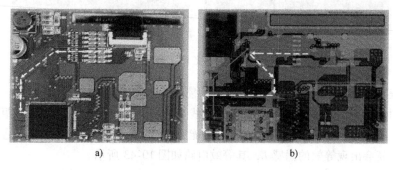

图 10-40　带高速时钟的数据驱动器驱动显示屏工作示意图

图 10-41a 中，实线为屏时钟走线，理论上 PCB 中的时钟回流紧贴着时钟走线（镜像回流），即按照图示虚线回流。

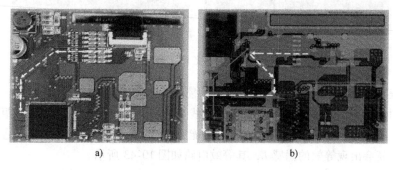

a)　　　　　　　　　　　　　　b)

图 10-41　数据驱动器驱动显示屏 PCB 信号回流示意图

实际上，在图 10-41b 中，将 PCB 中的地线高亮单独显示，看到实线时钟线附近的地并不完整，中间有一段是分割的，因此会导致时钟回流的时候寻找其他路径返回源端（如图 10-41b 虚线所示），没有按预期的回流路径回流，就增大了时钟信号回流的回路面积，加强了辐射发射，导致辐射发射超标。

如图 10-42 所示，用导线将分割的地连接起来，使屏时钟回流地完整。高速时钟信号保证地的完整性，高频下时钟信号线镜像回流。高速工作信号在 PCB 内部传输时，信号传送的回流会在回流路径上产生压降，如果有连接线电缆被这个电压所驱动，就会在连接线电缆上产生共模电流，微安级的共模电流就会导致发射超标。通过图示的优化 PCB 的方式减小高频信号的回路面积，从而减小回流路径上产生的电压降，通过辐射测试。

对于高速的传输线来说，镜像平面本来是给信号线提供一个回流路径，该回流路径最好是信号线走向的镜像，对于设计的地平面为镜像平面。当完整的镜像平面给信号高速信号线提供镜像回流，比如源电流和它的镜像路径非常靠近，信号线和 RF 电流回流路径中的电流大小相等方向相反时，差模 RF 电流就会被抵消，就像共模电感或互感一样。如果电流或磁通没有完全抵消，剩下的大部分电流会变成共模电压，并加到信号路径的电缆上。正是这个共模电压形成了共模电流激励源，导致了产品 EMI 辐射。为了最小化这个共模电流，必须最大化信号线和镜像平面间的互

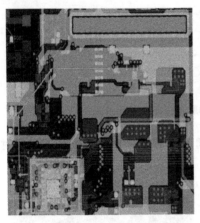

图 10-42　通过连接导线优化 PCB 信号回流流经示意图

感，以获取磁通的方式来抵消不想要的 RF 能量。

在图示的实际 PCB 设计中，由于信号线与信号回路线之间存在一定的距离，也就是说，上述的这种电流抵消或磁通不可能完全抵消。因此，当回流电流通过镜像平面时，就会出现等效的漏感 L，其等效电路如图 10-43 所示。

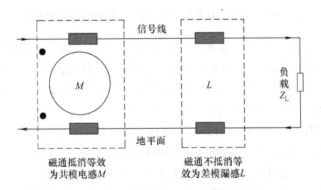

图 10-43　PCB 中高速信号回流等效电路图

如图 10-43 所示，当信号回流经过这个电感 L 时，就会产生电压降 $V(V = L \cdot \mathrm{d}i/\mathrm{d}t)$，磁通抵消的程度与信号线、PCB 中的回流地平面的结构有关，当信号线与回流镜像地平面越来越靠近时，这种抵消将越来越明显。即图中的漏感 L 越来越小，最终的结果是信号回流经过地平面产生的电压降越来越小。即共模电压越来越小。

镜像平面中的高速信号线回流的电流密度并不是像信号线一样完全集中在一根较细的 PCB 走线上，而是会位于布线中心正下方并从信号布线的两边快速衰减，通常 90% 的信号回流的电流密度分布在 10 倍 H（H 为信号 PCB 走线与镜像平面之间的距离）的范围内。如图 10-44 所示，这个范围为高速信号镜像回流的有效面积。

　　如图 10-44 所示，如果信号回流分布的地平面上出现过孔或分割，那么回流路径将被中断，镜像平面上的回流电流只能绕过这些区域。这也将大大减弱信号线和回流路径上 RF 电流的磁通抵消程度，从而增加大回流线路路径上多余的电感。

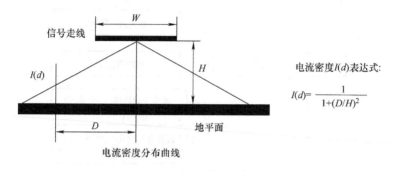

电流密度 $I(d)$ 表达式：

$$I(d) = \frac{1}{1+(D/H)^2}$$

图 10-44　PCB 中高速信号镜像回流电流密度示意图

　　在多层 PCB 中的地平面上，高速信号线布线对应一个较大的范围，比如图 10-44 中宽度为 10H 的任何过孔或裂缝都会影响镜像平面的完整性并产生 EMC 问题。在一些情况下，虽然信号线可以穿过过孔或裂缝之间，但是只要地平面的面积不足以覆盖高速信号线镜像回流的有效面积，那么就会产生 EMC 问题。

　　在通孔元器件间布线时，使布线和通孔空白区域间需要满足 10H 规则。即镜像平面需要有信号线到地平面距离 10H 倍的宽度，才能有较好的效果。举例说明，假如一块厚度为 1.6mm，间距均匀分配的 4 层板，其层间距为 0.4mm，那么距离时钟线的 2mm 范围内的地平面上不能有信号穿孔和裂缝。

10.3　产品传导发射超标的测试与整改

　　产品在 EMC 实验室一定会有测试失败的情况，这是经常发生的。由于实际情况的复杂性，即使是有经验的设计工程师也不能一次通过测试，当出现测试失败时，需要先分析出问题的原因，再进行整改。这时需要一些基本的思路和方法。当然如果想通过一个所谓的标准测试步骤来解决所有的问题也是不可能的。每个问题都是不同的，并且也需要在特定的环境下才能找到。通常有两个方面的解决问题的基本策略。一方面是要了解这个信号是从哪里来的；另一个方面是它的差模、共模电流是如何流到测试设备的。不建议随机增加一些铁氧体磁珠、铜箔胶带、滤波电容来增加不必要的成本。

10.3.1　测试与整改的步骤

　　图 10-45 所示为 EMI 传导发射整改的实施流程图，不同的实验环境下测试获得的结果会有差异，如果问题来源于内部，则可以优化 EMI 滤波器，即输入滤波器的

参数及电路设计，如果是在外部的近场耦合，则有可能怎么优优滤波器都不会有好的改善，这时就需要先优先消除外部的干扰源。内部的问题需要判断传导发射的性质，它是共模还是差模的干扰，然后再来进行上面的流程方式操作。

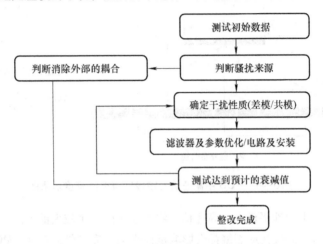

图 10-45　传导问题的测试与整改流程图

10.3.2　优先排除外部耦合

如图 10-46 所示，假如产品及设备有一根电源线，一根信号电缆在进行电源线的传导发射时，发现有一个超标的点，而在整改的时候，在信号电缆旁边套了一个铁氧体的磁环，结果这个传导发射就降下来了，这就是外部电缆与电源线耦合的典型案例。在这个情况下，就必须要排除这个电缆的耦合才能改善电源线上的传导发射，否则无论做怎样的改善，电源线滤波器都是没有改善的。

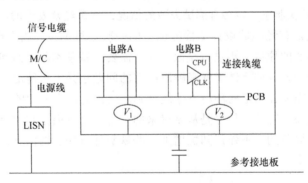

图 10-46　传导问题的外部耦合路径

除了内部器件的近场耦合外，电源线和电缆的耦合也是需要注意的。在图 10-46 中，有一根信号线和一根电源线。在这些线上都会有共模电压，由于电源线和电缆线之间存在互感，线与线之间存在分布电容，因此它们之间就会发生耦合，就会把信号电缆上的共模电压 V_2 耦合到电源线上来，这时在 LISN 上测试到的干扰不仅仅是 V_1，还有 V_2。那显然是无论怎么消除 V_1 系统的传导发射，其结果仍然会超标。

10.3.3　区分差模共模传导

当能排除外部耦合影响后，产品及设备的传导发射就是来自内部的干扰，就需要区分传导发射的性质是共模的还是差模的路径。基本思路是在总的发射里面把共模或者差模干扰采用差共模分离器将它分离出去，分离出去后，观察到的就只有共模噪声或者只有差模噪声。

在实际工作中，最简单的操作方法是可以直接在电源线输入端增加大的 X 电容（比如 $1\sim5\mu F$），观察实际的传导测试超标的频点是否有变化，如果有明显的变化，则存在差模传导问题。如果没有变化，则可以说明是有共模传导问题。

有时在产品中设计有滤波器电路的措施，需要注意滤波器电路的近场耦合问题。同时，还需要注意滤波器件之间共模电感和电容等之间的近场耦合。

图 10-47 中，DM 为差模电流路径参数；CM 为共模电流路径参数；I_{DM} 为系统的差模电流；I_{CM} 为系统的共模电流。

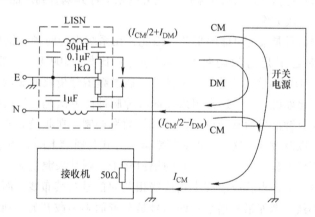

图 10-47　区分差模、共模传导的问题

采用差模与共模分离器，产品中的开关电源系统在进行传导发射时连接了 LISN，LISN 用 50Ω 的阻抗来代替。共模电流是通过分布参数流向参考接地板的。差模电流在两相线之间（L 线与 N 线），共模电流在两相线与地（E）之间（L 线与地，N 线与地），通过图中的表达式将流过 L 线与 N 线的两路输出相加、相减就可以获得相应的共模电流和差模电流，从而得到传导测试频段内的共模测试数据及差模测试数据。

如果知道了差模干扰及共模干扰的情况，则对于差模干扰在电路中就需要增加差模干扰的措施，比如增加该频段的阻抗或插入损耗。对于共模干扰在电路中就需要增加共模干扰措施，比如增加该频段的阻抗或插入损耗。其设计参考第 8 章 EMI 输入滤波器的设计。

当传导发射超标时，首先要判断出干扰来自哪里，是来自于产品及设备内部还是来自邻近的其他电缆。如果干扰发射来自产品内部，则需要判断传导发射的性质是差模还是共模的路径，再来制定具体的整改措施。

10.4　产品辐射发射超标的测试与整改

产品辐射发射超标的问题是产品中的噪声源传递到产品中的等效发射天线模型再传递发射出去的。其产品中的等效天线模型对应到产品内部的 PCB，主要表现为很多的小型单偶极子天线和众多的环路天线模型。单偶极子天线受共模电流影响，环路天线受差模电流影响，因此辐射发射的整改是减小噪声电流（差模电流与共模电流）流向等效的发射天线模型。对比传导发射的整改，辐射发射需要做哪些准备？由于辐射发射测试数据需要系统在屏蔽暗室和测试接收天线的组合。因此，需要进行分析。

信号是从哪里来的？一些有经验的工程师在处理不通过的产品时，往往会忽略这个问题。如果知道信号是从哪里来的，就可以来追踪其耦合到产品机壳外的路径，然后决定最佳的解决方案。

时钟及数据信号是最为可能的来源。因此，在系统中的时钟频谱以及其谐波是多少？这些频率是不是与问题吻合的频率点？比如，100Mbit/s 的速率基频是 50MHz，则每 50MHz 的倍数就是其一个谐波。通过频谱分析仪的显示有没有提供任何其他的信息？比如说，一个通常用来降低时钟脉冲的方法是使用展频技术的时钟信号。此方式对时钟信号的基频以及谐波进行频率调制，在频谱分析仪上显示的图形就会明显降低以及散开。这一简单的频率调制方式与通信上的展频通信是无关的。如果在频谱分析仪上显示的信号是展开的辐射样子，则其来源就应该是开启了展频功能的时钟信号。关注点就应该集中到这些相关的信号及其布线，而不需要管其他的信号。反之亦然，即如果频谱显示的信号是窄带而不是散开的，则就可以不要管展频的时钟信号。另一种可能在频谱分析仪上看到的信号不像是窄频信号的谐波也不像是展频信号，可能来源于其他信号源的辐射，通常是随机的宽带噪声的集合。因此，了解这些辐射的来源可以在进行整改时排除一些不相关的信号。

信号是如何跑出屏蔽机壳的？弄清楚信号的来源后，就可以开始分析信号了。首先看移动或移除各种连接线缆时，辐射的强度是否有很大的影响。大多数产品的屏蔽机壳实质上都很小，所以其本身不会是有效的辐射器。当把各种连接线线缆加到产品上时，这些线缆的辐射就会比这个产品在电气上大了很多，并且会变成较有效的辐射器。信号要从屏蔽机壳出去有三种方法。

1. 由产品结构的孔洞、开口、缝隙泄漏出去

如果是由孔洞、开口、缝隙泄漏出去，则一个常用的测试方法是使用近场探头在机壳旁边进行侦测。这个方法通常可以协助找出造成辐射的开口，但是通常找到的也可能并非真正造成问题的位置。实际上，这个测试通常会指出某个封闭的金属角落或是封闭平面的中心点是泄漏源头。这个错误的指示是因为近场探头的工作原理导致的，也就是说，它所测量的是电流在金属表面产生的磁场。一旦信号从开口泄漏出去，不论开口在哪，只要此结构大小是合适的，就可能产生一个与实体大小有关联的共振，信号就会增强。这个共振会造成在结构上的 RF 电流，其电流的峰值位置由辐射的波长控制，而与实际的泄漏位置不相关。当频率在半波偶极子处的共振点时，最大的电流会在天线的中央位置，与实际的信号馈入点无关。

使用接触式的电场探头是较好的方式，使用此种探头时，先将频谱分析仪调整到超标的频点，然后将探头跨越所要测量的各个孔洞位置，可以很快测量到该孔洞信号泄漏的最大值，再采用铜箔胶带暂时贴在孔缝隙上，从而验证是否可以得到改善。如果这个有问题的信号无法在任何的缝隙或孔洞上找到，则这个信号可能就是由别的方式跑出机壳的。

如果发现某一缝隙有很大程度的泄漏，则可以使用导电泡棉，或采用对辐射的源头进行滤波的方式加以解决。

2. 经由机壳的屏蔽传导到线缆以及未屏蔽的线

经由机壳的屏蔽传导到线缆以及未屏蔽的线是一个常见的辐射的原因，可以把导线拿掉或是移动位置，从而发现哪些导体线缆是主要问题。根据前面的方法可以用电场探头来协助分析哪一个连接器是泄漏的源头。随着噪声信号跑到连接器引脚的原因不同，会看到不同的结果。通常，这个信号为共模信号，而所有引脚的噪声信号都是一样的能量强度。实际上并非如此，其中的某条或几条导体的杂讯能量可能比其他的导体要强。如果能找到泄漏的引脚，则可以在布线上采用滤波的方式，或是在噪声源的源头加滤波器进行处理。

3. 由不理想的屏蔽线缆连接接触泄漏到机壳

电缆的屏蔽应该要 360° 的搭接，还要考虑搭接阻抗的问题，军事产品一般这样做外，而对于普通产品，线缆屏蔽可能是缠绕的铜箔或是编织的金属线或是组合使用。由线缆屏蔽连接到机壳屏蔽的品质有很大的差异。最简单的方式是使用一条导线接触到线缆屏蔽的铜箔片或编织网，然后连接到机壳连接器上的接地脚。较牢靠的方式是使用金属连接器的外壳挤压到线缆的屏蔽层，然后此外壳再接触到机壳上的连接头。不管使用哪种方式，在线缆屏蔽与系统机壳之间必须要低阻抗连接。如果不是低阻抗，则电流在此阻抗上流过就会产生电压，导致辐射的发生。

在实践中，可以采用电场探头或电压探针来找寻哪一个线缆屏蔽是泄漏的源头。用此探针来测量线缆屏蔽与机壳之间的电压。一旦找到了泄漏的线缆屏蔽连接端，

可以改变其连接方式，或者是在信号的源头处进行适当的滤波来解决问题。

了解信号从哪里来的是非常重要的。如果信号可以在其源头控制住，那就不会造成系统信号泄漏的问题，因为杂讯信号的来源已经没有了。如果无法在源头处控制，那就要了解信号是如何从机壳中泄漏出去的。还需要重点关注的是信号的源头以及泄漏点间耦合的机制。通常如果产品在进行 EMC 测试实验中不通过，再想改善其耦合机制就太晚了。控制其耦合机制可以减少其解决问题的时间，比如时钟信号传递到泄漏缝隙的方式有很多种，最有可能的方式是信号在机壳内辐射，然后再由开孔泄漏出去。经过缝隙附近的一条内部线缆或走线也可能会造成缝隙的泄漏。有时移动内部线缆的位置就可以降低辐射的强度。时钟信号可能会耦合到其他的信号导体而进入内部线缆，然后辐射出去。一旦找到了耦合的机制，就可以加以控制。

10.4.1　测试场地及数据的准备

为了能够测量辐射发射，通常需要一个背景噪声低于辐射发射限制值 6dB 及以上的空间，这样的空间大小应该能放下测试设备和接收天线。天线与测试设备的距离应该保持在 0.5m 以上。由于这个环境只是用来进行测试整改的，因此对环境和天线并没有特别严格的要求，整改时看到的是一个相对的数据。为了保证背景噪声低于辐射发射限制值 6dB 这个条件，一般都需要一个小的屏蔽暗室或者是一个屏蔽房，在内部需要有吸波材料以减少电磁波的反射。天线的频率范围能够覆盖到产品系统所能关注的频率范围，天线的灵敏度能够满足测试辐射发射要求。

测试数据的准备，由于在自己的测量环境和认证试验室的测试环境会不一样，因此在两个环境里面测试的辐射发射的数值也是不一样的。所以需要在自己的环境里面先获得一个参考的数据值，然后以参考的数据为基准来决定整改以后，产品及设备的辐射发射数值应该降低多少。具体的参考方法如下：先根据认证试验室提供的测量结果把每个超标点记录下来，假如测试一个辐射数据在 68MHz 左右超标数据是 10dB，这时需要在本地测量一个数据值，注意这个数值可能和实验室的认证的数据差距很大，此时不需关注它的绝对数值，而只需要关注相对数值即可。根据超标的 dB 数确定需要整改的目标值，同时再留有 3dB 的裕量值，这时通过整改使它降低 13dB 就可以了。

注意：超标的频点是不变的，整改后也是能看到的，这与灵敏度有关。

10.4.2　仪器和配件的准备

在辐射整改时，系统越复杂，EMI 的问题也越复杂。通常采用相关的仪器及工具可以进行辅助定位和分析，为整改提供噪声源的干扰路径及源端的定位。推荐常用的工具有频谱分析仪、近场探头、电流卡钳、射频放大器等。

频谱分析仪主要用来检测辐射，它的频率范围应该能够覆盖所关注的频率范围灵敏度，满足测量的要求，对问题进行测试整改后，能看到整改后的这些超标数值的辐射强度的变化情况。

在 8.3.1 节中，使用电流卡钳或者是电流探头，主要是检测电缆线上的共模电流，电缆上的电磁发射可以通过它上面的共模电流来进行预测。因此在进行整改的过程中，通常会测量电缆上的共模电流，分析这根电缆上是不是能产生过强的电磁发射。

如果系统中还有高频时钟的问题，则此时还需要近场探头，利用它可以测量产品及设备机箱上的孔洞和缝隙的泄漏，利用电场探针进行辅助分析是个好的方法。有时还需要准备一台射频放大器，因为近场探头和电流探头所探测的信号的幅度非常微弱，如果没有放大器，则频谱分析仪可能看不到数据，它的放大倍数可以在 20～40dB 之间，同时射频放大器的频率范围能覆盖所关注的频率范围。

10.4.3　必要的器件准备

辐射发射的整改还需要准备如图 10-48 所示的器材。使用屏蔽胶带，它的作用是把两个导体连接起来，比如屏蔽电缆的屏蔽层的一端用屏蔽胶带端接后连接到机箱机壳，也可以在机箱上的一些孔缝上使用屏蔽胶带来减小孔洞和缝隙的泄漏。使用铁氧体的磁环或高频的绕线磁环，铁氧体磁环是消除电缆辐射的非常有效的器件。这时需要准备不同特性的磁环，这样在判断辐射源时就简单了。如果安装或使用一个磁环后它的辐射降下来了，则说明这个电缆确实是辐射源。另外还可以使用电缆的屏蔽套，这些屏蔽套可以把电缆屏蔽起来，同样可以减小电缆的辐射。如果有条件还可以使用不同容量的共模滤波电容，这也是减小电路及电缆辐射有效的一种元器件。

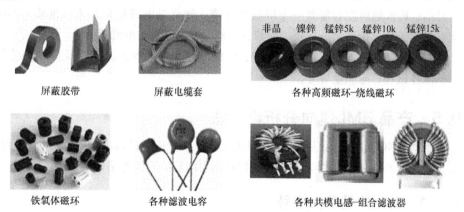

屏蔽胶带　　　　屏蔽电缆套　　　　各种高频磁环-绕线磁环

铁氧体磁环　　　各种滤波电容　　　各种共模电感-组合滤波器

图 10-48　EMI 整改需要的器件示意图

如果条件允许的话，还需要准备一个安装在电源线上的滤波器，如果不能使用滤波器，则可以使用各种共模电感的组合滤波器件进行测试。这个方法是用滤波器器件串联在电源线上，然后判断电源线的传导发射是否是导致辐射发射的原因。如果串联器件后辐射发射明显降低了，那就说明电源线肯定是问题点。

注意：铜箔胶带的正确使用对整改辐射发射也是比较关键的。

在实际中，整改工程师经常使用这种铜箔胶带或者导电布的胶带，实际上起到作用的场合很少。首先不论使用的方法是否正确，在材料的选择上面就有很多的导致犯错的陷阱。再次需要区分有些胶带虽然是铜箔的或者是铝箔的或者是导电布的，但是它的背胶只是普通的压敏胶，如果是使用了这种胶带就会浪费时间来进行整改，而达不到预期的效果，因为这种胶带达不到连接导电的效果。那么怎么来辨别胶带的真假呢？准备两个导体，用使用的胶带把它们粘起来后，再来测量一下这两个导体是否导电就可以了。如果不导电，则说明它就不是屏蔽胶带，而只是铜箔或者铝箔胶带，如果导电就说明可以使用它来当屏蔽胶带使用。在使用屏蔽胶带时，为了让它的导电性充分地发挥出来，需要将它进行充分的压紧，保证接触点有最小的阻抗的搭接。

对于普通的共模滤波电容，一般安装在屏蔽电缆的连接器上面，也就是电缆进出机箱面板的位置，在安装时，这种设计需要注意它的电容值不能太大，电容值大了可能导致有用信号被衰减，因此滤波电容的方法只适用于电缆上面传输的信号的频率远远低于干扰频率的场合，远远低于的含义是指相差 10 倍及以上。如果它们相差得很近那就不能使用这样的方法，因为它在衰减干扰频率时，也会将有用信号电流衰减。

共模滤波电容的安装方式及特点主要体现在：安装在端口的地方；电容的接地一定要保证低的阻抗。

总结：整改辐射发射需要一个屏蔽的环境，使背景电磁噪声低于标准要求 6dB以上。基本工具包括频谱分析仪、射频放大器、近场探头、电流探头等。

需要的测试整改器材包括屏蔽胶带、电缆屏蔽套、电源线滤波器及共模电感器件、铁氧体磁环、滤波电容等。

10.5 产品 EMI 逆向分析设计法

在面对 EMC 问题没有思路时，可以用反向思维，从测试得出的数据进行推测分析，即逆向分析设计法。列举几个常见 EMI 辐射问题的分析思路以供参考。

10.5.1 有规律的单支信号

有规律的单支信号大部分都是时钟信号，因为时钟是一个稳定的单一频率信号，所以在频率上呈现为一根根的单支，且测试数据也不会太低，大多数时钟超标的同时，它的倍频也会呈现相应的状态。

如图 10-49 所示，在分析数据时，只要对比每个单支之间的差数，基本就可以确定问题点。

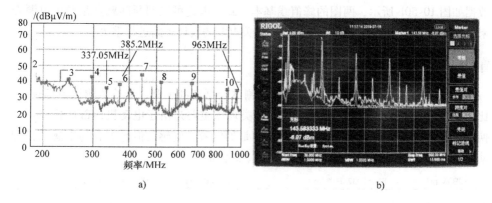

a)　　　　　　　　　　　　　　　b)

图 10-49　有规律单支信号的频谱

例如：48.15MHz 的时钟问题，分析 5 号点和 6 号点的频率是 337.05MHz 与 385.2 MHz（385.2 − 337.05 = 48.15），且第 11 号点为 963MHz = 48.15MHz × 20。

在确定问题点后，再在原理图或者 PCB 图上找到相关时钟信号，通过在电路板上用频谱分析仪进行排查和确认，可以很快确定问题电路并进行整改。在图 10-49b 中就是利用频谱分析仪在产品上实测得到的频谱图，与图 10-49a 测试数据点基本吻合。144.45MHz = 48.15MHz × 3，对于此类问题可以采用展频的方法来进行改善，效果也是很明显的。

10.5.2　低频连续性信号

如图 10-50 所示，除了时钟信号的单支问题外，常见的还有低频大包络，其超标频率范围小于 200MHz，这类低频大包络一般对应的是离散信号，对应的频率变化范围比较大，一般是频率比较低的电路，比如开关电源电路。

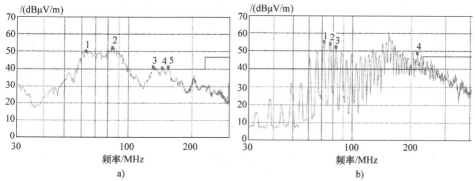

a)　　　　　　　　　　　　　　　b)

图 10-50　包络连续性的频谱

第 10 章

图 10-50a 是产品开关电源系统在整机中的 EMI 测试数据图,通过分析测试频谱可以看到 50~100MHz 频段的噪声整体偏高,对产品中电源模块单独进行测试,测试数据如图 10-50b 所示,两图的峰值线基本一致,因此可以判断问题点是开关电源带来的 EMI 问题,其解决方法可根据前面开关电源的设计思路进行整改。

10.5.3 杂散无规律信号

分析如图 10-51 所示的测试频谱,其测试数据杂乱无章,且整体测试值都较高,比较常见的是有刷电动机产生的噪声。此类现象主要是由于电动机内部碳刷在不断换向拉弧所产生的,整改方法比较常见的是加电容、电感,但是电容与电感的搭配使用也不能有效抑制这类整体超标都很严重的波形。

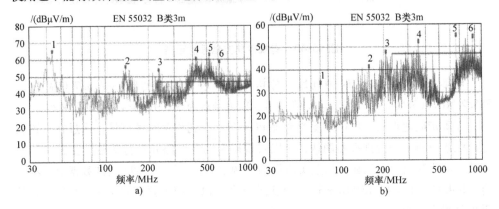

图 10-51 杂散无规律的频谱

图 10-52 所示为在原来 LC 滤波的基础上,再针对高频部分进行增加共模电感及

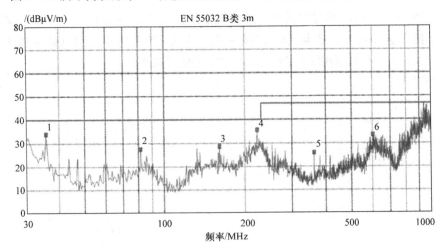

图 10-52 通过两级 LC 滤波后的频谱

Y 电容的两级滤波，目前像深圳韬略科技公司还提供专用的 BDL 器件，对此类问题的整改帮助较大。图中使用二级 *LC* 滤波后，测试数据整体都有所下降。

10.5.4　整体底噪高

还有一类波形与电动机波形很类似，数据没有那么杂乱无章，但是整体底噪都偏高。一般是高频电路接地阻抗问题，需要采用多点接地降低地阻抗。

图 10-53 所示为某产品采用两个模块插接设计，仅有单点接地，EMI 测试时的频谱曲线，产品的两个模块采用 PCB 互连的方式。

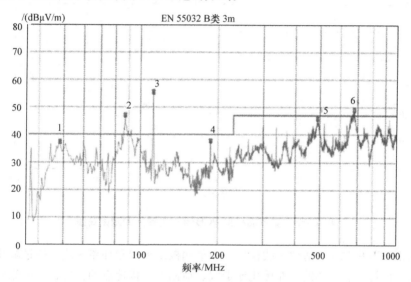

图 10-53　测试整体底噪较高的频谱

图 10-54 所示为对产品在 PCB 上的整改，在对被测产品进行分析的时候发现 PCB 两个模块仅有单点 GND 进行连接，对其进行多点接地后，测试发现数据有明显下降。

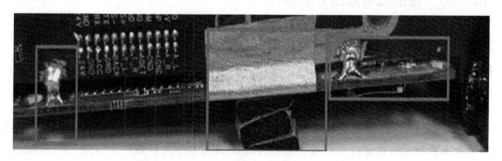

图 10-54　某产品采用 PCB 互连及整改图示

图 10-55 所示为仅仅将 PCB 的单点接地改为多点接地后的测试数据，其整体底噪下降。从频谱图中可以看出还有单支的频点超标的数据点，由此可以得出其 PCB 互连上还有时钟信号走线。这时设计就需要考虑信号回流的地阻抗产生的共模电压影响。

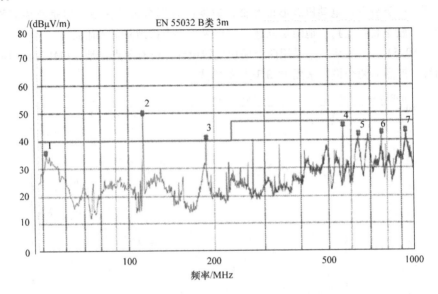

图 10-55　某产品采用 PCB 互连整改后的测试曲线

优化 PCB 中的两个等效天线模型，即单偶极子天线和环路天线。通过减小共模电流和优化差模电流环路，即优化地走线、地回路、接地点的位置，减小流向等效发射天线的电流，达到优化产品中的 EMI 辐射发射问题。

通过上面的测试数据的总结，以后在面对 EMC 问题不会过于迷茫和畏惧，对于 EMI 问题的整改方向还可以从数据结果进行逆向分析，一步一步地锁定并解决问题。

10.5.5　辐射试验数据分析技巧

电磁干扰辐射发射是电磁兼容中最难的部分，在应对实际问题时都会面临一个难题，就是书中介绍了不少解决方案，但是解决方案的哪些方法才是真正的有效措施仍不清楚。这是一个非常实际的问题，可以通过测试一些数据进行分析，得到一些原则与判断技巧。

1. 确认辐射极化

EMI 辐射发射的测试接收天线分为水平与垂直两个极化，噪声必须要在天线为水平及垂直测量时皆能符合规范，测量天线要测量水平及垂直两个方向，除了要记录到辐射最大时的读值外，还能显示出噪声的特性，可以初步推断造成辐射问题的重点，对于产品细节的调试有参考意义。

1）水平与垂直读值有差异。首先要了解天线理论，辐射的基本理论来源于天线，对于大多数电子产品，辐射源以环形电流天线为主，而接收天线多为鱼骨天线或者喇叭天线。先假设发射与接收天线皆为偶极子天线，接收天线固定为水平，发射天线则分成水平和垂直两种。

2）当发射环形电流天线与接收天线方向相同时，由于发射和接收天线的电磁波为水平极化，故共振接收的强度最大。

3）当发射环形电流天线与接收天线方向不同时，由于发射天线的电磁波为水平极化，而接收天线的电磁波为垂直极化，故共振接收的强度最小。

4）若水平噪声较高，则必须要注意在待测桌上水平部分较长的线缆或产品内部水平方向的电流环路。

5）若垂直噪声比水平噪声高，则必须考虑在垂直方向的产品外部线缆或者产品内部垂直方向的电流环路。

注意：AC 电源线，因为 AC 电源线一般皆沿桌面下垂，所以当 AC 电源线被耦合到噪声时，会使得天线在垂直方向噪声增大。由于 AC 电源线无法通过拔掉来判断噪声是否存在，所以不容易很快判断。对于低频的噪声（小于 200MHz）可以用多个铁氧体磁环夹住，看噪声是否降低，如果噪声降低则表示噪声是由电源线辐射出来的。对于高频的噪声（大于 200MHz）则可将电源线位置改变或左右摇动，看噪声是否有变大或变小，如果噪声会随线的位置而改变，则表示噪声是由电源线所辐射发射出来的。

6）当水平和垂直噪声的读值一样高时如何判断？这种情形通常表示噪声源比较强，内部的各种导线很容易受到耦合，比如使用某些噪声较强的 IC 或 CPU 的时钟信号、数据驱动信号。这时因为噪声能量较大，所以往往要从电路板内部与器件的布局布线及接地来进行详细的分析。

注意：对策方法不止一种，诊断的方法也不止一种，可以用其他方法再仔细地分析问题。

2. 确认辐射角度

对于一个天线，除了特定设计的全向天线外，一般都为定向天线。对于辐射源也是，在 EMI 测试时，待测物的桌子要旋转 360°，记录最大的噪声读值，这个角度其实就是环形电流天线定向增益的最大角度。

当发现噪声无法符合水平和垂直极化的判断方法时，便要将待测物旋转到最大的噪声位置，由于电子产品噪声的辐射发射往往会在某一个角度最大，而此时待测物面向天线的位置，往往是造成辐射的来源，所以通常要分析这个位置的电路模块、连接线缆或屏蔽效果。

3. 确认辐射模态

确认过极化和角度后，还要分析噪声的模态。当发现噪声辐射非常高时，要先考虑产品内的滤波、接地与屏蔽的问题。造成共模噪声辐射的原因则主要是传输线的匹配、隔离和滤波，包括电路板上的传输线、产品内部的各种连接器及线缆和外部的连接器及线缆。

通过某物联产品测得的 3m 水平极化辐射结果与其背景噪声进行对比分析。

如图 10-56 和图 10-57 所示，给出对比测试结论：对于共模噪声，在频域表现为拉高整个频带的基线辐射；差模噪声则表现为辐射强度远超出基线的单独几个频点。因此共模辐射是大多产品辐射超标的问题点。

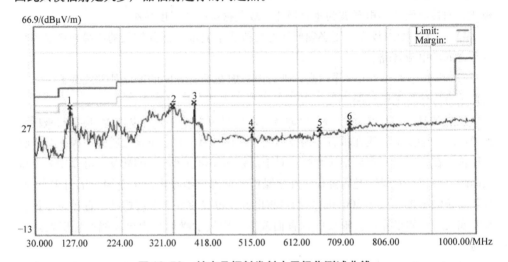

图 10-56　某产品辐射发射水平极化测试曲线

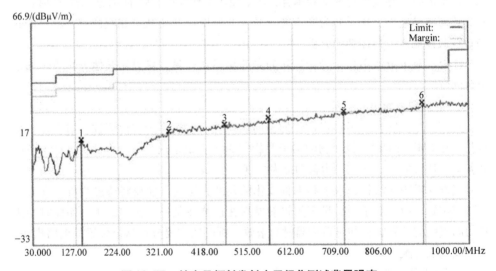

图 10-57　某产品辐射发射水平极化测试背景噪声

在实际电路板上，噪声的能量是同时会分布在参考地和电源线与信号线上，所以当参考地的面积加大或参考地的噪声减小时，不仅共模噪声的辐射可降低，同时差模噪声的辐射也会随之降低，因为原先在信号或电源线上噪声的能量一部分可以通过地作为返回路径，所以辐射能量发射减少，当辐射的能量相对减小后，相对地噪声在电源线与信号线所辐射的能量也会减少，这二者之间往往存在着相互转换的关系。

注意：在晶体或开关器件环路中加一些电阻、电容、电感滤波，通常无法有效地抑制噪声，反而有可能因为滤波器自身的谐振特性抬高其他频率的噪声，但通过针对共模进行良好的接地、隔离、屏蔽后往往收益明显。通常设计工程师认为只要在适当的地方预留滤波对策即可，结果花了不少时间却没能根本解决问题。这是因为没有先对噪声的特性做评估，同时缺少信号模态观念，所以有时低频噪声抑制下来，结果高频又出现问题。

4. 确认辐射谐波

从部分辐射干扰的频谱图可以看到某些等频距的噪声，这些等距的噪声即为噪声的高次谐波，通常可由其可判断噪声源。

如图 10-58 所示，分析等距噪声差约为 24MHz，这表示由一个 24MHz 的时钟 CLK 信号造成，或者是经过除频后有 24MHz 的信号产生。物联产品上通常会使用多个晶体产生不同的时钟源，利用这个方法可以很快确定是哪一个晶体或者时钟造成的，然后再做对策，这样可以省去多次排查的时间。

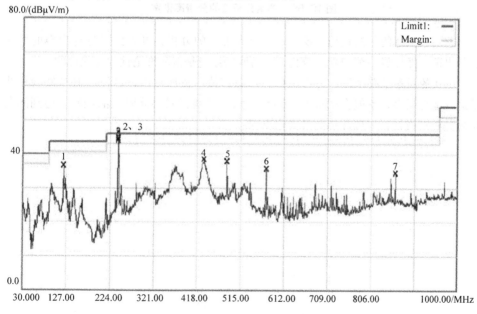

图 10-58　某产品中时钟信号产生的辐射发射

5. 展开技巧

除了使用谐波的观念来判断噪声的来源外，通过频谱分析仪还可将噪声点展开来判断，也就是将频谱分析仪的 Span 减小，然后分析产生机理。

造成辐射噪声的原因很多，而产品也可能有多种功能器件会引起噪声干扰，通常频谱分析仪 Span 设定为从 10MHz 测到 300MHz，因为带宽设定太大，故噪声几乎都是以一支一支的状态显现，如果将频谱的 Span 减小，此时便可发现展开后的波形是不一样的。

如图 10-59 所示，在 10MHz 的 Span 图中是单支噪声，但是将 Span 降至 5kHz 后，可看出类似方波的波形上还载有另一种波形，透过这种分析也可作为噪声来源的判断。

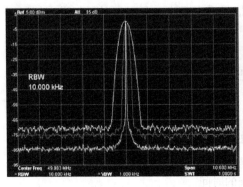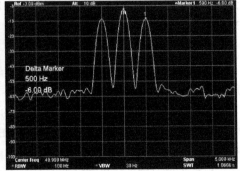

图 10-59　频谱分析仪的分辨率带宽

总结：上述的分析技巧主要基于一个大方向的分析，可以先将各种噪声的特性区分出来，然后做一个初步的分析，所得到的结论是偏向推论性与经验性的。

EMI 的对策是有系统、有方法的，切忌直接一直加对策，这样的对策经验往往是运气成分居多，不但会造成冗余设计，而且只能积累出局限性的经验。遇到问题应先分析再设计，实现性价比最优化原则。

附录　EMC术语

----

1. 电磁兼容（Electromagnetic Compatibility，EMC）：可使电气装置或系统在共同的电磁环境条件下，既不受电磁环境的影响，也不会给环境造成影响。

2. 电磁环境（Electromagnetic Environment）：某个或给定场所的所有电磁现象的总和。

3. 电子产品及设备（Electronic Products and Equipment）：采用电子技术制造的依靠电流、电压或电磁场才能正常工作的产品及设备，以及可以产生、传输和测量电流、电压及电磁场的产品及设备。

4. 机械架构（Architecture）：组成电子电气设备的各个部件在产品中的相对位置。

5. 电路原理图（Electrical Circuit Schematic Diagram）：表达电路连接关系的图。

6. 印制电路板（Printed – Circuit Board，PCB）：电子元器件的支撑体，并提供电子元器件的电气连接。

7. 接地（参考）平面［Ground（Reference）Plane］：一块导电平面，其电位用作公共参考电位。

8. 寄生电容（Parasitic Capacitance）：分布在导线、线圈和机壳等导电体之间以及某些元器件之间的非期望的分布电容。

9. 高速信号（High – Speed Signal）：对数字电路及信号而言，由信号的边沿速度决定，一般认为信号上升/下降时间小于4倍信号传输时延的信号。

10. "脏"信号/电路（Dirty Signal/Electrical Circuit）：容易被外部干扰注入或产生电磁发射信号或元器件的信号/电路。

11. "干净"信号/电路（Clean Signal/Electrical Circuit）：不容易受到干扰也不会产生明显电磁干扰（EMI）噪声的信号或元器件的信号/电路。

12. 噪声信号/电路（Noise signal/Electrical Circuit）：在电磁兼容领域里，包含易产生电磁发射干扰的信号或元器件的信号/电路。

13. 敏感信号/电路（Sensitive signal/Electrical Circuit）：在电磁兼容领域里，包含被电磁干扰的信号和元器件的信号/电路。

14. 特殊信号/电路（Special signal/Electrical Circuit）：包含因EMC性能方面需要

特殊处理的信号或元器件的信号及电路。

15. "0V"工作地（0V Ground）：PCB 中用走线及平面来实现地布置的导电金属体。

16. AC – DC 变换器（AC – DC Converter）：一个把交流电转为直流电的器件，通常是指离线变换器，其中交流电被整流为直流电，包括功率因素校正或者其他功能。

17. DC – DC 变换器（DC – DC Converter）：把一个直流电压转换成另一个直流电压的电路。

18. 功率变换器（Power Converter）：利用电感及电容滤波配合高频开关作用，从而将直流输入电压转换为不同直流输出电压的电路。

19. 一次侧（Primary）：隔离电源的输入部分，它接到交流电源，因此带有危险的高电压。

20. 二次侧（Secondary）：隔离电源的输出部分，该部分与交流电源隔离，从而保证人员在带电系统中工作时的安全。

21. 开关频率（Switching Frequency）：在开关电源中直流电压接通和关断的速度。

22. X 电容（X – Capacitor）：为短路两导线间的干扰电压而接在两根电源线之间的电容器。

23. Y 电容（Y – Capacitor）：电源转换模块一般要求在电源线与大地间加上旁路电容，以旁路共模噪声及局限噪声在转换器内部。工作时会产生泄漏电流，因此需使用一类专门的电容，称为 Y 电容，其符合相关的标准认证。

24. 脉冲宽度调制（Pulse Width Modulation，PWM）：开关电源类使用的电压调整方法，通过改变脉冲序列的宽度控制输出。

25. 地平面完整性（Ground Plane Stabilisation）：通过敷铜等手段实现完整的 0V 平面以降低地阻抗。

26. 共模电流（Common – Mode Current）：指定"几何"横截面穿过的两根或多根导线上的电流的矢量和。

27. 差模电流（Differential – Mode Current）：一对信号线上流过的电流。

28. 共模干扰（Common – Mode Interference）：干扰电压在信号线及其回线或信号线与地线上的共模电压引起的电磁干扰，方向相同。

29. 差模干扰（Differential – Mode Interference）：作用于信号线与信号回线之间的差模电压引起的电磁干扰，其作用于信号回路时，在信号线及其信号回线上幅度相等，方向相反。

30. 远场（Far Field）：由天线发出的功率密度近似地与距离的二次方成反比关系的场域。当是偶极子天线时，该场域是大于 $\lambda/(2\pi)$ 的距离，λ 为辐射波长。

31. 场强（Field Strength）：测量可以是电场分量或磁场分量，可以采用 V/m，

A/m 或 W/m^2 等单位，并可相互换算。

32. 电磁干扰（Electromagnetic Interference，EMI）：干扰引起的设备、传输通道及系统性能的下降。

33. 干扰（Disturbance）：任何可引起装置、设备系统性能降低或对有生命或无生命物质产生损害作用的电磁现象。

34. 噪声（Noise）：环境、电路中无意或无用的信号。

35. 被测设备（Equipment Under Test，EUT）：被测试的设备。

36. 线路阻抗稳定网络（Line Impedance Stabilization Network，LISN）：能在射频范围内，在 EUT 端子与参考地之间或端子之间提供一个稳定阻抗，同时将来自电源网络的无用信号与测量电路隔离开，而仅将 EUT 的干扰电压耦合到接收机的输入端。

37. 发射（Emission）：从信号源向外发出电磁场能量的现象。

38. 辐射发射（Radiate Emission）：能量以电磁波的形式由源发射到空间的现象，也可称为辐射干扰。

39. 传导发射（Conduct Emission）：能量以电压或电流的形式由电路中的导体从一个源传导到另一个介质的现象，也可称为传导干扰。

40. 传导干扰（Conduct Interference）：能量以电压或电流干扰的形式引起的设备、传输通道或系统性能的下降。

41. 辐射干扰（Radiate Interference）：能量以电磁波干扰的形式引起的设备、传输通道或系统性能的下降。

42. 电磁敏感性（Electromagnetic Susceptibility）：在有电磁干扰的情况下，装置、设备或系统不能避免性能降低的能力。

43. 静电放电（Electrostatic Discharge，ESD）：具有不同静电电位的物体相互靠近或直接接触引起的电荷转移。

44. 干扰限值（Limit of Disturbance）：对应于规定测量方法的最大电磁干扰允许电平。

45. 抗扰度限值（Immunity Limit）：规定的最小抗扰度电平。

46. 干扰抑制（Interference Suppression）：削弱或消除干扰的措施。

47. 瞬态（Transient）：在两个相邻稳定状态之间变化的物理量与物理现象，其变化时间小于所关注的时间量。

48. 脉冲（Pulse）：在短时间内突变，随后又迅速返回其初始值的物理量。

49. 上升时间（Rise Time）：脉冲瞬态从给定的下限值上升到给定的上限值所经历的时间。

50. 上升沿（Rise）：一个量从峰值的 10% 上升到 90% 所需的时间。

51. 脉冲噪声（Impulsive Noise）：在产品及设备上出现的，表现为一连串清晰脉冲或瞬态的噪声。

52. 电源线干扰（Mains – Borne Disturbance）：经由供电电源线传输到装置上的电磁干扰。

53. 壳体辐射（Cabinet Radiation）：由设备外壳产生的辐射，不包括所接天线或电缆产生的辐射。

54. 耦合（Coupling）：在电路中，电磁能量通常是电压或电流从一个规定的位置通过磁场、电场、电压、电流的形式传输到另一个位置。

55. 耦合路径（Coupling Path）：部分或全部电磁能量从规定路径传输到另一电路或装置所经由的路径。

56. 屏蔽（Shielding）：用来减小电磁场向指定区域穿透的措施。

57. 电磁屏蔽（Electromagnetic Shielding）：采用导电材料减少交变电磁场向指定区域穿透的屏蔽。

58. 电缆屏蔽（Cable Shielding）：采用屏蔽电缆的屏蔽效能或屏蔽层的搭接方式。

参 考 文 献

[1] 白同云. 电磁兼容设计 [M]. 北京：北京邮电大学出版社，2001.

[2] 郑军奇. EMC 设计分析方法与风险评估技术 [M]. 北京：电子工业出版社，2020.

[3] 中国国家标准化管理委员会. 道路车辆电气/电子部件对窄带辐射电磁能的抗扰性试验方法 第1部分：一般规定：GB/T 33014.1—2016 [S]. 北京：中国标准出版社，2016.

[4] 全国工业过程测量和控制标准化技术委员会. 测量、控制和实验室用的电设备 电磁兼容性要求 第1部分：通用要求：GB/T 18268.1—2010 [S]. 北京：中国标准出版社，2011.

[5] 全国电磁兼容标准化技术委员会. 电磁兼容 限值 谐波电流发射限值（设备每相输入电流≤16A）：GB 17625.1—2012 [S]. 北京：中国标准出版社，2013.

[6] 中国国家标准化管理委员会. 家用电气、电动工具和类似器具的电磁兼容要求 第1部分：发射：GB 4343.1—2018 [S]. 北京：中国标准出版社，2018.

[7] 中国国家标准化管理委员会. 家用电气、电动工具和类似器具的电磁兼容要求 第2部分：抗扰度：GB 4343.2—2009 [S]. 北京：中国标准出版社，2010.

[8] 全国无线电干扰标准化技术委员会. 信息技术设备的无线电骚扰限值和测量方法：GB 9254—2008 [S]. 北京：中国标准出版社，2009.

[9] 全国无线电干扰标准化技术委员会. 信息技术设备 抗扰度 限值和测量方法：GB/T 17618—2015 [S]. 北京：中国标准出版社，2013.

[10] 全国低压电器标准化技术委员会. 低压开关设备和控制设备 第1部分：总则：GB 14048.1—2012 [S]. 北京：中国标准出版社，2015.

[11] 全国低压电器标准化技术委员会. 低压开关设备和控制设备 第2部分：断路器：GB 14048.2—2008 [S]. 北京：中国标准出版社，2009.

[12] 全国低压电器标准化技术委员会. 低压开关设备和控制设备 第3部分：开关、隔离器、隔离开关及熔断器组合电器：GB/T 14048.3—2017 [S]. 北京：中国标准出版社，2017.

[13] 全国低压电器标准化技术委员会. 低压开关设备和控制设备 第5-1部分：控制电路电器和开关元件 机电式控制电路电器：GB/T 14048.5—2017 [S]. 北京：中国标准出版社，2018.

[14] 杨继深. 电磁兼容技术之产品研发与认证 [M]. 北京：电子工业出版社，2004.